AF368613

LEÇONS

DE

MINÉRALOGIE.

TOME IIME.

LEÇONS

DE

MINÉRALOGIE,

DONNÉES

AU COLLÉGE DE FRANCE,

Par J.-C. DELAMÉTHERIE.

TOME SECOND.

PARIS,

Mme Ve COURCIER, IMPRIMEUR-LIB. POUR LES SCIENCES.

1812.

LEÇONS DE MINÉRALOGIE.

VINGT-SIXIÈME LEÇON.

TROISIÈME DIVISION
DE LA HUITIÈME CLASSE.
DES PIERRES.

Λιθρις. *Lithos* des Grecs.
Πετρα. *Petra* des Grecs.
Petra, lapis des Latins.
Sten des Suédois.
Stein des Allemands.
Stone des Anglais.
Pietra des Italiens.
Piedra des Espagnols.

Les pierres forment la troisième division de ma huitième classe, c'est-à-dire, de celle des *sels neutres*.

On m'a fait plusieurs objections sur cette partie de ma classification ; mais les nouveaux faits confirment de plus en plus que les pierres sont réellement des sels neutres.

On doit supposer que les pierres ont existé primitivement sous forme de terres : ces terres ont été ensuite dissoutes, et se sont combinées de différentes manières, soit entre elles, soit avec d'autres substances; elles se sont réunies en masses, cristallisées le plus souvent confusément, et quelquefois régulièrement, qui ont formé les pierres.

Ces terres sont, ainsi que nous venons de l'exposer, des oxides métalliques particuliers; elles doivent donc présenter dans leurs combinaisons ou dissolutions, les mêmes phénomènes que les autres oxides dont nous avons parlé; elles peuvent également se combiner de différentes manières, c'est-à-dire être dissoutes par différens agens, cristalliser et former des sels divers.

1°. Les oxides terreux peuvent se combiner avec l'oxigène, et cristalliser, sans intermédiaires, en masses plus ou moins considérables, ayant des formes régulières ou confuses, comme les autres oxides métalliques. Par exemple :

a Les oxides d'étain.

b Les oxides de fer au *minimum* et au *maximum*, tels que les mines de fer de Coni, de Taberg...., ceux de l'île d'Elbe, ceux de Framont, les spéculaires volcaniques.....

c Les oxides de titane, l'oisanite, le ruthil, le sphène..., substances qu'on avoit classées antérieurement avec les pierres, sont aujourd'hui reconnues comme des oxides métalliques.

Le quartz, par exemple, peut donc être regardé comme un oxide de silicium, c'est-à-dire une combinaison du silicium avec l'oxigène.

Le saphir peut être regardé comme un oxide d'aluminium.

2°. Les oxides des autres métaux se combinent entre eux, deux à deux, trois à trois...; ils se dissolvent les uns et les autres : l'oxide de fer, par exemple, se combine avec celui de manganèse, ainsi que nous l'avons vu; l'oxide de tungstène, dans le wolfram, avec le fer; celui de molybdène avec l'oxide de plomb, dans le molybdite de plomb... Ce sont de vrais sels.

Les oxides terreux, ou les terres, se combinent également entre eux : le peridot est une combinaison de magnésie, ou oxide de magnesium, de silice, ou oxide de silicium, et d'oxide de fer. Le grenat est un composé d'oxide de silicium, ou de silice, combiné avec l'oxide d'aluminium, ou alumine, l'oxide de fer, et quelquefois l'oxide de calcium, ou la chaux; le thallite, l'yanolite... sont de pareils composés... d'oxides terreux.

Tous ces minéraux sont donc de vrais sels.

3°. Les oxides terreux, ou terres, peuvent être dissous par les acides, comme les autres oxides métalliques. On connoît des sulfates, des phosphates, des muriates, des carbonates, des arseniates de différens métaux... Ces sels peuvent être à différens degrés, au *minimum*, au *maximum*.

On a également des sulfates, des muriates, des carbonates, des phosphates, des arseniates... de différentes terres, comme nous le verrons, et qui peuvent être au *minimum*, au *maximum*. Ce sont des sels dans l'acception la plus rigoureuse.

Ces sels peuvent être à double base terreuse, comme dans les topazes, les appatits...

Ils peuvent encore être avec une base terreuse et une alkaline, comme la cryolite, l'alun....

4°. Ces oxides terreux, ou terres, peuvent se combiner

avec les alkalis et en être dissous comme les oxides des autres métaux. On a des ammoniures de cuivre, des potassiures de plomb, d'étain, de fer...

On a également des *potassiures* des terres, comme le feldspath, la lépidolite...; des *sodiures,* comme la natrolite, la lazulite...

On ne connoît point encore d'*ammoniures* des terres, c'est-à-dire, de combinaisons ou dissolutions des terres par l'ammoniaque; mais il est vraisemblable que les observateurs en découvriront, car l'ammoniaque se dégage en si grande abondance dans les éruptions du Vésuve, par exemple, qu'il doit contracter des combinaisons avec les terres.

Les terres peuvent contracter des combinaisons avec les acides et les alkalis en même temps, comme dans la cryolite, dans l'alun.

5°. Enfin les oxides des métaux peuvent se combiner avec l'eau et en être dissous; ils forment des *hydrates* à différens degrés, au *maximum,* au *minimum;* tels sont les hydrates de zinc, ceux de fer, de cuivre...

Les oxides terreux, ou les terres, présentent les mêmes phénomènes, ainsi que nous le verrons. Plusieurs oxides terreux, ou terres, se combinent avec l'eau, tels que la vavelite, qui est un hydrate d'alumine...; quelquesuns cristallisent dans l'eau, tels que la baryte, la strontiane....

Toutes ces combinaisons des terres, qui forment les pierres, sont donc des sels neutres.

Cette manière d'envisager les terres, ou oxides terreux, et de comparer leurs combinaisons avec celles des oxides des autres métaux, jette un grand jour sur la formation des pierres. Il ne faut plus leur chercher des dissolvans particuliers; on doit seulement chercher la manière dont les oxides métalliques cristallisent, soit seuls, soit plusieurs combinés ensemble, ou avec les acides, les alkalis, l'eau.

Ces faits ne permettent plus de douter que les pierres sont de vrais sels, comme je le soutiens depuis 1792, dans mon édition de la Sciagraphie.

Je suivrai pour la classification des pierres la méthode que j'ai employée pour la classification des substances métalliques. J'ai parlé de chaque métal en particulier, et j'ai décrit toutes ses combinaisons connues. Ainsi, en parlant de l'argent, du cuivre, du fer.... J'ai décrit toutes leurs combinaisons connues.

Les pierres étant formées de neuf terres principales, ou oxides de neuf métaux particuliers, mélangés, soit entre eux, soit avec des oxides des autres métaux, ou avec d'autres substances, je les diviserai en neuf ordres, qui correspondent à chacune de ces terres, la silice, l'alumine, la magnésie, la chaux..., et je décrirai toutes leurs combinaisons connues, comme je l'ai fait pour les autres substances métalliques.

Je forme donc neuf ordres de pierres.

Ier ORDRE. Pierres siliceuses.
IIème ORDRE. Pierres alumineuses.
IIIème ORDRE. Pierres magnésiennes.
IVème ORDRE. Pierres calcaires.
Vème ORDRE. Pierres barytiques.
VIème ORDRE. Pierres strontianiques.
VIIème ORDRE. Pierres zirconiennes.
VIIIème ORDRE. Pierres gluciniques.
IXème ORDRE. Pierres yttriennes.

Mais les pierres sont rarement composées d'une seule terre. Cette terre *principale*, qui constitue chaque ordre, est ordinairement *combinée* avec d'autres substances; par conséquent, chacun de ces ordres doit être sous-divisé à raison de ces combinaisons. Nous aurons donc,

a Des pierres qui ne seront composées que d'une seule terre.

La baryte caustique, c'est-à-dire pure, par exemple, dissoute dans l'eau, cristallise seule.

La strontiane caustique présente le même phénomène.

On peut donc regarder ces deux terres, dans cet état, comme des oxides purs de barytium et de strontium. On ne les a pas encore observées dans le règne minéral.

Mais il existe parmi les minéraux des combinaisons pierreuses d'une seule terre.

Le quartz pur paroît être un oxide pur de silicium.

Le saphir pur paroît être un oxide pur d'aluminium.

b La terre *principale*, ou l'oxide terreux, dans les autres pierres, est souvent combinée avec d'autres oxides, ainsi que nous avons vu précédemment différens oxides des autres métaux se combiner entre eux, tels que les oxides de fer et de manganèse, ceux de fer et de tungstène dans le wolfram...

Le peridot est également une combinaison de l'oxide de magnesium, de l'oxide de silicium, ou de silice, et de l'oxide de fer.

Ces combinaisons s'opèrent de la même manière dans les deux cas.

c Dans quelques pierres, l'oxide terreux principal, ou la terre *principale*, est combiné avec des acides, comme dans le gypse, le fluor..., les barytites, les strontianites,...

Quelques pierres contiennent deux terres et un acide, telles que la topaze.

d Chez plusieurs pierres, la terre *principale* est combinée avec un alkali, et ordinairement avec d'autres terres. La leucite, par exemple, est composée de silice, d'alumine et de potasse.

La natrolite contient beaucoup de natron et des terres.

Dans quelques pierres, la potasse et la soude se trouvent combinées avec la terre principale, comme dans les jades.

e Quelques pierres contiennent la terre *principale* combinée avec un acide et un alkali, comme la cryolite, l'alun.

f Enfin il est des pierres où la terre principale est combinée avec l'eau, telles que la vavelite.

Il faut observer que cette terre *principale* imprime ordinairement un caractère particulier à la pierre qui en résulte. Toutes les pierres où la silice domine sont dures, donnent des étincelles contre l'acier, sont difficiles à fondre...; celles où la magnésie domine sont douces, onctueuses, ont un aspect gras...

Une autre considération à laquelle on doit avoir beaucoup d'égards dans la classification des pierres, est qu'on doit bien distinguer les substances qui peuvent y être mélangées accidentellement, d'avec celles qui y sont combinées, et qui en font une partie essentielle. La magnésie est une partie essentielle des stéatites...; la chlorite, au contraire, qui colore le quartz vert, quelques feldspaths..., n'en est qu'une partie accidentelle.

Nous avons fait la même observation au sujet des mines métalliques : ainsi dans les falherz, le cuivre est le métal principal...

Ces combinaisons de principes étrangers à la terre

principale nécessitent de nouvelles sous-divisions dans chaque ordre, dans chaque genre de pierres, à raison de ces principes étrangers. Prenons pour exemple l'ordre siliceux, qui est si nombreux ; on aura,

1°. *Pierres siliceuses pures*, telles que le quartz.

J'ai sous-divisé cet ordre en cinq genres ; ce sont :

a Les quartz,
b Les keratites, .
c Les silex ,
d Les calcédoines , agathes,
e Les opales.

2°. *Pierres alumino-siliceuses.*

Ce sont les pierres siliceuses combinées avec une portion plus ou moins considérable d'alumine et quelques autres principes en moindre quantité.

Je les ai divisées en sept genres :

a Les feldspathiques,
b Les petro-silicites,
c Les jadites,
d Les grenatites,
e Les schorls ,
f Les zéolites,
g Les schistes.

3°. Les *pierres magnesio-silicites.*

Ce sont les pierres siliceuses combinées avec une portion plus ou moins considérable de magnésie et quelques autres principes en moindre quantité.

Je les ai divisées en quatre genres :

a Les smectites ,
b Les serpentines ,

c Les hornblendites,

d Les asbestoïtes.

4°. Les *pierres calco-silicites.*

Ce sont les pierres siliceuses combinées avec une portion plus ou moins considérable de chaux et quelques autres principes en moindre quantité. L'hyacinthine.

5°. Les *pierres baryto-silicites.*

Ce sont les pierres siliceuses combinées avec une quantité plus ou moins considérable de baryte et quelques autres principes en moindre quantité, telles que l'andréolite.

6°. La Minéralogie ne connoît point encore de pierres siliceuses qui contiennent de la strontiane combinée.

7°. Les *pierres glucino-silicites.*

Ce sont les pierres siliceuses combinées avec une quantité plus ou moins considérable de glucine et quelques autres principes en moindre quantité, telles que l'émeraude....

8°. Les *pierres zircono-silicites.*

Ce seroient des pierres siliceuses combinées avec une portion plus ou moins considérable de zircone et quelques autres principes. La Minéralogie n'en connoît point. Le kannelstein en seroit une, en supposant exacte l'analyse qu'en a donnée Lampadius, qui dit en avoir retiré de la zircone.

9°. Les *pierres yttrio-silicites.*

Ce seroient les pierres siliceuses combinées avec une portion plus ou moins considérable d'yttria.

10°. Les *pierres ferrugino-silicites.*

Ce sont les pierres siliceuses combinées avec une portion plus ou moins considérable de fer oxidé et quelques autres principes, telles que la chlorite.....

11°. Les *pierres alkalino-silicites*.

Ce sont les pierres siliceuses, surtout les alumino-sili-cites, combinées avec une quantité plus ou moins consi-dérable de potasse ou de natron, et quelques autres prin-cipes.

La leucite contient, silice 54, alumine 24, potasse 22.

La lazulite contient, silice 35, alumine 34, natron 23.

Le feldspath contient, silice 0.60 à 0.70, alumine 0.20, fer, quelquefois une petite quantité, potasse 0.05 à 0.15.

Le petro-silex donne des produits analogues.

Le jaspe contient à peu près les mêmes principes que le feldspath et le petro-silex, excepté qu'il n'y a point d'al-kali, et plus de fer oxidé ; car Kirwan a retiré d'un jaspe, silice 75, alumine 20, fer oxidé 5.

Plusieurs pierres magnesio-silicites, telles que le mica, les jades, contiennent aussi beaucoup d'alkali.

L'alun, la cryolite... sont des alkalino-aluminites.

J'ai appliqué aux autres ordres de pierres les mêmes principes qu'à l'ordre siliceux.

Les substances *secondaires*, combinées avec la terre *principale*, peuvent s'y trouver en plus ou moins grande quantité, depuis la plus petite portion, par exemple, un millième, 0001, jusqu'à la moitié, 0.500.

Lorsqu'il y a une égale portion des deux terres, la pierre peut être appelée indifféremment du nom de l'une ou de l'autre : ainsi une pierre composée de 0.500 cal-caire, et de 0.500 d'alumine, peut être appelée indif-féremment *alumino-calcaire*, ou *calco-alumineuse*. Sa dénomination doit dépendre de ses caractères extérieurs.

Karsten, par exemple, classe la chlorite parmi les mines de fer, parce qu'elle en contient presque la moitié de son poids, tandis que les autres minéralogistes la classent parmi les pierres magnesio-siliceuses.

On doit avoir également égard aux autres principes qui se trouvent dans les pierres.

Celles, par exemple, qui contiennent des acides, peuvent en contenir une quantité plus ou moins considérable, et former des sels au *minimum*, au *maximum*.

Il en est de même de celles qui contiennent des alkalis.

La chose est encore plus sensible pour celles qui contiennent de l'eau, comme on le voit dans le gypse ordinaire et dans le gypse enhydre.

Une autre observation à laquelle le minéralogiste doit avoir égard dans la description des pierres, est que souvent une portion de ces pierres est *mélangée* avec sa gangue ; cette gangue ainsi mélangée devient donc une substance particulière. Werner, par exemple, a observé que souvent la substance de la topaze de Saxe est mélangée avec sa gangue ; il a donné à ce mélange un nom particulier, et l'a appelé *topas-fels*, roche de topaze.

J'ai également des *topas-fels* de Sibérie, c'est-à-dire des gangues de la topaze de Sibérie, mélangées avec la substance de cette topaze.

J'ai des *préhnite-fels*, c'est-à-dire la gangue de la prehnite du Dauphiné, mélangée avec la substance de la prehnite.

J'ai également des *sphène-fels*, c'est-à-dire la gangue feld-spathique (adulaire) du sphène, mélangée avec la substance du sphène.

L'avanturine est un *mica-fels*, c'est-à-dire une gangue quelconque mélangée avec du mica.

La chatoyante est une *amianthe-fels*, c'est-à-dire une gangue mélangée avec de l'amianthe.

. . . .

Je ferai donc mention, après la description de chaque substance, de ces *roches particulières*.

Le minéralogiste doit encore avoir égard au mode dont la cristallisation s'est opérée.

a Ou elle a été régulière, et présente des formes régulières.

b Ou elle a été confuse et compacte, comme le marbre.

c Ou elle a été poreuse, comme les tufs.

d Ou elle a été cellulaire, comme la pierre meulière.

e Ou elle a été pulvérulente et terreuse, comme ce qu'on appelle la *farine fossile*.

Tous ces différens modes de cristallisation font varier la densité, la dureté, la pesanteur, l'éclat, le *facies* de la pierre.

La nature opère encore des combinaisons pierreuses par des procédés qui sont très-éloignés de ceux qu'elle emploie ordinairement.

L'*aluminite* de la Tolfa est une pierre assez dure qui contient environ, alumine 5o, silice 20, acide sulfurique 25, potasse 4 ; cependant ce n'est point de l'alun.

Curaudeau a obtenu une substance analogue, plus dure que le marbre, en faisant bouillir plusieurs quintaux d'un mélange d'un tiers argile cuite et pulvérisée, un sixième d'acide sulfurique, et moitié d'eau. Comment s'opère cette combinaison, qui n'est point de l'alun ?

Il reste donc encore beaucoup de choses à découvrir sur les combinaisons pierreuses.

Xème ORDRE. Pierres agrégées.

Enfin plusieurs pierres homogènes peuvent être agrégées ensemble ; ce qui forme un dixième ordre.

J'ai fait trois grandes sous-divisions de ce dixième ordre, à raison du mode d'agrégation de ces pierres.

a Pierres agrégées par cristallisation , tels sont les granits.

b Pierres agrégées empâtées , tels sont les porphyres.

c Pierres agrégées par agglutination ; tels sont les brèches et les pouddings.

IXème CLASSE. Pierres volcaniques.

Ces pierres, quoique les mêmes que celles dont nous venons de parler, ont éprouvé l'action des feux souterrains, ce qui leur a fait subir des altérations toutes particulières ; c'est pourquoi j'en ai fait une classe séparée , comme la plupart des minéralogistes.

PREMIER ORDRE.

DES PIERRES SILICEUSES PURES. SILICILITES.

PREMIER GENRE.

Des Quartzites.

PREMIÈRE ESPÈCE.

Du Quartz.

Κρυσταλλοσ. *Cristallos* des Grecs.

Cristallum des Latins.

Quartz-kiesel des Suédois.

Quartz des Allemands.

Quartz des Anglais.

Quartz des Français.

Cristal de roche.

---

(1) Κρυσοκλλ8, *cristallos* signifioit chez les Grecs, *eau congelée, glace,* d'où on a tiré les mots de *cristal, cristallisation.*

Couleur, incolore, de toute couleur.

Transparence, 8000....0.

Éclat, 2000.

Pesanteur, 26500.

Dureté, 3000.

Électricité, idioélectrique.

Réfraction, double.

Fusibilité, 12000.

Verre, transparent.

Phosphorescence, par frottement.

Cassure, lamelleuse, vitreuse.

Molécule, indéterminée.

Forme, rhomboïde.

Première variété. Rhomboïde composé de six faces rhomboïdales.

Angle obtus, à peu près............... 94°
Angle aigu......................... 86°

Cette variété, qu'on regarde comme la cristallisation primitive du quartz, se présente ordinairement sous l'aspect de quartz opalin bleuâtre, qui ressemble à de la calcédoine.

II.ème var. Dodécaèdre composé de deux pyramides hexagones à plans triangulaires isocèles, jointes base à base.

L'angle du sommet de la face triangulaire est de 40°, suivant Romé-de-Lisle (tom. II, pag. 71), et de 38° 56′ 34″, suivant Haüy.

L'angle que deux côtés opposés de la pyramide font au sommet, est de 76°.

Les angles par lesquels se joignent les deux bases de la pyramide sont de 104°, suivant Romé-de-Lisle.

C'est la variété précédente tronquée sur six de ses angles solides par des facettes triangulaires, et les six faces primitives du rhomboïde deviennent également triangulaires.

a Les faces de la pyramide sont rarement égales; elles s'agrandissent les unes aux dépens des autres, et cessent d'être triangulaires.

b J'ai des petits cristaux de quartz violet de cette variété, dont six des faces ont presque disparu, tandis que les autres sont très-grandes. Au premier aspect, on prend ces cristaux pour des petits cubes de fluor.

IIIème VAR. La variété précédente avec un prisme intermédiaire strié transversalement, lequel réunit les deux pyramides.

L'angle que font les faces du prisme avec celles de la pyramide, est de 142°.

Les faces du prisme sont souvent inégales, ce qui fait varier sa figure.

IVème VAR. Trois des faces alternes de la pyramide s'agrandissent beaucoup et se réunissent au sommet.

Elles deviennent heptagones.

L'angle de ces faces au sommet est de 93°.

L'angle que fait une de leurs arêtes sur la face opposée, est de 95°.

Les trois autres faces de la pyramide, qui sont petites, restent triangulaires.

a Quelquefois ces petites faces de la pyramide sont aux deux pyramides sur le même côté du prisme.

b D'autres fois elles alternent dans les deux pyramides.

Vème VAR. Les trois petites facettes de la variété précédente disparoissent entièrement.

Chaque pyramide devient trièdre, à faces pentagones.

Cette variété se rencontre dans les cristaux de quartz qui accompagnent la mine de fer de l'île d'Elbe, ainsi que dans les cristaux de l'Eisenkiesel....

On en doit conclure que l'oxide de fer influe sur cette variété de cristallisation du quartz.

VIème var. La variété troisième dont un ou plusieurs des angles solides qui réunissent la pyramide au prisme, sont tronqués par une face rhomboïdale.

a J'ai des cristaux de cette variété dans lesquels on observe deux troncatures sur chaque face.

VIIème var. Quelques cristaux à la partie supérieure de la face du prisme qui touche à la pyramide, ont une ou deux faces surnuméraires qui sont le plus souvent ternes.

VIIIème var. Quartz à trente facettes; savoir :

Six au prisme hexaèdre,

Douze à chaque pyramide. La primitive est tronquée par six nouvelles faces triangulaires, comme les primitives, et ces dernières deviennent trapézoïdales.

C'est la variété troisième dont les arêtes des faces du prisme sur celles de la pyramide sont tronquées par des faces trapézoïdales.

IXème var. Cristallisation en masse. Le quartz se présente souvent en masse sans forme régulière ; on en a plusieurs variétés.

a Quartz lamelleux. J'ai un cristal de quartz (var. 3) dont la cassure est lamelleuse comme celle du spath calcaire, ainsi que plusieurs autres morceaux de quartz.

b Quartz feuilleté. On trouve en Hongrie du quartz composé de feuillets séparés, très-minces et très-rapprochés ;

chés; chaque feuillet est souvent recouvert de petits cristaux de quartz.

On trouve encore sur ces feuillets, des pyrites qui sont souvent aurifères.

c Quartz fibreux. Le quartz cristallise en fibres plus ou moins prononcées. On en trouve de jolies variétés dans les imprunettes de Toscane; quelques-unes sont chatoyantes.

J'ai trouvé du côté de la Claitte un quartz fibreux jaune, dont les fibres sont obliques; une rangée descend, une autre monte.

d Quartz en stalactite, fiorite. Cette variété a été trouvée par Thomson dans les lagonis de Toscane. Ces stalactites sont blanches, presqu'opaques; leur surface paroît enduite d'une couche vitreuse.

e Quartz en barres, stanstein. Ce quartz cristallise ordinairement en prismes irréguliers plus ou moins gros, et qui s'étendent d'un centre en rayons divergens, à peu près comme la zéolite.

f Quartz gras. Ce quartz a un aspect gras.

g Quartz laiteux. Il est opaque et d'une couleur laiteuse.

h Quartz avec des gouttes d'eau, enhydre.

i Quartz avec des gouttes de pétrole. On en trouve en Auvergne et en Italie.

k Quartz opaque.

l Quartz sableux. Sablon quartzeux. On trouve en plusieurs endroits le quartz sous forme de sable; il y en a plusieurs variétés.

1°. Sablon pur quartzeux, incolore.

2°. Sablon quartzeux, coloré en jaune, en rouge... par des oxides métalliques, surtout ceux de fer.

3°. Sablon des fondeurs; c'est un sablon quartzeux très-pur.

Cristallisations accidentelles du Quartz.

Le quartz présente souvent des cristallisations accidentelles qui lui sont étrangères.

a Quartz cristallisé en cubes. Le quartz a pris l'impression de cristaux cubiques de fluor, qui se sont en partie décomposés, et que l'on voit encore.

Le quartz pur n'affecte jamais la forme cubique.

b Quartz cristallisé en octaèdres. Il paroît encore ici avoir pris l'impression de cristaux octaèdres de fluor.

c Quartz cristallisé bipyramidal. Il a pris ici l'impression du calcaire bipyramidal, dit *dent de cochon*, ou *métastatique.*

Couleur du Quartz.

Le quartz se distingue encore par ses couleurs. On a

a Quartz *incolore.*

b Le *bleu* s'appelle faux saphir, ou saphir d'eau (1).

c Le *jaune* s'appelle fausse topaze.

d Le *violet* s'appelle fausse améthiste.

e Le *vert* s'appelle fausse émeraude.

f Le *rouge* s'appelle faux rubis.

g Le *nakarat* s'appelle hyacinthe de Compostelle.

h Le *quartz noir* est assez commun. J'en ai vu qui, cassé en petites lames, et exposé à la flamme d'une bougie, se décoloroit très-facilement.

i Quartz coloré en jaune foncé. *Eisenkiesel* de Werner. Quartz ferrugineux dont nous parlerons ailleurs.

---

(1) Quelques pierres regardées comme saphirs d'eau, fondent au chalumeau en verre boursouflé, par conséquent ce ne sont point des quartz.

1. Quartz coloré en vert par le cuivre. Il peut l'être par les oxides de la plupart des métaux.

. . . .

Le quartz peut encore être coloré par des terres qui sont seulement mélangées avec lui, telles que la chlorite.

Le quartz est une des substances les plus répandues dans le règne minéral; il fait une des parties principales des roches des terrains primitifs. J'ai des granits dans lesquels le quartz est tout cristallisé en dodécaèdre. (Var. 2.)

Il s'en forme quelquefois dans les terrains secondaires, comme à Neuilli proche Paris.

Son éclat est assez vif pour que des yeux peu exercés puissent confondre des bijoux faits de beaux quartz avec des bijoux de pierres fines.

Sa pesanteur se tient toujours entre 26 et 27.

Sa dureté est presqu'égale à celle de plusieurs pierres fines.

Il s'électrise par frottement.

La figure de la molécule du quartz n'est pas déterminée. Quelques minéralogistes la croient rhomboïdale, et c'est mon avis; d'autres la croient tétraèdre.

Sa double réfraction est considérable, et Rochon en a fait une heureuse application pour des lunettes. Il coupe perpendiculairement à l'axe un prisme de quartz qu'il polit bien; il superpose dessus ce prisme une portion de la pyramide, en appliquant la face de la pyramide sur la partie supérieure du prisme, coupée perpendiculairement. Il a une réfraction double d'une grande force. Cette réfraction augmente à mesure qu'il éloigne les deux morceaux de quartz; ensorte qu'il est parvenu par ce moyen à construire dans la lunette même une échelle qui lui in-

2.,

dique d'une manière sûre l'éloignement de deux objets. Il appelle cet instrument *micromètre*.

Le quartz ne fond qu'à une très-haute chaleur. J'en ai fondu des petits morceaux exposés sur un charbon ardent, sur lequel je dirigeai un jet de gaz oxigène, ou air pur, contenu dans une vessie. (*Journal de Physique*, tom. xxvii, pag. 144.)

Le verre étoit transparent.

Le quartz est très-phosphorescent par le frottement. Lamanon, en frottant violemment deux morceaux de quartz, et en ramassant les morceaux sur un papier blanc, crut appercevoir des portions vitrifiées et noires (*Journal de Physique*, tom. xxvii, pag. 66), qu'il regardoit comme ferrugineuses.

La cassure du quartz est lamelleuse et vitreuse.

Nous n'avons point encore de bonnes analyses du quartz.

Bergman dit en avoir retiré,

> Silice............................... 93
> Alumine.............................. 6
> Chaux................................ 1

Rose a retiré d'un quartz améthiste,

> Silice............................... 97.50
> Alumine 0.25
> Fer et manganèse oxidés 0.50

Mais lorsqu'on fond le quartz, même avec de l'alkali caustique, par exemple, la pierre à cautère, il y a toujours un dégagement considérable de gaz qu'on avoit supposé être de l'acide carbonique, ensorte que le quartz seroit peut-être de la silice carbonatée ; mais on n'a point examiné ce gaz avec soin.

D'autres chimistes ont cru que le quartz étoit de la silice fluatée, c'est-à-dire, que la silice y étoit dissoute par l'acide fluorique. Cette opinion n'est appuyée sur aucun fait.

Mais d'après les nouvelles expériences, il faut regarder le quartz comme un *oxide pur* de silicium; ainsi il doit contenir,

Silicium.............................. x
Oxigène............................. x

Le gaz qui se dégage lorsqu'on le fond avec des alkalis, seroit de l'oxigène.

Il paroît que le quartz le plus pur contient toujours une petite portion d'alumine et de fer oxidé.

SECONDE ESPÈCE.

Des Geyerites, ou *des Pierres siliceuses combinées avec des alkalis.*

Les eaux de plusieurs fontaines d'Islande, particulièrement celles de Geyer, déposent sur les parois de leurs bassins une substance quartzeuse ou siliceuse, qui a été reconnue premièrement par Bergman.

Sa couleur est ordinairement d'un blanc grisâtre.

Sa cassure ressemble à celle du silex.

Elle affecte souvent la forme des stalactites.

Klaproth, qui a fait l'analyse de cette substance (t. II, pag. 112), en a retiré,

Silice...................... 98
Alumine 1.50
Fer oxidé................... 0.50

Mais Black a retiré de ces eaux une certaine quantité de natron. On peut donc regarder le geycrite comme une pierre quartzeuse combinée avec le natron.

TROISIÈME ESPÈCE.

Silice hydratée, combinée avec l'eau.

Gurh siliceux de l'Isle-de-France.

Klaproth en a retiré (*Journal de Physique*, t. LXXI ;

Silice. 72
Alumine. 2.5
Fer oxidé. 2.5
Eau. 21

Cette substance est donc une pierre quartzeuse hydratée.

Des Pierres quartzeuses mélangées.

Les pierres quartzeuses mélangées sont celles qui contiennent une certaine quantité des différentes terres, et
autres substances mélangées avec la silice, ou terre quartzeuse. On en connoît de plusieurs espèces ; ainsi on a,

1°. Pierres quartzeuses mélangées avec des pierres
alumineuses.

2°. Pierres quartzeuses mélangées avec des pierres magnésiennes, mica, asbeste.

3°. Pierres quartzeuses mélangées avec des pierres calcaires.

4°. Pierres quartzeuses mélangées avec des oxides de
fer ou autres métaux.

Les pierres quartzeuses peuvent être mélangées avec des
oxides de différens métaux, comme on le voit dans les
quartz qu'on rencontre dans les filons métalliques.

Quartz coloré en vert par les oxides de cuivre.

Quartz mélangé avec le ruthil ou schorl rouge.

Quartz mélangé avec de l'amianthe, avec de l'asbestoïde....

Quartz percé par des trous qui sont vides.

On doit supposer que la substance qui remplissoit ces
trous a été dissoute et emportée.

SECONDE ESPÈCE.

De l'Ommailouros, ou Œil de chat.

Œil de chat.

COULEUR, de toutes couleurs.

TRANSPARENCE, 100.

RÉFRACTION.

ECLAT, 1800.

PESANTEUR, 25600 à 26700.

DURETÉ, 2800.

ELECTRICITÉ, anélectrique.

FUSIBILITÉ, 12000.

VERRE, blanc.

PHOSPHORESCENCE, par le frottement.

CASSURE, lamelleuse et vitreuse, comme celle du
    quartz.

MOLÉCULE, indéterminée.

FORME, indéterminée.

Ces pierres nous sont apportées de l'Inde, ou de la
Perse et de l'Arabie.

On les a comparés à un œil, parce qu'elles sont arrondies comme un œil, et qu'on croit y voir un point au milieu d'où partent des cercles de lumière différemment
colorés.

Leur cassure ressemble à celle du quartz.

Elles varient par leurs couleurs.

a Blanchâtre , réfléchissant une lumière bleue.

b Brun , réfléchissant une lumière blanchâtre.

c Violet, réfléchissant une lumière blanche.

d Jaunâtre , réfléchissant une lumière blanche.

. . . .

Les naturalistes ne sont point d'accord sur la nature de cette pierre ; les uns la placent parmi les feldspaths, les autres parmi les agathes. . . ; des troisièmes la regardent comme une espèce de quartz.

On ne peut point la regarder comme un feldspath.

Sa cassure n'est point lamelleuse comme celle du feldspath, mais elle est anguleuse.

Elle fond bien plus difficilement que le feldspath.

Enfin l'analyse qu'en a donnée Klaproth est absolument différente de celle des feldspaths. (Tom. 1 , pag. 94.)

Il a retiré de l'œil de chat , ou ommailouros de Ceylan ,

Silice.	95
Alumine.	1.75
Chaux	1.50
Fer oxidé.	0.25
Perte	1.50

Un ommailouros rouge de la côte du Malabar lui a donné (tom. 1 , pag. 96),

Silice.	94.50
Alumine	2
Chaux	1.50
Fer oxidé.	1.25
Perte	1.75

On doit regarder ces substances comme des pierres quartzeuses mélangées d'alumine.

D'autres minéralogistes avoient rangé l'œil de chat

avec les agathes ou silex ; mais sa cassure n'est point conchoïde, comme celle de ces pierres.

Il paroît donc se rapprocher des quartz mélangés ;
aussi l'ai-je placé parmi les quartz.

J'avois dit que le quartz mêlé d'amianthe chatoyoit ;
Cordier a prouvé que l'œil de chat n'est qu'un de ces
quartz avec amianthe. (*Journal de Physique*, tom. LV,
pag. 47.)

TROISIÈME ESPÈCE.

*De la Chatoyante quartzeuse, ou Pierre quartzeuse
mélangée d'amianthe.*

On appelle chatoyante une pierre demi-transparente
qui offre un chatoiement plus ou moins considérable, surtout en la tournant lentement sur elle-même. Il y a plusieurs variétés de chatoyantes.

PREMIÈRE VARIÉTÉ. Chatoyante quartzeuse composée
de quartz, mélangée avec des fils très-fins d'amianthe.

J'en ai qui produisent un bel effet, et dont le jeu
est vif.

IIème VAR. *Héliolite*, ou pierre du soleil.

C'est une chatoyante quartzeuse d'un jaune doré plus
ou moins brillant. En la faisant tourner sur elle-même,
elle a un jeu qu'on a comparé à celui du soleil ; c'est
pourquoi on l'a appelée *pierre du soleil*. Je lui ai donné
le nom d'héliolite, de hélios, soleil.

IIIème VAR. *Hécatolite*, pierre de lune.

C'est une chatoyante blanchâtre, qui a un jeu qu'on a
comparé à celui de la lune ; c'est pourquoi on lui a donné
le nom de pierre de lune. Je lui ai donné le nom de
hécatolite, de hécate, lune.

IVème VAR. *Ictyolite*, œil de poisson, ou ommaiictyos.

L'œil de poisson est une chatoyante dont le reflet est blanchâtre, tirant sur le bleu plus ou moins clair, ressemblant aux yeux de quelques poissons.

Werner croit que la plupart des chatoyantes sont du genre des feldspaths, mais cette opinion ne paroît pas fondée.

J'ai brisé plusieurs de ces chatoyantes, leur cassure est quartzeuse.

Chauffées au chalumeau, elles fondent aussi difficilement que le quartz.

Mais nous verrons qu'il est d'autres espèces de chatoyantes.

Chatoyantes feldspathiques.

Chatoyantes agathines.

Chatoyantes calcaires.

Toutes ces substances contiennent de la silice et de l'amianthe; on peut donc les regarder comme des pierres quartzeuses mélangées d'amianthe.

Les quartz colorés en vert par la chlorite, sont mélangés avec la chlorite.

QUATRIÈME ESPÈCE.

De la Pseudo-Aventurine quartzeuse, ou *Pierre quartzeuse mélangée de mica*.

Fausse aventurine d'Espagne.

La véritable aventurine est, comme nous le verrons, un feldspath qui contient du mica noyé dans sa pâte.

La pseudo-aventurine quartzeuse est un quartz qui contient du mica en petites parcelles, noyé dans sa pâte; il y en a plusieurs variétés qui diffèrent à raison de la couleur.

PREMIÈRE VARIÉTÉ. Pseudo aventurine d'Espagne.

Elle est d'un rouge plus ou moins foncé, et contient des parcelles de mica ; quelques-unes ont un jeu assez agréable.

On en trouve de semblables en France.

IIème VAR. Pseudo-aventurine blanchâtre.

Le quartz aventuriné est quelquefois blanchâtre et opaque.

Ces substances peuvent être regardées comme des pierres siliceuses mélangées de pierres magnésiennes.

CINQUIÈME ESPÈCE.

Du Conite, ou *Pierre quartzeuse mélangée avec le calcaire.*

　　Conite.

COULEUR, blanc grisâtre.

TRANSPARENCE, 5o.

ÉCLAT, 100.

PESANTEUR, 2,83o.

DURETÉ, 25oo.

CASSURE, presque matte.

MOLÉCULE, indéterminée.

FORME, indéterminée.

Cette substance, qu'on dit venir d'Islande et de Suède, est peu connue.

Elle fait feu au briquet.

Sa cassure est terreuse.

Elle fait une légère effervescence avec les acides.

Elle contient par conséquent du calcaire carbonaté avec du quartz.

Cette substance peut donc être regardée comme une pierre siliceuse mélangée de calcaire.

SIXIÈME ESPÈCE.

Des Pierres quartzeuses mélangées avec les oxides de fer.

Eisenkiesel de Werner.

Ce sont des quartz très-ferrugineux. Le fer oxidé en altère la transparence, au point qu'on peut les confondre quelquefois avec les jaspes ferrugineux.

Il est cependant des eisenkiesel qui sont cristallisés comme le quartz ; ils ont un prisme hexaèdre terminé par une pyramide trièdre, comme la variété cinquième du quartz.

L'oxide de fer est donc peut-être ici dans un état de combinaison, puisqu'il modifie la cristallisation du quartz.

On sait que le quartz est attaqué et dissous par le fer, qui s'oxide ou se rouille avec lui.

Bucholz a retiré de l'eisenkiesel,

Silice. 93.5
Fer oxidé 5
Eau 1

Il faut distinguer les différentes variétés de quartz à raison de leur formation.

I. Quartz des terrains primitifs. Il forme quelquefois des masses assez considérables ; mais le plus souvent il est en petites masses cristallisées régulièrement ou confusément, comme dans les granits, les gneiss... J'ai des granits dans lesquels le quartz est cristallisé régulièrement en dodécaèdre (var. 2).

On le trouve encore avec les différentes substances de ces terrains.

a Avec les asbestes, les amianthes...

b Avec les thallites...

c Avec les spaths pesans, les fluors.., dans les filons métalliques.

d Avec les marbres primitifs, tels que les marbres de Carrare.

II. Quartz des montagnes secondaires, coquillières ; tels sont :

a Les quartz qui se trouvent à Neuilli proche Paris ; ils sont cristallisés régulièrement avec le spath calcaire.

III. Quartz de terrains d'alluvion.

a Ces quartz y ont été transportés par les courans qui ont formé ces terrains ; tels sont les cailloux dits d'Alençon, du Rhin....

b Il a pu s'y en former postérieurement par des infiltrations.

IV. Quartz de terrains volcaniques.

On voit en Auvergne le quartz se déposer sur les bitumes asphaltiques, dans des terrains volcaniques.

a Il est quelquefois cristallisé régulièrement.

b D'autres fois cristallisé confusément, mamelonné comme les calcédoines.

V. Quartz qui se forme chez les végétaux.

a Le *tabacsher*. C'est le nom qu'on donne aux Indes à un petit noyau quartzeux qui se trouve dans les nœuds du bambou. On calcine cette substance, et on s'en sert comme purgatif.

Macie a fait voir (*Journal de Physique*) que le tabacsher est presque entièrement composé de silice.

Humboldt et Bonpland ont retrouvé la même substance dans les bambous de l'Amérique ; ils en ont rapporté en France.

Fourcroy et Vauquelin ont analysé cette substance (*Mém. de l'Institut,* tom. vi), et en ont retiré,

Silice........................... 7o
Potasse, chaux et eau............. 3o
Matières végétales, une petite portion.

Ils supposent que la silice est dissoute par la potasse et circule avec la sève ; elle est ensuite déposée sous forme de petits cailloux.

Klaproth a retiré du tabacsher,

Silice.
Potasse.

b J'ai fait voir (*Journal de Physique*) que l'espèce de toile qui se trouve dans les nœuds de nos roseaux ordinaires (*arundo sativa*) est également de la silice.

c Le quartz se trouve dans les bois pétrifiés.

d Le quartz est très-abondant chez les végétaux, surtout dans les graminées. Une meule considérable de gerbes de froment avoit été incendiée, on a trouvé dans les résidus des portions de silice très-blanche.

e La silice se trouve également chez les animaux.

Observations sur les Quartz.

Il est à remarquer que la silice, qui est tenue en solution par le natron dans les eaux de Geyer, par la potasse dans le tabacsher, n'a pas encore été trouvée dans le règne minéral, combinée avec aucun acide.

Cependant l'art parvient à la dissoudre par les acides ; car lorsqu'on précipite la *liqueur des cailloux*, ou le verre déliquescent, par l'acide muriatique, par exemple, la silice se précipite ; mais si on ajoute un excès d'acide, le précipité disparoît : la silice est donc dissoute.

Il paroît que la silice, lorsqu'elle est en état de combinaison, se dissout facilement par les acides.

L'acide fluorique dissout facilement la silice; néanmoins on n'a pas encore apperçu dans le règne minéral des fluates de silice pure.

Mais on connoît des fluates de silice combinée avec d'autres terres, tels que la topaze, qui est un fluate de silice et d'alumine.

VINGT-SEPTIÈME LEÇON.

SECOND GENRE DES SILICITES PURS.

Des Kératites.

PREMIÈRE ESPÈCE.

Du Kératite.

Kératite de Delamétherie (1).
Hornstein. (Variété.)

COULEUR, de toute couleur.
TRANSPARENCE, 5oo à 10.
ECLAT, 6oo.
PESANTEUR, 26000.
DURETÉ, 2700.
ELECTRICITÉ, anélectrique.
FUSIBILITÉ, 10000.
VERRE, bulleux, incolore.
CASSURE, conchoïde, esquilleuse.
MOLÉCULE, indéterminée.
FORME, indéterminée.

______

(1) Κέρας, *kéras*, corne, kératite, pierre de corne.

J'ai donné le nom de *kératite* à une des variétés de l'hornstein des Allemands, celle qui rapproche le plus du quartz, sans être quartz ; et je donne le nom de *petrosilex* à l'autre variété de l'hornstein, celle qui rapproche du feldspath, sans être feldspath.

Les caractères principaux du kératite sont les suivans :

Il ne cristallise point.

Il a une demi-transparence.

Sa cassure n'est ni celle du quartz, ni celle du silex. Elle n'est pas non plus esquilleuse, comme celle du petrosilex ; elle n'est pas conchoïde comme celle du silex, ni vitreuse comme celle du quartz ; elle tient de l'une et de l'autre.

Son éclat est terne.

Sa couleur varie.

Sa pesanteur est de 26 à 27.

Sa dureté approche celle du quartz.

On ne peut le fondre au chalumeau qu'à un très-haut degré de chaleur.

Son verre est bulleux et incolore.

J'ai plusieurs variétés de kératite.

Première variété. Kératite gris avec argent natif, rapporté de Sibérie par Patrin.

IIème var. Le même kératite ou hornstein du Mexique qui se trouve également avec les mines d'argent, suivant Humboldt.

IIIème var. Kératite gris en petites masses dans un granit que j'ai trouvé dans les granits du Thel proche la Clayette. Il possède au plus haut degré toutes les qualités du kératite.

SECONDE ESPÈCE.

Du Prase.

Πρασον, *prason* (1) des Grecs.
Praser des Suédois.
Praser des Allemands.
Prase des Anglais.
Prase.

COULEUR, vert de porreau.
TRANSPARENCE, 3oo.
PESANTEUR, 258o5.
DURETÉ, 28oo.
ELECTRICITÉ, anélectrique.
FUSIBILITÉ, 1·0000.
VERRE, noir bulleux.
CASSURE, demi-conchoïde.
MOLÉCULE, indéterminée.
FORME, indéterminée.

Les minéralogistes appellent *prase* une substance à grains fins, qui a une cassure approchante de celle de la chrysoprase.

Sa couleur est d'un vert d'olive.

Sa dureté est considérable.

Il se trouve souvent mêlé avec une substance fibreuse à rayons divergens très-fusibles, qui paroît être de la même nature que le stralstein ou asbestoïde, et qui est également d'un vert olive comme le prase.

Les uns regardent le prase comme une variété de la chrysoprase, les autres comme un quartz coloré par cet asbestoïde.

____

(1) *Prason*, porreau.

2. 3

Je croirois plutôt qu'il faut le placer parmi les horn-steins.

J'ai une autre variété de prase, qui paroît approcher davantage du silex. Sa cassure est presque la même que celle du silex.

Sa couleur est également d'un vert d'olive, mais moins foncé que celui de la première espèce. On y remarque des parties jaunâtres, rougeâtres, et d'autres qui sont presque tout-à-fait blanches.

Sa dureté paroît plus considérable que celle de la première espèce.

Elle fond plus difficilement.

Le prase se trouve toujours avec le stralstein, ce qui a fait soupçonner qu'il est un mélange de quartz et de stralstein.

Le prase cristallise quelquefois comme le quartz, en prisme hexagone avec une pyramide hexagone à faces triangulaires. Néanmoins on ne peut pas le regarder comme un quartz, son *facies* en est tout différent.

Bucholz en a retiré,

Silice............................... 98.50
Fer oxidé et manganèse............. 1
Eau................................. 0.25

TROISIÈME ESPÈCE.

De la Chrysoprase.

Chrysopras des Allemands.
Chrisopraser des Anglais.
Chrysoprase (1).

---

(1) Χρυσος, *chrisos*, jaune, πρασον, *prason*, porreau. Ce mot n'est pas bien exact, car on ne remarque point de jaune dans la chrysoprase.

Couleur, verte.

Transparence, 300.

Eclat, 1800.

Pesanteur, 2600.

Dureté, 2700.

Electricité, anélectrique.

Fusibilité, 6000.

Verre, transparent.

Cassure, vitreuse.

Molécule, indéterminée.

Forme, indéterminée.

Cette pierre ne cristallise jamais régulièrement.

Elle est d'un vert de porreau, demi-transparente, et a la cassure approchante de celle de la cire.

Sa dureté est assez grande pour prendre un beau poli, aussi en fait-on des bijoux.

On la trouve en Silésie près Kosemütz. Lehman en a donné la description (*Mémoires de Berlin*, 1755). Il y en aussi à Grache dans le duché de Munsterberg. Elle est dans des couches calcaires mêlées de substances magnésiennes et siliceuses. Il y a dans les mêmes couches de l'opale, de la calcédoine et une terre colorée (*la pimélite*) comme la chrysoprase elle-même ; souvent elle est en petits rognons dans un sinople très-dur.

La chrysoprase se présente encore avec une enveloppe ferrugineuse et parsemée de petites cavités.

Au feu elle perd sa couleur et devient opaque.

Klaproth en a retiré (tom. ii, pag. 133),

Silice. 96
Alumine 0.50
Chaux 1
Nickel oxidé. 1
Fer oxidé. 0.50

QUATRIÈME ESPÈCE.

De la Pimelite.

Pimelite de Karsten.

C'est une substance terreuse, de couleur vert de pomme, qui accompagne ordinairement la chrysoprase.

Klaproth en a retiré (tom. II, pag. 139),

Silice. 35
Alumine 5
Magnésie. 1.25
Chaux 0.4
Nickel oxidé 15.62
Fer oxidé. 4.58
Eau 37.91

Cette quantité d'eau pourroit faire classer la pimelite parmi les silices hydratées.

TROISIÈME GENRE DES SILICITES PURS.

Silicites.

PREMIÈRE ESPÈCE.

Du Silex.

Lapis pyromachus.

Couleur, jaune-noir.
Transparence, 300.
Éclat, 1500.
Pesanteur, 25900.

Dureté, 2800.

Electricité, anélectrique.

Fusibilité , 7000.

Verre, bulleux, laiteux.

Phosphorescence , par le frottement.

Cassure , conchoïde.

Molécule, indéterminée.

Forme, indéterminée.

Le silex n'affecte jamais de figure régulière. Il se présente ordinairement sous des formes anguleuses arrondies plus ou moins irrégulières.

On le trouve cependant quelquefois formant dés couches plus ou moins épaisses, plus ou moins étendues. A Issy, proche Paris, le silex forme une couche d'un pouce ou deux d'épaisseur au milieu de couches de pierres calcaires.

A Meudon, dans les carrières de craie, le silex forme deux couches distinctes d'un pouce ou deux d'épaisseur, et que les ouvriers appellent *plaquettes*. Dans les autres portions de la crayère, le silex se trouve en rognons plus ou moins éloignés les uns des autres. Il est disposé de la même manière à peu près dans toutes les grandes masses de craie.

La couleur du silex varie beaucoup ; mais en général elle est d'un jaune plus ou moins clair, jusqu'au jaune très-foncé approchant du noir. Il y en a de rougeâtres.

· Le silex a toujours une demi-transparence lorsqu'il est pur. Mais on y observe souvent des parties opaques, et souvent blanchâtres qui rapprochent du grès.

On voit quelquefois dans des portions de silex des parties cristallisées ; ce sont des cristaux de quartz.

Sa cassure est toujours conchoïde à angles vifs et aigus.

Sa dureté est assez considérable, et rapproche de celle du quartz. Mais on y observe bien distinctement la différence qu'il y a souvent entre la dureté de la molécule qui est ici très-grande, et celle de la masse qui n'est pas considérable; car le silex frappé avec un très-petit coup de marteau, se brise en éclats. C'est ainsi que l'on taille les pierres à fusil.

Le silex exige pour se fondre un haut degré de chaleur.

On connoît un assez grand nombre de variétés de silex.

Première variété. Silex propre à faire les pierres à fusil.

Silex pyromachus.
Silex igniarius Wallerii.

Ce silex est un des plus purs.

IIème var. Silex qui a l'aspect sablonneux.

Silex igniarius arenarius Wallerii.

C'est un silex dont le grain est grossier, et ressemble presqu'à du sable.

Il en est des espèces que les uns classent avec les silex, les autres avec les grès.

IIIème var. Silex opaque.

Silex æquabilis Wallerii.

Il est presque opaque, a peu de dureté, et fait difficilement feu au briquet.

IVème var. Silex qu'on trouve dans les bancs de gypse.

On trouve dans les bancs de gypse, à Ménil-Montant proche Paris, des silex quisont d'un jaune pâle, et sont plus tendres que les autres.

Vème **var.** Silex en tables dans les couches calcaires à Issy.

VIème **var.** Silex passant à l'état de pissite.

J'ai des silex dont la surface a toutes les apparences du pissite ou pechstein.

VIIème **var.** Silex figuré.

Silex figuratus.

Ce sont des parties animales, comme coquilles, ou des parties de végétaux, comme bois..., convertis en silex.

VIIIème **var.** *Neopètre* de Saussure.

Ce naturaliste avoit donné le nom de *neopètre*, ou pierre nouvelle, à une substance qu'il avoit trouvée dans les terrains secondaires, et qu'il regardoit comme une variété du hornstein. Mais les morceaux qu'il m'avoit envoyés sont de vrais silex.

IXème **var.** Silex cristallisé en crête de coq à Passy et autres lieux des environs de Paris; c'est une pierre opaque d'un jaune plus ou moins brun cristallisé en crête de coq ou en forme lenticulaire.

Cette pierre se trouve au milieu des bancs calcaires. Je la regarde comme un silex opaque, et mélangé de parties terreuses qui la privent de sa transparence. On avoit cru qu'elle avoit pris la forme du gypse lenticulaire, ou crête de coq; mais elle ne se trouve que dans le calcaire, et non dans le gypse.

Xème **var.** *Silex en partie très-léger.*

Schwimmstein de Karstein.

On rencontre à Saint-Ouen proche Paris, sur les bords de la Seine, un silex si léger qu'il nage sur l'eau. Lorsqu'on le casse, on trouve ordinairement dans le centre une portion siliceuse jaunâtre, et qui a tous les caractères des vrais silex.

Ce noyau est entouré d'une substance blanche, spongieuse et très-légère.

XIème VAR. *Silex rempli de soufre*. On trouve proche Poligny dans la ci-devant Franche-Comté, des silex qui ont la forme approchante de celle d'une figue, creux à l'intérieur et remplis de soufre.

La formation de ce soufre est assez difficile à expliquer. On peut supposer que ces silex avoient été primitivement des portions d'animaux, peut-être des madrépores ou oursins, ou des parties végétales, telles que des fruits; que le soufre s'y est formé, et qu'ensuite la substance a été convertie en silex.

XIIème VAR. *Silex. Caillou d'Egypte.*

C'est une espèce de silex veiné et souvent œillé, ordinairement opaque.

Le fond de sa couleur est un brun plus ou moins foncé. Les veines ou bandes sont d'un brun plus clair. Mais elles sont mélangées irrégulièrement. Il se trouve en Egypte avec le silex. On en trouve en plusieurs autres endroits, comme à Briare...

De la Molarite, ou Pierre meulière.

La pierre meulière, à laquelle je donne le nom de *molarite*, se trouve en grande quantité dans les environs de Paris, à la Ferté-sous-Jouare... : dans ce dernier endroit elle est en assez grande masse pour qu'on puisse en faire des meules de moulin qui sont excellentes.

On avoit regardé pendant long-temps ces pierres comme des espèces de quartz qu'on appeloit *coriés*; mais en les examinant attentivement, on voit qu'elles sont de la nature du silex. Elles en ont la pâte, la demi-transparence et toutes les autres qualités. Elles n'en diffèrent que parce qu'elles forment de plus grandes masses, et qu'elles sont remplies d'aspérités; c'est pourquoi on les a appelées *coriés*.

Le gisement des molarites est encore différent de celui du silex. Ces derniers se trouvent ordinairement dans des terrains crétacés. La pierre meulière est dans des argiles marneuses rougeâtres. Elle n'y forme point de couches régulières, mais elle y est entassée irrégulièrement.

Des Silex mélangés.

Les silex sont souvent mélangés avec d'autres terres, qui modifient plus ou moins leurs caractères extérieurs et physiques, suivant qu'elles sont plus ou moins abondantes. On trouve un grand nombre de ces silex mélangés aux environs de Paris, particulièrement du côté de la vallée de Montmorenci.

Première variété. Silex mélangé, qui a l'aspect en partie siliceux, mais est déjà plus ou moins opaque, a moins de dureté que le silex ordinaire...

IIème var. Cette variété est absolument opaque, et a la cassure presque terreuse.

IIIème var. Cette variété n'a presque plus aucun des caractères des silex. Son grain est terreux; elle donne peu d'étincelles par le choc du briquet.

Nous avons plusieurs analyses de silex.

Klaproth a retiré d'un silex noirâtre (tom. 1, pag. 46),

Silice.................................... 98
Alumine 0.25
Chaux................................. 0.50
Fer oxidé 0.25

Vauquelin a retiré d'un silex (*Bulletin Philomatique*, n° iv),

Silice. 97
Alumine o.5
Fer oxidé. o.5
Perte 2

Il a retiré de la partie blanche d'un silex (*ibidem*),

Silice. 98
Alumine. o.5
Chaux carbonatée 2
Fer oxidé. o.5

La partie opaque d'un autre silex lui a donné (*ibid.*),

Silice. 94
Alumine. o.5
Chaux carbonatée. 5
Fer oxidé. o.5

L'écorce blanche d'un silex léger lui a donné (*ibidem*),

Silice. 87
Alumine 1
Chaux carbonatée. 10
Fer oxidé. o.75

La formation du silex présente de grandes difficultés. Nous avons vu qu'il se trouve ordinairement dans les terrains crayeux ; mais cependant il y en a dans les calcaires et les gypses : et la pierre meulière est dans les argiles.

Le silex est ordinairement en rognons, ce qui a fait soupçonner à plusieurs naturalistes qu'il provenoit d'animaux marins, tels que les mollusques convertis en silex. Mais les molarites qui se trouvent en grandes masses, ainsi que les silex d'Issy en tables, détruisent cette opinion.

- On rencontre plusieurs silex recouverts d'une croûte blanchâtre, happant à la langue. Cette croûte est composée de beaucoup de silice, d'un peu d'alumine et d'une certaine quantité de calcaire.

C'est une grande question parmi les minéralogistes, de savoir si cette croûte provient de la décomposition du silex, ou si le silex a été formé au milieu de cette substance, ou de cette substance même.

Je pense que les deux opinions sont également fondées. Il n'est pas douteux que le silex en se décomposant peut passer au même état où est cette croûte. Un silex pur et demi-transparent qu'on fait rougir et qu'on jette dans l'eau, devient opaque et blanchâtre. Cette même altération peut avoir lieu par l'influence des agens extérieurs.

D'un autre côté, il est très-possible que dans la composition du silex la totalité des terres siliceuses et alumineuses ne soit pas convertie en silex, et qu'il en soit de même des portions qui l'ont enveloppé.

Il est donc vraisemblable que le silex est le produit d'une matière siliceuse dissoute par l'eau, et qui a cristallisé d'une manière confuse et dans les craies, sous forme de silex, et dans des argiles marneuses, sous forme de molarite. Dans les silex légers, la croûte contient encore une portion considérable de chaux.

L'eau entraîne avec elle quelques portions de chaux carbonatée ou de calcaire, ainsi que quelques portions de fer oxidé.

QUATRIÈME GENRE DES SILICITES PURS.

La Calcédoine.

PREMIÈRE ESPÈCE.

De la Calcédoine.

Καλχεδων, *calcédon* des Grecs.
Calcedonium des Latins.
Calcédoine.

COULEUR, de toutes couleurs.
TRANSPARENCE, 300.
ECLAT, 1800.
PESANTEUR, 26.
DURETÉ, 2800.
FUSIBILITÉ, 7000.
VERRE, transparent.
PHOSPHORESCENCE, par le frottement.
CASSURE, demi-conchoïde.
MOLÉCULE, indéterminée.
FORME, indéterminée.

La calcédoine n'affecte point de forme régulière.

Quelques-unes sont mamelonnées, et leur surface paroît présenter des pyramides cristallisées ; mais elle passe pour lors à l'état de quartz.

La calcédoine ne paroît être qu'un silex d'une pâte plus fine ; car elle en a tous les caractères.

Il y a plusieurs variétés de calcédoine.

PREMIÈRE VARIÉTÉ. Calcédoine mamelonnée.

Elle se présente le plus souvent sous forme mamelonnée.

On voit la calcédoine se former en mamelons sur un

tuf volcanique, bitumineux, au Pont-du-Château en Auvergne. Elle a quelquefois un coup d'œil opalin, et elle cristallise, comme le quartz, en prismes hexaèdres avec les pyramides hexaèdres à faces triangulaires.

IIème var. Calcédoine en stalactites.

La calcédoine a souvent coulé comme un suc épais, et présente des stalactites plus ou moins grosses, dont l'extrémité est toujours arrondie.

IIIème var. Calcédoine en géodes.

Le suc calcédonieux a souvent coulé dans des géodes.

IVème var. Calcédoine bleue, ou *saphirine*.

Elle est d'un bleu plus ou moins foncé. On en trouve dans les mines de fer de Boinik près Neusolh en Hongrie, et à Torda en Transilvanie.

Vème var. *Cacholong*.

Calcedonius albus opacus. Cronstedt.

Le cacholong est une calcédoine opaque, dont la couleur est d'un blanc de lait.

Quelques naturalistes avoient regardé le cacholong comme le produit de la décomposition de la calcédoine ou du silex. Mais j'ai des cacholongs traversés par des zônes de calcédoine transparente et bien conservée. Si le cacholong eût été produit par une décomposition, les zônes eussent été décomposées et fussent devenues opaques.

Le cacholong est donc une calcédoine blanchâtre.

VIème var. *Hyalite*, calcédoine mamelonnée qui se trouve sur des pierres volcaniques.

On avoit regardé ces calcédoines comme du verre volcanique ; mais ce sont de vraies calcédoines mamelonnées. Bucholz a analysé l'hyalite de Francfort, il en a retiré (1),

Silice 0.93
Perte 0.07

Cristallisations accidentelles de la calcédoine.

La calcédoine affecte quelquefois des figures régulières qui ne lui sont pas propres. On en a plusieurs variétés.

a Calcédoine cristallisée comme le calcaire équiaxe.

b Calcédoine cristallisée en octaèdre comme le fluor.

Il paroît que ces calcédoines se sont moulées sur d'autres cristaux, comme le fait le quartz dans ses cristallisations accidentelles dont nous avons parlé.

La calcédoine se trouve communément dans les terrains secondaires, comme les silex.

Il peut néanmoins s'en trouver dans les terrains primitifs, comme les agathes, et dans les terrains volcaniques.

La formation des calcédoines paroît due aux mêmes causes que celle du silex.

Calcédoine mélangée avec d'autres pierres.

Les pierres qui servent de gangue aux calcédoines en retiennent des portions qui sont mélangées avec elles. Bergman a retiré d'une calcédoine de Ferroë,

Silice 84
Alumine 16

______

(1) *Journal de Physique*, tom. LXIII, pag. 239.

Bindheim a retiré d'une autre calcédoine,

Silice. 83
Alumine 2
Chaux. 11
Fer oxidé. 2

Les nouvelles analyses de la calcédoine donnent,

Silice 96
Alumine. 4

SECONDE ESPÈCE.

De l'Agathe.

Αχατες, *achates* des Grecs (1).
Achates Plinii.
Agater des Suédois.
Achat des Allemans.
Agate des Anglais.

Couleur, de toutes couleurs.
Transparence, 300.
Éclat, 1800.
Pesanteur, 25900.
Dureté, 2800.
Électricité, anélectrique.
Fusibilité, 10000 à 8000.
Verre, bulleux, laiteux.
Phosphorescence, par le frottement.
Cassure, conchoïde.
Molécule, indéterminée.
Forme, indéterminée.

____

(1) Son nom vient dit-on du fleuve *Achartes* dans lequel on en trouvoit beaucoup.

L'agathe ne cristallise jamais d'une manière régulière.

Elle doit être regardée comme une calcédoine, et elle en a toutes les qualités.

On en distingue un grand nombre d'espèces.

Première variété. La sardoine.

Sa couleur est d'un jaune plus ou moins foncé sur un fond gris-jaunâtre : c'est l'agathe la plus estimée. Les anciens s'en sont beaucoup servi pour la gravure.

Il y en a qui représentent de jolis accidens.

IIème var. La cornaline.

Carneolus, carnéole.

C'est une agathe d'un rouge plus ou moins foncé. Elle est également fort estimée. Les anciens en ont beaucoup gravées. Il y a

Cornaline d'un rouge pâle,

Cornaline d'un rouge jaune,

Cornaline d'un rouge vif de rubis,

Cornaline d'un rouge brun,

Cornaline d'un rouge pâle, parsemée de points d'un rouge de rubis.

IIIème var. Agathe orientale.

Cette agathe est appelée *orientale*, à cause de la beauté de son eau. Sa couleur est d'un gris jaunâtre, dans lequel on distingue quelquefois des teintes de bleu.

Elle est ordinairement mamelonnée.

Elle est le plus souvent entrecoupée par des bandes ou zônes de sardoine, qui font quelquefois des cercles concentriques.

IVème var. Agathe-onix (1).

––––––––––––

(1) Ὄνυξ, *onix*, angles.

On appelle *agathes-onix* celles qui sont formées par bandes, ou zônes de différentes couleurs, semblables aux zônes des ongles. Il y en a plusieurs variétés.

a Agathe-onix dont les bandes sont d'un jaune alternant avec des bandes de cacholong.

Les graveurs en font de jolis ouvrages, en travaillant ces différentes zônes.

b Agathe-onix dont les bandes sont de sardoine, alternant avec des bandes de cacholong, et quelquefois d'agathe transparente.

Ce sont les morceaux que les Anciens ont choisis pour leurs belles gravures.

c Agathe-onix dont les bandes sont de cornaline, alternant avec des bandes de cacholong, et quelquefois de calcédoine transparente.

d Agathe rubanée.

Les agathes rubanées sont des espèces d'onix, dont les zônes de diverses couleurs sont plus ou moins multipliées, plus ou moins étendues.

Vème **var.** Agathe dendriforme.

Moko (1).

On appelle *dendrites*, ou *moko*, des agathes qui présentent des formes d'arbrisseaux. Ces formes sont plus ou moins élégantes, et se trouvent dans les différentes espèces d'agathe.

a Sardoine moko.

b Cornaline moko.

c Agathe orientale moko.

VIème **var.** Agathe mousseuse.

____

(1) *Moko*, du Moka, parce qu'il en vient de belles de Moka en Arabie.

Ce sont des agathes, dans la pâte desquelles on croit
voir des mousses ou autres figures analogues.

Plusieurs naturalistes pensent que la pâte de l'agathe
a réellement enveloppé des plantes; c'est l'avis de Dau-
benton.

Mais le plus souvent ces prétendues mousses ne sont
que des dendrites formées comme les veines du marbre
de Florence, par l'infiltration d'un suc ferrugineux.

VIIème VAR. Agathes qui représentent des figures d'a-
nimaux.

Androlites.

J'ai une sardoine qui représente une tête humaine assez
exactement.

VIIIème VAR. Agathe enhydre.

Dans les montagnes volcaniques du Vicentin on rencontre, au milieu d'une terre brune volcanique, des
calcédoines en globules arrondis, qui sont remplies d'une
eau claire et limpide, au milieu de laquelle se trouve
une bulle d'air; cette bulle y circule librement lorsqu'on
incline la pierre en différens sens, comme dans le niveau
d'eau; c'est ce qu'on appelle *enhydres,* ou agathe enhydre.

Jean Alduino les a observées le premier.

Fortis a également trouvé de très-belles enhydres à
quelque distance de Vicence.

L'intérieur de la pierre est rempli de quartz cristallisé.

L'origine de cette eau et de cette bulle d'air est assez
difficile à expliquer. Je suppose que l'eau chargée du
dissolvant de la terre quartzeuse, quel qu'il soit, rencon-
trant dans les matières volcaniques cette terre quartzeuse
pure, la dissout; elle se réunit, par les lois des affinités,
en globules plus ou moins considérables. Plusieurs de ces

globules sont solides, d'autres sont creux à l'intérieur; l'eau de cristallisation se réunit au milieu de ceux-ci, la terre quartzeuse cristallise régulièrement dans cet intérieur, et il s'en dégage de l'eau.

Bindheim a retiré de la cornaline,

Silice. 94
Alumine 3.50
Fer oxidé 0.75

IXème VAR. *Plasma.*

Le plasma paroît être une agathe d'un vert peu foncé; il a le coup d'œil gras du jade, ensorte qu'il ressemble, jusqu'à un certain point, au jade vert.

Klaproth en a retiré (tom. IV, pag. 326),

Silice. 96.75
Alumine 0.25
Eau 2.50
Fer oxidé 0.50

Xème VAR. L'agathe verte. *Héliotrope.*

C'est une agathe d'un beau vert d'émeraude; elle contient souvent des parties qui ne sont pas bien transparentes.

Elle est assez souvent parsemée de points rouges, et pour lors on l'appelle *agathe verte sanguine.*

C'est la pierre de St.-Etienne de quelques naturalistes.

D'autres la placent parmi les jaspes.

XIème VAR. Agathe chatoyante.

Quelques agathes ont une espèce de chatoiement.

XIIème VAR. Agathe œillée.

Ce sont des agathes onix dont les cercles concentriques forment une espèce d'œil.

4..

XIIIème var. *Pierres de sassemagne, pierres d'hiron-delle, pierres chelidoines.*

Ce sont des petites agathes ovoïdes ou lenticulaires, soit qu'elles aient été ainsi formées, comme les enhydres de Vicence, soit qu'elles aient été roulées postérieurement à leur formation.

Cristallisations accidentelles de la Calcédoine.

La calcédoine cristallise quelquefois régulièrement, et elle affecte le plus souvent les formes du spath calcaire.

Pierres et Terres agathiques.

Les pierres et terres qui servent de matière aux agathes en contiennent des portions.

Agathes dans le phorphire vert ou ophite.

On trouve dans l'ophite des agathes.

OBSERVATIONS.

Les agathes se trouvent le plus souvent dans les matières volcaniques; une grande partie de celles qui sont dans le commerce viennent des matières volcaniques d'Ecosse.

Cependant on en trouve ailleurs que dans des matières volcaniques. Il y en a beaucoup du côté d'Oberstein dans le Palatinat; elles sont dans des espèces de téphrines.

On sait qu'on en trouve aussi quelquefois dans les ophites ou porphyres verts, qui sont certainement des roches primitives.

De la formation des Agathes.

La formation des agathes paroît due aux mêmes causes que celle des silex.

QUATRIÈME ESPÈCE.

Du Jaspe.

Jaspe des Hébreux.
Ιασπος des Grecs.
Jaspis des Latins.
Jaspe des Allemands, des Suédois.
Jasper des Anglais.
Diaspro des Italiens.
Jaspe.

COULEUR, de toutes couleurs.
TRANSPARENCE, 0.
ECLAT, 1200.
PESANTEUR, 26200 à 28000.
DURETÉ, 2000.
ELECTRICITÉ, anélectrique.
FUSIBILITÉ, 8000 à 4000.
VERRE, bulleux, grisâtre.
CASSURE, demi-conchoïde.
MOLÉCULE, indéterminée.
FORME, indéterminée.

Le jaspe n'affecte jamais de formes régulières ; on y rencontre quelquefois des portions cristallisées, mais ce sont des cristaux de quartz.

Cette pierre paroît composée d'un suc siliceux ou calcédonieux, mélangé avec une grande quantité d'argile et de fer oxidé. J'ai une belle calcédoine qu'on voit avoir coulé sur une argile martiale jaunâtre, laquelle elle a changé en jaspe de la même couleur. J'ai fait chauffer ce jaspe, qui est devenu rougeâtre.

On connoît plusieurs variétés de jaspe.

Première variété. Jaspe rouge. *Diaspro rosso* des Italiens.

Ce jaspe est d'un rouge plus ou moins foncé, plus ou moins éclatant.

IIème var. Jaspe jaune.

Il est d'un jaune plus ou moins foncé, plus ou moins éclatant. Chauffé, il devient rouge, parce que l'ocre de fer qui le colore passe à l'état d'ocre rouge.

IIIème var. Jaspe vert.

Il est d'un vert plus ou moins foncé, plus ou moins éclatant. Lorsqu'on le scie en tablettes très-minces, on observe qu'il a le plus souvent une demi-transparence.

On peut donc regarder le jaspe vert comme formé de la substance de l'agathe verte, qui a pénétré une argile martiale.

IVème var. Jaspe sanguin.
C'est le jaspe vert tacheté de rouge.

Vème var. Jaspe noir.
Sa couleur est noire.

VIème var. Jaspe bleu.
Il est rare ; on le trouve en Bohême.

VIIème var. Jaspe blanc.
On en trouve en Sibérie.

VIIIème var. Jaspe fleuri.

On donne ce nom à un jaspe qui a une grande variété de couleurs agréablement mélangées ; c'est pourquoi on l'a comparé à des fleurs.

IXème var. Zinople des mines d'or de Hongrie.
C'est un jaspe rougeâtre dont le grain est grossier.

Xème var. Jaspe-agathe.

On trouve souvent le jaspe et l'agathe mélangés dans le même morceau.

Si l'agathe domine, on l'appelle *agathe jaspée*.

Si le jaspe domine, on l'appelle *jaspe-agathe*.

On en a différentes variétés, suivant la nature du jaspe et de l'agathe.

a Jaspe sardoine.

b Jaspe cornaline.

c Jaspe onix.

Quelques minéralogistes classent le caillou d'Egypte avec les jaspes.

Le jaspe se trouve le plus souvent dans les terrains secondaires avec les calcédoines, les silex....

Mais il y a aussi des jaspes dans les terrains primitifs et dans les terrains volcaniques ; tels sont ceux qu'on trouve avec les agathes, et qui font partie des jaspes-agathes.

Kirvan a retiré d'un jaspe,

Silice............................... 75
Alumine............................. 20
Fer oxidé........................... 5

Tromsdorf a retiré d'un jaspe sanguin.

Silice............................... 84
Alumine............................. 7.5
Fer oxidé........................... 5

On a confondu avec les jaspes quelques substances qui en sont différentes.

a Jaspe rubané. *Brand-jaspe* de Werner.

Ce sont des schistes siliceux, ou kiesel-schieffer, ainsi que nous le verrons, auxquels on peut donner le nom de *schistes jaspoïdes*.

Le jaspe rubané de Sibérie est un kiesel-schieffer, ou schiste jaspoïde.

b Jaspe-porcelaine de Werner.

C'est un schiste qui a éprouvé l'action du feu.

c Jaspe petro-siliceux.

Ce sont de vrais petrosilex ; telle est la *Pierre à lancette*.

La quantité d'alumine que contient le jaspe fait voir qu'il ne doit point être classé avec les quartz, les agathes..., mais plutôt avec les alumino-silicites, car on n'en retire qu'environ o.80 de silice.

VINGT-HUITIÈME LEÇON.

CINQUIÈME GENRE DES SILICITES PURS.

Piciforme.

PREMIÈRE ESPÈCE.

De l'Opale.

Poederos de Pline.

Opal des Allemands, des Suédois, des Anglais.

Elder-Opal. Opale noble de Werner.

COULEUR, de toutes couleurs.

TRANSPARENCE, 100.

ECLAT, 1800.

PESANTEUR, 19 à 21500.

DURETÉ, 2500.

FUSIBILITÉ, 4000.

VERRE.

CASSURE, conchoïde.

MOLÉCULE, indéterminée.

FORME, indéterminée.

L'opale est la première des pierres dont l'aspect ou *facies* est piciforme.

Son éclat est assez vif et gras.

Elle est très-légère, parce qu'elle est poreuse.

Sa dureté est assez considérable pour faire feu au briquet.

Sa cassure est conchoïde.

Elle a une demi-transparence.

Sa couleur est ordinairement d'un blanc bleuâtre.

Mais elle a le plus beau jeu de couleurs, qui est dû sans doute aux interstices que présentent les petites lames dont elle est composée. On sait que toutes les pierres qui sont fendillées, comme les quartz, les calcaires, les gypses..., ont un pareil jeu de couleurs (1); aussi les opales n'acquièrent-elles toute leur beauté que lorsqu'elles ont été exposées quelque temps à l'air, ce qui sans doute en augmente les petites fentes.

On distingue les opales à raison de la couleur principale qui y domine.

PREMIÈRE VARIÉTÉ. Opale qui donne des reflets rougeâtres.

IIème VAR. Opale dont la couleur dominante est le bleu.

IIIème VAR. Opale dont la couleur dominante est le vert : c'est une des plus recherchées.

IVème VAR. Opale dont la couleur dominante est le brun.

Vème VAR. Opale dont la couleur dominante est le jaune.

VIème VAR. Opales *non-mûres*, qui ont peu de jeu, c'est-à-dire qu'elles sont peu fendillées ; mais en les exposant à l'air, il arrive souvent qu'elles se fendillent et acquièrent du jeu.

____

(1) Newton a expliqué la théorie de ce jeu de couleurs dans les anneaux colorés.

VIIème var. Opales moko ou dendriformes.

Ce sont des opales qui ont des dendrites, comme les agathes.

VIIIème var. *Girasol.*

Cette pierre est une espèce d'opale d'un blanc bleuâtre et demi-transparente : elle n'a pas un jeu de couleurs aussi vif que l'opale ; cependant il en est qui réfléchissent des rayons rouges. On peut donc regarder le girasol comme une espèce d'opale non-mûre.

La porosité des opales, les petites fentes qu'elles ont, les rendent souvent hydrophanes lorsqu'on les plonge dans l'eau.

Quelques opales exposées plus ou moins de temps à l'ardeur du soleil, perdent leur jeu de couleurs, parce que les petites fentes qu'elles ont deviennent trop grandes.

L'opale étoit très-recherchée chez les anciens, particulièrement chez les Romains. On sait que le sénateur Nonius ne voulut pas céder à Antoine une belle opale qu'il avoit, ce qui le fit condamner à l'exil.

Les Turcs et tous les Orientaux font encore beaucoup de cas de l'opale. Il faut convenir que si elle n'a pas le jeu du diamant et des autres pierres fines, elle les surpasse par la variété de ses couleurs.

Klaproth a retiré de l'opale noble de Cscherwenitza en Hongrie (tom. 11, pag. 153),

Silice. 90
Eau et matières volatiles. 10

Une autre opale lui a donné (*ibid.*, pag. 156),

Silice. 93.125
Alumine. 1.625
Eau et matières volatiles. 5.250

Une autre de Kosemnitz lui a donné,

Silice. 99
Alumine. 0.1
Fer oxidé 0.1

Une autre de Telkobanya lui a donné,

Silice. 93,50
Fer oxidé 1
Eau et matières volatiles. 5

Gangue de l'Opale.

L'opale de Cscherwenitza se trouve dans une espèce d'argile qui provient d'un porphyre décomposé. Reuss et Widermann lui donnent le nom de *graustein :* c'est une espèce de thonporphyre de Werner.

Quelques minéralogistes regardent cette gangue comme un produit volcanique.

La formation des opales paroît due aux mêmes causes que celle des silex, des agathes.

SECONDE ESPÈCE.

De l'Hydrophane (1).

Halbopal de Werner. Variété.
Oculus mundi Wallerius. Variété.

Couleur, ordinairement blanc de lait.

Transparence, 100.

Dureté, 2000.

Eclat, 1200.

Pesanteur, 2300.

---

(1) ὕδωρ, *udor,* eau; φαω, *phao,* luire : pierre qui devient transparente dans l'eau.

ÉLECTRICITÉ, anélectrique.
FUSIBILITÉ, 4000.
VERRE.
PHOSPHORESCENCE, par le frottement.
CASSURE, demi-conchoïde, piciforme.
MOLÉCULE, indéterminée.
FORME, indéterminée.

L'hydrophane n'affecte jamais de formes régulières.

On doit la regarder comme une pierre piciforme dont le tissu est assez lâche pour être pénétré par l'eau, aussi s'en imbibe-t-elle lorsqu'on l'y laisse quelque temps; elle acquiert de la pesanteur, mais en même temps l'air en sort, et la pierre devient transparente, parce que la densité de l'eau approche davantage de celle de la pierre; elle conserve cette demi-transparence jusqu'à ce que l'eau soit évaporée.

L'huile, ou tout autre fluide, produit souvent le même effet que l'eau. Saussure fils a mis des hydrophanes dans de la cire fondue; elles ont acquis de la transparence et l'ont conservée tout le temps que la cire a eu assez de chaleur; mais dès qu'elle a été assez refroidie, la pierre a repris sa première opacité.

En exposant cette pierre opaque ainsi imprégnée de cire aux rayons d'un soleil ardent, la cire se ramollit et la pierre reprend sa transparence.

On a plusieurs variétés d'hydrophane.

PREMIÈRE VARIÉTÉ. Hydrophane d'un blanc de lait qui se trouve souvent avec les opales.

Oculus mundi.

Il y en a de diverses couleurs.
a Hydrophane opaque d'un blanc bleuâtre.

b La même, d'un blanc jaunâtre.

c La même, jaune.

d La même, grise.

Toutes ces pierres deviennent hydrophanes dans l'eau : peut - être ne sont-ce que des variétés d'opales non-mûres, car elles se trouvent dans la même gangue que l'opale.

IIème VAR. Hydrophane du Mussinet en Piémont. Bonvoisin, qui l'a examinée avec soin, dit qu'elle se trouve dans une roche de serpentine, formant des petits filons.

Leur couleur varie : les unes sont d'un blanc de lait, demi - transparentes ou opaques ; d'autres sont jaunes, bleues... ; enfin quelques-unes sont parsemées de taches noires, comme les agathes herborisées.

Bonvoisin a retiré de l'hydrophane du Mussinet,

Silice............................. 60.50
Alumine........................... 35.75
Chaux 3.50
Fer oxidé 0.25

Wiegleb a retiré d'une hydrophane,

Silice............................. 83
Alumine........................... 5
Fer oxidé 0.50
Eau 5

Gisement.

Les hydrophanes paroissent être le plus souvent dans les terrains primitifs.

TROISIÈME ESPÈCE.

Du Pissite, ou *de l'Halbopal.*

Pissite de Delamétherie.
Halbopal de Werner. Variété.
Pechstein. Variété.
Pechopal.
Geminer opal. Opale commune de Werner.

COULEUR, de tout's couleurs.
TRANSPARENCE, 20ʋ à 0.
ECLAT, 1000.
PESANTEUR, 23000.
DURETÉ, 2000.
FUSIBILITÉ, 800.
VᴇRRE, de différentes couleurs.
CASSURE, piciforme.
MOLÉCULE, indéterminée.
FORME, indéterminée.

J'ai donné le nom de pissite (1) à des substances piciformes qui sont désignées par les différens naturalistes sous divers noms, ceux de *pechstein, pechopal, halbopal....*

Cette substance n'affecte jamais de forme régulière.

Son *facies* est approchant de celui de la poix, d'où lui vient son nom de *pechstein* en allemand, pierre de poix, *pechopal*, opale de poix, ou opale piciforme.

Sa cassure est résiniforme, ou plutôt piciforme.

Elle est légère, parce qu'elle est poreuse.

La dureté de la molécule est assez considérable, mais celle de la masse l'est peu.

---

(1) *Pissa*, poix.

On a plusieurs variétés de pissite.

Première variété. *Pechopal.* Elle est demi-transparente, a la cassure piciforme ; sa couleur est d'un blanc bleuâtre.

Elle se rapproche beaucoup de l'opale non-mûre.
On en trouve à l'île d'Elbe.

IIème var. Pissite jaunâtre, demi-transparente.
Sa cassure est piciforme et conchoïde.
On en trouve en Hongrie, en Auvergne.

IIIème var. Pissite jaunâtre, transparente.
Elle a beaucoup d'éclat, se trouve au Pérou.

IVème var. Pissite d'un jaune brun, demi-transparente.
Sa cassure est piciforme.
On en trouve à Gergovia proche Clermont, dans des terrains calcaires.
Quelquefois la couleur jaune s'éclaircit et passe jusqu'au blanc de lait.

Vème var. Pissite rougeâtre, opaque.
On en trouve en Sibérie.

VIème var. Pissite brunâtre, opaque.
Cassure demi-conchoïde, piciforme.
On en trouve aux environs du Cantal.

VIIème var. Pissite noirâtre, opaque.
Cassure conchoïde.
On en trouve à Cuzol en Auvergne, dans des terrains calcaires.

VIIIème var. Pissite opaque, noirâtre, de Monfort-l'Amauri, proche Versailles.
J'en ai de beaux morceaux qui m'ont été donnés par M. Delaunai.

IXme **var**. Pissite de Champigni, proche Paris.
Elle est blanchâtre, quelquefois jaunâtre.

Xme **var**. Pissite jaunâtre, opaque, adhérente à un silex.

J'ai trouvé cette jolie variété du côté de Briare : c'est un silex dont toute la surface est changée en véritable pissite.

Les auteurs parlent de pissites vertes. J'en ai une verdâtre.

Les pissites ou halbopals sont extrêmement communs ; ils varient quant à la transparence, à la couleur....

Klaproth a retiré d'un halbopal ou pissite de Telkobonitza en Transylvanie (tom. 11, pag. 164),

Silice...................................... 43.50
Fer oxidé.................................. 47
Eau.. 7.50

On voit que la silice est peu abondante dans cette pierre ; ce qui l'éloigne beaucoup des quartz.

Du Gisement et de la Gangue des Pissites.

On a beaucoup disputé sur le gisement et la gangue des pissites. Plusieurs célèbres naturalistes avoient cru qu'ils se trouvoient toujours dans des terrains volcaniques ; mais de nouvelles observations ont fait voir que ceux qui sont si abondans en Auvergne, sont situés dans des terrains calcaires, comme ceux de Gergovia, terrains calcaires attenant aux matières volcaniques.

On en trouve à Monfort-l'Amauri, à Champigni..., dans des terrains calcaires, avec les silex.

La plupart des pissites ou pechstein, qu'on regardoit comme appartenant aux terrains volcaniques, sont de vraies

vraies laves vitreuses ou résiniformes, comme nous le verrons.

L'école de Werner ne donne le nom de *pechstein* qu'à ces substances, que les Italiens et les Français appellent des laves.

QUATRIÈME ESPÈCE.

Du Xilopale.

Xilopale de Delamétherie.
Opale ligniforme de Kirwau.
Holz-opal de Werner.

COULEUR, blanchâtre, jaunâtre.
TRANSPARENCE, 500.
ÉCLAT, 1000.
PESANTEUR, 2500.
DURETÉ, 1500.
FUSIBILITÉ, 3000.
VERRE.
CASSURE, conchoïde.
MOLÉCULE, indéterminée.
FORME, indéterminée.

J'ai donné le nom de *xilopale* au bois changé en une espèce d'opale ou pechstein.

Werner l'appelle *holz-opale*.

Sa couleur varie ; il y en a de blanchâtres, de jaunâtres, de noirs.

On y distingue encore parfaitement le tissu du bois.

Les beaux xilopales nous viennent de Hongrie ; ils s'y trouvent à Poinik, près Schemnitz : on y voit encore tout le tissu ligniforme.

2.'   5

CINQUIÈME ESPÈCE.

Du Ménilite.

Ménilite de Klaproth.

Pechstein de Ménilmontant, de Quinquet et de l'Arbre.

Knollenstein (pierre en rognons) de Werner.

COULEUR , brun-blanc.

TRANSPARENCE, 10.

ÉCLAT , 200.

PESANTEUR , 25500.

DURETÉ , 1200.

FUSIBILITÉ , 3000.

VERRE , bulleux.

CASSURE , vitreuse.

MOLÉCULE , indéterminée.

FORME , indéterminée.

Le ménilite ne cristallise jamais régulièrement; il se trouve dans des lits d'une espèce de schiste quartzeux, à Ménilmontant, entre la première , la supérieure et la seconde couche de plâtre.

A l'intérieur, il a l'apparence des caillous qu'on rencontre dans les craies. Sa surface est arrondie et composée de différentes parties ou mamelons bosselés et arrondis; il se casse facilement et se délite comme les lits du schiste dans lequel il se trouve.

Sa cassure est lamelleuse.

Sa couleur est brune.

Il fait difficilement feu avec le briquet.

Il est demi-transparent sur les bords.

Il y en a plusieurs variétés.

a Ménilite brun.

C'est celui dont nous venons de parler, et qui se trouve à Ménilmontant.

b Ménilite blanchâtre.

Il ne diffère du précédent que par la couleur qui est blanchâtre ; il se trouve dans les carrières proche Argenteuil, aux environs de Paris.

Bayen avoit dit en avoir retiré de la magnésie ; mais Klaproth (tom. II, page 169), dans une première analyse, en retira seulement,

Silice. 85.50
Alumine 1
Fer oxidé 0.50
Chaux 0.50
Eau 11

Dans une nouvelle analyse, il y a reconnu la magnésie ; il en a retiré (*Journal de Physique,* nov. 1806),

Silice 62.50
Magnésie 8
Fer oxidé 4
Charbon 0.75
Alumine 0.75
Chaux 0.25
Eau 22

liquide qui contenoit une trace d'ammoniaque, accompagnée d'odeur bitumineuse.

Gaz composé d'acide carbonique et d'hydrogène carboné, huit pouces cubiques.

Cette substance fut observée pour la première fois

par Quinquet et Delambre (1), à Ménilmontant ; elle est située en rognons dans une espèce de schiste blanchâtre, que Klaproth appelle *polierschiffer*, et Werner, *kleb-schieffer*.

Elle se trouve dans les couches intermédiaires, entre la première, la supérieure et la seconde masse de plâtre.

VINGT-NEUVIÈME LEÇON.

PREMIER GENRE.

Des Feldspaths.

PREMIÈRE ESPÈCE.

Du Feldspath.

Spathum scintillans. Cronstedt.
Petuntzé des Chinois.
Adulaire Pini. (Variété du feldspath.)
Feldspath des Allemands (2).
Feldspath.

COULEUR, incolore, de toutes couleurs.
TRANSPARENCE, 2500 à 0.
ECLAT, 1500.
DURETÉ, 2000 à 2700.
ELECTRICITÉ, idio-électrique.
RÉFRACTION, double.
FUSIBILITÉ, 1500.
VERRE, transparent, incolore, bulleux.

---

(1) *Journal de Physique.*

(2) Feldspath signifie en allemand *spath des champs*, mot mauvais, mais qu'on doit respecter parce qu'il est généralement adopté.

Phosphorescence, par le frottement.

Cassure, lamelleuse.

Molécule, rhomboïdale supposée.

Forme, prisme rhomboïdal oblique.

Première variété. Prisme rhomboïdal oblique.

Angles du prisme, 120° et 60°.

Angles de la face du sommet sur celle du prisme à peu près, 111° 30′ et 68° 30′.

Cette variété se rencontre fréquemment dans les adulaires.

IIème var. La variété précédente dont le prisme devient hexagone par la troncature des arêtes aiguës.

IIIème var. Prisme rhomboïdal comme dans la variété précédente

Sommet composé de deux faces triangulaires inclinées l'une sur l'autre, à peu près de 129°.

a Quatre de ces cristaux se réunissent quelquefois sous des angles droits, et forment une espèce de croix de Malte.

IVème var. La variété précédente dont le prisme est devenu hexagone par la troncature de ses arêtes aiguës.

Les faces du sommet deviennent pentagones.

Vème var. La variété précédente dont le prisme devient décagone par quatre nouvelles troncatures qui naissent sur chacune des quatre arêtes nouvelles.

C'est la variété qu'on appeloit *schorl blanc*; elle est ordinairement composée de deux cristaux accolés.

VIème var. Prisme hexagone comme dans la variété quatrième.

Le sommet dièdre devient une pyramide trièdre par une facette triangulaire qui naît sur l'arête du prisme, dont l'angle, avec la face de ce sommet, est de 115°.

VIIème VAR. La variété précédente dont chaque pyramide a deux nouvelles faces triangulaires qui naissent sur l'extrémité des arêtes du sommet du prisme, du côté où est la nouvelle facette triangulaire de la variété sixième.

Chaque pyramide a par conséquent cinq faces.

VIIIème VAR. La variété précédente dont le prisme est devenu décagone comme dans la variété cinquième.

IXème VAR. Prisme hexagone comme dans la variété quatrième.

Sommet semblable, composé de deux faces triangulaires; mais ici l'arête qui unit ces deux faces est tronquée par une facette rectangulaire.

La pyramide a par conséquent trois faces.

Xème VAR. La variété précédente dont le prisme est décagone comme dans la variété cinquième.

La pyramide trièdre est devenue pentagone par une nouvelle facette hexagone qui naît de chaque côté sur l'angle solide de la facette rectangulaire du sommet.

XIème VAR. Prisme rectangulaire oblique.

Angles du sommet sur les faces correspondantes du prisme, 99° 41′ et 80° 19′.

XIIème VAR. La variété précédente dont le sommet est tronqué par six nouvelles faces; ce qui forme une pyramide à sept faces.

La face primitive qui est hexagone.

Deux petites facettes triangulaires qui tronquent chacun des deux angles solides qui réunissent le prisme à la pyramide du côté de l'angle de 99° 41′.

Deux autres facettes triangulaires plus considérables tronquant les angles solides qui réunissent le prisme à la pyramide du côté des angles aigus de 80°.

Deux autres petites facettes linéaires qui tronquent les arêtes du prisme avec ces dernières facettes ; elles font un angle de 116°.

XIIIème var. La variété précédente dont le prisme devient octogone par la troncature de ses arêtes.

XIVème var. La variété douzième dont le prisme devient très-court et la pyramide s'alonge.

Le cristal se présente comme un prisme décagone,

Et la pyramide paroît composée de deux grandes faces pentagones qui se réunissent sous un angle de 99° 41'.

Deux petites facettes triangulaires tronquent chacun des angles solides de ces grandes faces.

Deux autres facettes linéaires tronquent chacune des deux arêtes du sommet qui s'étendent du côté où ce sommet fait sur l'arête du prisme un angle de 116°.

XVème var. Feldspath maclé, suivant une diagonale.
Prisme restangulaire.
Pyramide composée de onze faces, savoir :
Quatre triangulaires, qui sont les principales ;
Quatre sur les arêtes terminales du prisme ;
Et une sur chacun des trois angles solides.

Il faut supposer la variété onzième, divisée en deux, suivant une des diagonales, et que ces deux parties se renversent et viennent former de nouvelles pyramides.

On aura un prisme rectangulaire comme auparavant.

Les faces terminales du sommet feront également un angle de 116° avec les arêtes du prisme.

Il y a un grand nombre de variétés de ces feldspaths maclés, suivant que quelques-unes de ces faces s'étendront plus ou moins, comme l'a fait voir Romé-de-Lisle.

XVIème var. Quelquefois les deux petites faces latérales deviennent considérables, et les quatre grandes faces triangulaires sont très-petites.

XVIIème VAR. Quelquefois les deux faces latérales font diparoître la plus grande partie des autres faces, et le cristal se présente comme un prisme rectangulaire avec deux sommets dièdres qui naissent sur les arêtes du prisme.

Ces variétés se trouvent à Baveno, et sont très-communes dans les adulaires.

XVIIIème VAR. Nouvelle variété de feldspath maclé.

Il faut supposer la variété douzième divisée en deux par les côtés perpendiculaires aux faces larges de la pyramide, et ces deux portions venir se réunir en sens inverse.

On aura un prisme rectangulaire avec deux pyramides différentes.

L'une de ces pyramides est composée de deux faces rectangulaires.

Elles sont tronquées sur leurs angles solides.

L'autre pyramide est composée de six faces, quatre trapézoïdales et deux triangulaires ; celles-ci font entre elles un angle rentrant.

Cette variété a été trouvée par mon frère Antoine, membre de l'Assemblée constituante, dans le voisinage de la Claitte : c'est à tort qu'on en a attribué la découverte à un autre.

Il y a un grand nombre d'autres variétés de cristallisation du feldspath décrites par Romé-de-Lisle et les autres cristallographes.

En cassant des cristaux de feldspath, on en distingue la molécule, qui paroît rhomboïdale.

De l'Adulaire.

Pini a donné ce nom à un feldspath transparent qu'il trouva au mont Adularia, une des chaînes du Saint-Gothard. L'adulaire offre les mêmes cristallisations que les autres espèces du feldspath ; il est composé de lames comme eux ; enfin c'est un vrai feldspath qui ne diffère des autres que par sa transparence : il présente un grand nombre de variétés de macle.

Sa dureté est un peu plus grande.

Il exige plus de chaleur pour entrer en fusion.... Mais nous avons déjà vu que plus les substances minérales sont pures, plus grandes sont leur dureté, leur pesanteur...

De l'Adulaire double.

Schorl blanc de Romé-de-Lisle.

Ce sont des cristaux d'adulaire (var. 5) joints l'un contre l'autre ; chacun est semblable à celui de la variété cinquième, c'est-à dire que ce cristal est composé d'un prisme décagone aplati, avec des sommets dièdres à faces pentagones : ces cristaux sont réunis par les faces larges du prisme.

Le cristal entier présente, 1° deux faces larges du prisme qui sont hexagones ; 2° chacun des deux autres côtés est composé de quatre des faces trapézoïdales des deux prismes, lesquelles laissent un intervalle creux entre elles ; 3° chacune des deux pyramides est composée des deux pyramides réunies des deux cristaux.

Quoique ce cristal soit composé le plus souvent de deux autres cristaux réunis, j'en ai cependant formé d'un seul cristal, de celui de la variété cinquième.

Cette substance avoit été rangée par plusieurs natura-

listes parmi les schorls ; mais aujourd'hui il est bien reconnu que c'est un feldspath (elle en a tous les caractères
et se trouve dans les mêmes terrains.)

Feldspath gras.

C'est un feldspath qui a un coup-d'œil gras ; on le
trouve souvent dans des granits, des porphyres, dans
lesquels Dolomieu l'a observé.

On devra donc distinguer les feldspaths en deux grandes
classes.

a Feldspath ordinaire, qui a un coup-d'œil lamelleux,
nacré.

b Feldspath gras.

Son tissu est pur, lamelleux ; sa cristallisation est
toujours plus ou moins arrondie.

Feldspath vert.

Ce feldspath est connu sous le nom de *pierre des Ama-
zones.*

Feldspath de Labrador. Labradorite.

Cette espèce se distingue par la variété de ses belles
couleurs ; mais on ne peut douter que la pierre de Labrador ne soit un vrai feldspath. J'en ai dans lesquels on
apperçoit distinctement la cristallisation du feldspath.
On en a plusieurs variétés, qu'on distingue par la variété
des couleurs.

a Labradorite bleu, avec de belles nuances.

b Labradorite bleu, avec des nuances vertes.

c Labradorite verdâtre, avec de belles nuances.

d Labradorite gris, avec des nuances vertes et bleues.

L'adulaire présente souvent ce même jeu de lumière.

J'ai une plaque d'adulaire blanchâtre qui offre des reflets d'un très-beau bleu.

Ce jeu de couleur est dû à la même cause que celui de l'opale, à des petites fentes.

Feldspath grenu.

Le feldspath se trouve souvent en petits grains presque imperceptibles ; c'est ce qu'on appelle *feldspath grenu*.

Feldspath décomposé.

Le feldspath se décompose facilement.

Lorque la décomposition ne fait que commencer, on l'appelle *petuntzé*.

Lorsqu'on le trouve réduit en argile, on l'appelle *kaolin*.

Nous avons plusieurs analyses du feldspath.

Vauquelin a retiré de l'adulaire,

Silice...................................... 64
Alumine................................... 20
Chaux...................................... 2
Potasse.................................... 14

Il a retiré du feldspath vert de Sibérie (*Journal des Mines*, n° 49),

Silice...................................... 62.83
Alumine................................... 17.02
Chaux...................................... 3
Fer oxidé.................................. 1
Potasse.................................... 13

Klaproth a retiré du sanidin, feldspath vitreux de Drachenfels (*Journal de Physique*, tom. LXXI, pag. 439),

Silice...................................... 68
Alumine.................................... 15
Fer oxidé.................................. 0.50
Kali ou potasse............................ 14.50
Perte...................................... 2

Le feldspath, comme on voit par ces analyses, contient toujours de la potasse, ce qui le rend très-fusible.

Mais lorsqu'il est réduit en kaolin, on n'y trouve plus de potasse; ce qui rend le kaolin presque infusible. Le feldspath ou petuntzé donne une porcelaine d'autant plus belle, qu'il est plus pur. Patrin m'a donné un morceau de feldspath de la Chilca en Daourie, d'une rare beauté. C'est avec ce feldspath que les Chinois faisoient la porcelaine dite *vieux-chine*.

De l'Aventurine vraie.

Aventurine feldspathique.
Feldspath mélangé de mica.

On appelle aventurine une pierre micacée, c'est-à-dire une pierre où le mica est disséminé dans toute la masse, de manière à donner beaucoup de jeu à toute la pierre.

Je distingue deux espèces d'aventurine; la vraie et la fausse.

L'aventurine vraie est un feldspath qui réunit le chatoiement au jeu que lui donnent les parties micacées.

La belle aventurine est un feldspath couleur de miel, qui est parsemé d'une assez grande quantité de mica, de manière qu'il a un beau jeu de couleur, accompagné d'un chatoiement agréable.

Sa pesanteur est 26667.

Il se trouve dans l'île de Cedlovatoï sur les bords de la mer Blanche.

Tous les feldspaths demi-transparens et micacés peuvent être regardés comme des aventurines, quelles que soient leurs couleurs.

Des fausses Aventurines.

Les aventurines fausses sont des pierres micacées, lesquelles ne sont point de la nature des feldspath. On a,

Première variété. Aventurine quartzeuse.

a Aventurine quartzeuse rougeâtre d'Aragon en Espagne.

C'est un quartz rougeâtre mêlé d'une grande quantité de mica, qui y est disséminé de manière à lui donner un jeu agréable.

b Aventurine quartzeuse blanchâtre.

C'est un quartz blanc de lait, demi-transparent, qui est parsemé agréablement de mica. On en trouve aux environs de Genève.

c Aventurine quartzeuse verdâtre.

C'est un quartz verdâtre micacé qui a beaucoup de jeu. Il vient de la Haute-Egypte.

d Aventurine quartzeuse noirâtre, avec des lames de mica argentin.

e Aventurine quartzeuse grise.

IIème var. Aventurine gneiseuse.

Tous les gneis contiennent une assez grande quantité de mica ; mais on ne peut les appeler aventurines que lorsque le mica y est disséminé agréablement, et que la pierre a du jeu.

IIIème var. Aventurine gypseuse.

Il y a un gypse d'un assez beau vert d'émeraude, demi-transparent, et qui contient une assez grande quantité de mica vert ; son jeu est considérable. Il vient d'Egypte.

IVème var. Aventurine calcaire.

Quelques marbres primitifs contiennent du mica. Lorsque le marbre est demi-transparent, et que le mica y est disséminé agréablement, on peut le regarder comme une espèce d'aventurine ; tels sont quelques marbres cypolins.

Véronite.

Véronite.
Terre de Vérone.

Couleur, d'un beau vert.
Fusibilité, 5oo.
Verre, noir.
Cassure, terreuse.
Molécule, indéterminée.
Forme, indéterminée.

Première variété. Cette substance se trouve toujours à l'état terreux.

Néanmoins elle a une certaine dureté, parce qu'elle paroît le produit d'un feldspath décomposé ; ce qui la rapproche de la nature des kaolins, avec lesquels elle a plusieurs rapports.

D'autres cependant lui trouvent plus de rapports avec les talcs ; l'onctueux et le gras qu'elle présente au toucher, ainsi que la portion de magnésie qu'on en retire, donnent plus de probabilité à cette opinion.

Cette terre se trouve au mont Bretonico, dépendance du Montebaldo, dans le Véronais ; elle forme comme une espèce de filon dans des espèces de granit.

Klaproth en a retiré (*Journal de Physique*, t. LXXI, pag. 4̷11),

Silice............................ 53
Fer oxidé......................... 28
Magnésie.......................... 2
Potasse........................... 10
Eau 6

Vauquelin, qui a fait l'analyse de la terre de Vérone, en a retiré (1),

Silice........................ 52
Alumine...................... 7
Magnésie..................... 6
Fer oxidé.................... 23
Potasse...................... 7.05
Eau.......................... 4

Acide muriatique, manganèse et chaux, quantités inappréciables.

L'argile verte appelée *baldogée*, est regardée par les naturalistes comme une variété de véronite.

Du Spinellane.

Spinellane de Nose (2).

Couleur, brune.
Dureté, 1200.
Fusibilité, 600.
Verre, blanc, bulleux.
Cassure.
Molécule, indéterminée.
Forme, prisme hexaèdre.

Première variété. Prisme hexaèdre.
Pyramide composée de trois rhombes, et de trois hexagones compris entre ces rhombes.
La couleur de cette substance est d'un brun foncé.
Elle raie le verre.
Elle fond facilement au chalumeau.

____

(1) *Annales du Muséum*, tom. L, pag. 81.
(2) *Journal de Physique*, tom. LXIX, pag. 160.

Son verre est incolore et bulleux.

Elle n'a pas été analysée, ainsi on ne peut encore connoître sa nature.

Cette substance a été trouvée sur les bords du lac de Laach, proche Andernach ; elle est dans une roche composée de petits cristaux de feldspath, dont le tissu est vitreux, de spinellane, de quartz, de mica noir : de fer oxidulé en petits octaèdres.

SECONDE ESPÈCE.

De l'Andalousite.

Andalousite de Delamétherie.
Feldspath apyre de Haüy.

COULEUR, jaune rougeâtre.
TRANSPARENCE, 100.
RÉFRACTION.
ECLAT, 500.
PESANTEUR, 31650.
DURETÉ, 5000.
ÉLECTRICITÉ, idioélectrique.
PHOSPHORESCENCE.
CASSURE, lamelleuse.
MOLÉCULE, indéterminée.
FORME, prisme rectangulaire.

PREMIÈRE VARIÉTÉ. Prisme rectangulaire droit.

Sa dureté est beaucoup plus grande que celle du feld-spath. Je l'estime 5000.

Sa pesanteur surpasse également celle des feldspaths. Je l'estime 31650.

Sa molécule diffère également de celle du feldspath.

Elle ne fond pas au degré de chaleur le plus fort du chalumeau.

Ce

Ce sont ces raisons qui m'ont engagé à en faire une espèce particulière.

Il me paroît que c'est la même substance que Bournon avoit appelée *corindon*.

J'ai donné ce nom à cette substance, qu'on m'avoit dit venir de l'Andalousie ; mais Proust m'a assuré qu'elle se trouve dans les montagnes de Puitrago dans la Vieille-Castille.

Werner regarde, ainsi que moi, cette substance comme une espéce particulière.

Vauquelin en a retiré (dit Brogniard, *Minér.*, tom. 1, pag. 363),

Silice. 32
Alumine 52
Potasse. . . . . 8 ,
Fer oxidé. 2

TROISIÈME ESPÈCE.

Du Lazulite.

Lazulite de Delamétherie (1).
Lapis-lazuli du commerce.
Lazurstein de Werner.
Bleu d'outre-mer du commerce.

Couleur, bleue.
Transparence, 50.
Eclat, 1000.
Pesanteur, 27600 à 29500.
Dureté, 100.
Fusibilité, 1540.

---

(1) *Théorie de la Terre*, tom. II, pag. 185.

2. 6

Verre, bulleux, gris-brun.
Cassure, demi-cireuse.
Molécule, indéterminée.
Forme, indéterminée.

Cette pierre n'affecte jamais de forme régulière.

Sa couleur est d'un bleu foncé; mais le plus souvent ce bleu est mélangé et coupé par des veines d'une substance blanche qui est un petro-silex; on y trouve aussi des pyrites jaunes, qu'on avoit prises autrefois pour de l'or natif.

Sa cassure ressemble un peu à celle du petro-silex.
Son grain est fin; elle prend un beau poli.
Sa dureté est 1600.
Il y en a plusieurs variétés.
a Lazulite d'un gros bleu foncé.
b Lazulite d'un bleu pâle parsemé de taches blanches.
Le lazulite se trouve mélangé avec le petro-silex blanc.
On en voit également dans de vrai granit.

Il paroît que le lazulite ne s'est encore trouvé que dans les montagnes primitives de la Bukarie.

Klaproth a retiré du lazulite,

Silice. 46
Alumine. 14.50
Chaux carbonatée. 28
Chaux sulfatée 6.50
Fer oxidé. 3
Eau 2

Clément et Desormes ont retiré du bleu d'outre-mer ou lazulite préparé pour la peinture, et porphyrisé avec un mastic composé de poix résine, de cire et d'huile de lin,

Silice. 35.8
Alumine. 34.8
Natron. 23.2
Soufre 3.1
Chaux carbonatée 3.1

Ils n'ont point trouvé de principe colorant.

La différence de ces deux produits doit engager à refaire ces analyses.

De la Tyrolite.

Je donne le nom de *tyrolite* à une pierre bleue qu'on a trouvée au Tyrol.

La tyrolite pourroit être le lazulite de Krieglach en Stirie de Klaproth (*Journal de Physique*, tom. LXXI, pag. 13), il en a retiré (*ibidem*),

Silice. 14
Alumine 71
Magnésie. 5
Chaux 5
Fer oxidé 0.75
Kali ou potasse. 0.25
Eau 5

QUATRIÈME ESPÈCE.

De la Voraulite.

Voraulite de Delamétherie.

Lazulite de Klaproth (1).

Pierre bleue de Vorau.

COULEUR , bleu foncé.

---

(1) *Mémoires* , tom. 1, pag. 199.

6..

TRANSPARENCE, 5o.

RÉFRACTION, o.

ECLAT, 1oo, terne.

CASSURE, lamelleuse.

MOLÉCULE, indéterminée.

FORME, cubique.

PREMIÈRE VARIÉTÉ. Le cube.

IIème VAR. Le cube tronqué sur les angles.

« Ce fossile, dit Klaproth, se trouve à Vorau en Au-
» triche.

» Il est d'un bleu de smalt foncé ; il se trouve en
» veines de l'épaisseur d'un quart à demi-ligne, mêlé
» avec un quartz gras, grisâtre, dans une pierre quart-
» zeuse à grains blancs, mélangé avec du mica argen-
» tin... En partie il n'est que disséminé dans le quartz,
» et s'y trouve aussi en masse compacte. Dans ce dernier
» cas, il affecte une forme cristalline, et se rapproche
» alors de la forme d'un prisme en table carrée, aplatie ;
» mais ce n'est que rarement qu'on le trouve cristallisé.

» Les faces sont lisses et d'un foible éclat ; la cassure
» est inégale et matte.

» Ce fossile est opaque ; par le frottement il est pres-
» qu'aussi dur que le quartz. »

J'ai un morceau de ce minéral qui présente un cube
parfait, et un cube tronqué sur les angles.

Je lui ai donné le nom de *voraulite*, du lieu où il
a été trouvé.

Klaproth a retiré du voraulite (tom. 1, pag. 199),

Silice.

Alumine.

Fer oxidé.

Il le regarde comme un minéral particulier.

CINQUIÈME ESPÈCE.

Du Latialite ou *de la Haüyne.*

Latialite de Gismondi (1).
Haüyne de Brunn-Neergaard (2).
Lazulite de Breislak (3).

COULEUR, bleue, tirant sur le vert.
TRANSPARENCE, 1000.
ÉCLAT, 1500.
PESANTEUR, 33000.
DURETÉ, 2800.
ÉLECTRICITÉ, résineuse.
CASSURE, vitreuse.
MOLÉCULE, indéterminée.
FORME, indéterminée.

PREMIÈRE VARIÉTÉ. Cristallisation confuse.

On n'a pas trouvé cette pierre cristallisée.

Sa couleur est d'un bleu d'azur, qui quelquefois passe au vert d'aigue-marine.

Son éclat est vitreux.

Sa pesanteur est, suivant Gismondi, 3333, et suivant Neergaard, 3100.

Elle s'électrise par communication.

Néanmoins on peut l'électriser résineusement par le frottement.

Au chalumeau, on n'a pu la fondre.

Sa cassure est vitreuse.

---

(1) *Journal des Mines*, tom. XXI, pag. 365.
(2) *Ibidem.*
(3) *Voyages dans la Campanie*, tom. I, pag. 163.

On n'a pu déterminer la forme de sa molécule.

Cette substance avoit été vue par Breislak et Thomson dans les laves du Vésuve ; ils la regardèrent comme une variété du lazulite.

Gismondi l'a trouvée dans les laves du Latium ; c'est pourquoi il lui a donné le nom de *latialite*.

Je crois que c'est la même substance qu'on observe dans les laves des bords du Rhin, et que Cordier avoit prise pour des ceylanites.

Gismondi, en la traitant par les acides, l'a réduite en gelée.

Vauquelin en a retiré (1),

Silice 30
Alumine 15
Chaux sulfatée 20.5
Chaux 5
Fer oxidé 1
Potasse 11
Hydrogène sulfuré, un atome.
Perte 17.5

Du Saphir d'eau.

On avoit donné anciennement le nom de saphir d'eau à un quartz transparent coloré en bleu : Buffon avoit donné ce nom à du quartz bleu.

Mais aujourd'hui on appelle dans le commerce, *saphir d'eau*, une pierre bleue, transparente, et qui a assez d'éclat pour être employée, comme les gemmes, dans la bijouterie (2).

(1) *Journal des Mines*, tom. XXV.
(2) *Musée de Drée*, pag. 139.

Elle est absolument différente des quartz, puisqu'elle fond facilement et donne un verre boursoufflé.

On ignore d'où elle vient.

Son analyse n'a pas encore été faite ; elle nous apprendra la nature de cette substance, que je classe, en attendant, avec le lazulite, quoiqu'elle le seroit peut-être mieux avec les zéolites, par la manière dont elle fond au chalumeau.

De la Sodalite.

Sodalite. Thomson (1).

Couleur, verte.
Pesanteur, 2,378.
Molécule, indéterminée.
Forme, dodécaèdre à plans rhombes.

Cette substance est encore peu connue ; on croit qu'elle vient du Groënland.

Thomson a retiré de la sodalite.

Silice............................	38
Alumine	27
Chaux	2.70
Oxide de fer	1
Soude.............................	23.50
Acide muriatique..................	3
Matière volatile..................	2.10
Perte.............................	2.70

(1) *Journal des Mines*, n° 170, pag. 159.

SIXIÈME ESPÈCE.

Du Dichroïte.

Dichroïte de Cordier (1).
Yolite de Werner.

COULEUR, double, bleue et brune violette.
TRANSPARENCE, 500.
ECLAT, terne.
PESANTEUR, 2.560.
DURETÉ, 2500.
FUSIBILITÉ, 2800.
VERRE, gris verdâtre clair.
CASSURE, vitreuse.
MOLÉCULE, indéterminée.
FORME, prisme hexaèdre régulier.

PREMIÈRE VARIÉTÉ. Prisme hexaèdre droit.
IIème VAR. Prisme dodécagone droit.
IIIème VAR. En gros grains irréguliers.

Cette substance, au premier aspect, paroît violette, ce qui lui a fait donner par Werner le nom d'*yolite*; mais en la regardant parallèlement à l'axe du prisme, on y distingue une couleur bleue; c'est pourquoi on lui a donné le nom de *dichroïte* ou *double couleur*. Ces couleurs doubles paroissent avoir la même cause que la double réfraction.

Cette substance se trouve au cap de Gates dans des brèches volcaniques, suivant Cordier.

---

(1) *Journal de Physique*, tom. LXVIII, pag. 293.

SEPTIÈME ESPÈCE.

De la Spodumène.

Spodumène d'Andrada (1).
Triphane de Haüy.

Couleur, blanc verdâtre.

Transparence, 100.

Eclat, nacré.

Pesanteur, 32180.

Dureté, 1200.

Électricité, anélectrique.

Fusibilité, 2000.

Verre, bulleux, verdâtre.

Phosphorescence, 0.

Cassure, lamelleuse.

Molécule, indéterminée.

Forme, indéterminée.

Première variété. Cristallisation confuse.

On ne l'a point trouvée cristallisée, mais sa cassure donne des prismes rhomboïdaux dont les angles paroissent de 100° et 80°.

Sa couleur est d'un blanc verdâtre ; elle est translucide sur les bords.

Elle se trouve à Uton.

Vauquelin en a retiré (2),

---

(1) *Journal de Physique*, tom. LI, pag. 240.
(2) Haüy, *Tableau comparatif*, pag. 168.

Silice. 61.4
Alumine 24.4
Chaux 3
Fer oxidé. 2.2
Potasse. 5
Perte 9.5

L'analyse de cette substance la rapproche des feldspath, avec lesquels elle a plusieurs autres rapports.

TRENTIÈME LEÇON.

SECOND GENRE DES ALUMINO - SILICITES.

Des Petro - Silicites.

PREMIÈRE ESPÈCE.

Du Petro-silex.

Petro-silex de Wallerius.
Hornstein de Werner. Variété.
Dichter feldspath de Werner.
Chert des Anglais.
Palaïopète de Saussure.

COULEUR, de toutes couleurs.
TRANSPARENCE, 300 à 10.
ECLAT, 200.
PESANTEUR, 26500 à 27500.
DURETÉ, 2700.
ELECTRICITÉ, anélectrique.
RÉFRACTION, 0.
FUSIBILITÉ, 2000 à 1000.
VERRE, incolore, bulleux.

Phosphorescence, par le frottement.

Cassure, esquilleuse, demi-conchoïde.

Molécule, indéterminée.

Forme, indéterminée.

Je laisse le nom de *petro-silex* à une des variétés de l'hornstein des Allemands, celui qui approche le plus du feldspath.

Werner a désigné, en dernier lieu, une variété de petro-silex par le nom de *dichter-feldspath*, feldspath compacte.

Les caractères principaux du petro-silex sont les suivans :

Il n'affecte jamais de forme régulière.

Il a une demi-transparence, qui est particulièrement sensible sur les bords.

Son *facies* a un coup-d'œil gras.

Sa cassure est ordinairement esquilleuse, demi-conchoïde.

Quelquefois la cassure ressemble à celle de la cire, telle est celle du beau petro-silex rose de Suède.

Sa pesanteur varie depuis 26500 jusqu'à 27000.

Sa dureté est moindre que celle du silex ; il donne des étincelles vives par le choc du briquet.

Il est phosphorescent par le frottement, comme les autres pierres de cet ordre.

Les petro-silex, chauffés au chalumeau, fondent assez facilement ; quelques-uns cependant, comme le rose de Suède, exigent un assez haut degré de chaleur.

Leur verre est toujours incolore et bulleux, quelquefois blanc et opaque. Lorsque le petro-silex est d'une couleur brun foncé, son verre est un peu grisâtre.

Le petro-silex se trouve toujours dans les terrains primitifs ; il fait la base de plusieurs porphyres très-beaux ; on le trouve également parmi les substances volcaniques.

Il y a un assez grand nombre de variétés du petro-silex.

PREMIÈRE VARIÉTÉ. Petro-silex d'une couleur rose foncé, de Salberg en Suède ; sa cassure ressemble à celle de la cire.

IIème VAR. Petro-silex rubané, de couleur rose et noirâtre de Suède. *Polizonias* de Wallerius.

IIIème VAR. Petro-silex brun de Giromagni.

IVème VAR. Petro-silex grisâtre, ayant la demi-transparence du silex, du lieu de *Pisse-vache*. Saussure.

Vème VAR. Petro-silex blanc, avec lequel se trouve le lazulite.

VIème VAR. Petro-silex blanchâtre du Mont-Blanc.

VIIème VAR. Petro-silex grisâtre, aspect un peu gras. *Dichter-feldspath* de Werner, c'est-à-dire feldspath compacte.

VIIIème VAR. Petro-silex feuilleté de Martigni, vallée de Sion : on s'en sert pour couvrir les toits. (Saussure , *Voy*. § 1046.)

IXème VAR. Petro-silex des porphyres : il constitue la pâte de plusieurs porphyres.

Il faut considérer le petro-silex comme la variété du hornstein des Allemands, qui rapproche du feldspath.

Kirwan (tom. 1, pag. 303) a retiré d'un petro-silex,

Silice............................... 72
Alumine............................. 22
Chaux carbonatée.................... 6

Godon-de-St.-Memin en a donné une nouvelle analyse (*Journal de Physique*, tom. LXIII, juillet 1806);
il en a retiré,

Silice. 68
Alumine. 19
Chaux. 1
Fer oxidé. 4
Potasse. 5.5
Perte (eau et matière volatile). 2.5

Cette analyse rapproche le petro-silex du feldspath ;
néanmoins j'en fais une espèce particulière qui, suivant
moi, diffère du feldspath, comme le kératite, ou hornstein, diffère du quartz : le feldspath est toujours lamelleux. J'ai des feldspaths en masses qui sont lamelleux :
le petro-silex ne l'est pas.

L'analyse en retire des principes différens.

SECONDE ESPÈCE.

Du Petro-silex volcanique. (*Kling-stein.*)

Kling-stein de Werner.
Porphyr-schieffer de Werner.

COULEUR, grisâtre.
TRANSPARENCE, 300 à 10.
ECLAT, 200.
PESANTEUR, 27000.
DURETÉ, 2500.
FUSIBILITÉ, 1800.
VERRE, incolore.
CASSURE, grenue.
MOLÉCULE, indéterminée.
FORME, indéterminée.

Le *kling-stein* de Werner est un porphyre qui a éprouvé l'action des feux volcaniques ; il est presque uniquement composé de petro-silex, avec quelques cristaux de feld-spath. Nous en parlerons à l'article des substances volcaniques.

Klaproth en a retiré (tom. III, pag. 247),

Silice........................	57.25
Alumine.......................	23.50
Chaux.........................	2.75
Fer oxidé.....................	3.25
Manganèse oxidé...............	0.25
Natron........................	8.10
Eau	3

TROISIÈME ESPÈCE.

De l'Ophitine.

Ophibase de Saussure.

Couleur, verte, plus ou moins foncée.
Transparence, o.
Eclat, terne, 500.
Dureté, 1200.
Fusibilité, 1200.
Verre, noir.
Cassure, terreuse.
Molécule, indéterminée.
Forme, indéterminée.

Saussure a appelé *ophibase* la pâte du porphyre vert ; je lui donne le nom d'*ophitine*. En voici les principaux caractères :

Sa couleur est d'un vert plus ou moins clair, plus ou moins foncé, passant quelquefois au brun.

Elle a un éclat assez vif, et prend un beau poli.

Il est difficile d'évaluer sa pesanteur spécifique, puisqu'elle est toujours mélangée de feldspath ; mais on peut l'estimer comme celle du feldspath même, c'est-à-dire, de 26500 à 27000.

Sa dureté est assez considérable ; elle raie fortement le verre, et au briquet elle donne des étincelles.

Lorsqu'on la chauffe au chalumeau, elle fond avec assez de facilité.

Son verre est d'un vert foncé, noirâtre.

Son éclat est terreux lorsque la pierre n'est pas polie ; elle acquiert l'éclat des porphyres par le poliment.

Sa cassure est inégale et a l'aspect terreux.

Cette substance n'affecte point de forme déterminée, ni dans ses molécules, ni dans sa masse.

QUATRIÈME ESPÈCE.

De la Leucostine.

Base du Leucostyctos (1), ou *Porphyre rouge*.

Couleur, rougeâtre.

Transparence, 0.

Eclat, terne, 500.

Pesanteur.

Dureté, 1200,

Fusibilité, 1300.

Verre, gris brunâtre.

Cassure, terreuse.

Molécule, indéterminée.

Forme, indéterminée.

---

(1) *Leucostyctos* de Pline est le phorphyre rouge : ce mot dérive de deux mots grecs, *leuco*, blanc, *styctos*, point ; pierre à points blancs.

On voit que les Romains tiroient, comme nous, leurs noms du grec.

J'appelle *leucostine* la base du porphyre rouge, ou *leucostyctos* de Pline. En voici les caractères principaux :

Sa couleur est d'un rouge plus ou moins foncé.

Son éclat est assez vif lorsque la pierre est polie.

Sa pesanteur ne peut s'évaluer qu'imparfaitement, parce que la pierre est toujours mélangée de cristaux de feldspath ; néanmoins on peut l'estimer à 27000.

Elle a assez de dureté pour que l'acier donne des étincelles lorsqu'on les choque.

Chauffée au chalumeau, elle donne un verre d'un gris sale un peu verdâtre et sans bulles.

Sa cassure est terreuse et sans éclat.

Elle n'offre point de forme déterminée, ni dans ses molécules, ni dans sa masse.

CINQUIÈME ESPÈCE.

De la Tephrine (1).

COULEUR, cendrée, brunâtre, rougeâtre.

TRANSPARENCE, 0.

ECLAT, 400.

PESANTEUR, 2700.

DURETÉ, 900.

FUSIBILITÉ, 1000.

VERRE, verdâtre, brunâtre.

CASSURE, terreuse.

MOLÉCULE, indéterminée.

FORME, indéterminée.

J'ai donné le nom de *tephrine* à une substance qui

---

(1) Pline distingue deux espèces d'ophites, liv. XXXVI, chap. 7.

Le *tephrias, ex colore cineritio ; τιφρα, tephra*, cendre.

Les *memphites, ex loco ejus gemmantis*. On ignore la substance qu'il a voulu désigner.

fait

fait la base de quelques porphyres et de quelques amygdaloïdes. En voici les caractères principaux :

Sa couleur est ordinairement d'un gris cendré, plus
ou moins foncé.

Quelquefois elle est d'un gris rougeâtre.

Elle a un éclat terne et terreux.

Sa pesanteur est assez difficile à évaluer, parce qu'elle
est toujours mélangée de substances étrangères ; mais on
peut l'estimer environ à 27000.

Elle a assez de dureté pour rayer foiblement le verre,
mais elle ne donne point d'étincelles au briquet.

Au chalumeau, elle fond avec assez de facilité.

Son verre est d'un vert brunâtre, plus ou moins
foncé, comme le verre de bouteille ; il n'est pas bulleux.

Sa cassure est terreuse et terne.

Elle n'affecte point de forme déterminée, ni dans ses
molécules, ni dans sa masse.

Les amygdaloïdes à noyaux calcaires éprouvent souvent une décomposition : les noyaux calcaires disparoissent par une cause quelconque, et la base demeure
seule ; elle a une fausse apparence de lave poreuse : cette
base est alors une tephrine assez pure.

Il y a plusieurs variétés de tephrine.

a Tephrine d'un gris cendré, plus ou moins foncé,
base des amygdaloïdes, ou *toadstone* des Anglais.

b Tephrine d'un gris plus ou moins foncé, laquelle
contient des noyaux calcaires blanchâtres et demi-transparens ; elle se trouve à Oberstein dans la vallée de
Champsaur.

c Tephrine d'un gris plus ou moins foncé, d'Oberstein, de la vallée de Champsaur.., contenant des noyaux
calcaires enveloppés d'une croûte bleuâtre.

d Tephrine d'un gris plus ou moins foncé, contenant des noyaux calcaires et des noyaux d'agathe.

e Tephrine d'Oberstein, d'un gris olivâtre, contenant seulement des géodes d'agathe : c'est une wake de Werner.

f Tephrine de Saxe, d'un gris brun, contenant des noyaux d'agathe ou calcédoine. Variété du wake.

g Tephrine d'Oberstein, contenant des cristaux de feldspath bien prononcés, et des noyaux calcaires ; elle forn des porphyro-amygdaloïdes.

Sa couleur est quelquefois d'un gris cendré, plus ou moins foncé.

Elle est d'autres fois d'un gris rougeâtre.

h La même tephrine rougeâtre d'Oberstein, contenant seulement des cristaux de feldspath rougeâtre : c'est un vrai porphyre à base de tephrine.

i La même tephrine, avec cristaux de feldspath, ou porphyre, contenant de la préhnite jaunâtre.

k Tephrine d'un brun verdâtre, contenant des noyaux de la terre verte de Montebello.

Vauquelin a analysé la tephrine d'Oberstein, dépouillée soigneusement de calcaire ; il en a retiré,

Silice 49
Alumine 18
Chaux 5
Magnésie 1
Fer 14
Soude 5
Perte par la calcination 3

D'autres tephrines analogues lui ont donné à peu près les mêmes produits.

---

(1) Faujas, *Essais de Géologie*, tom. II, pag. 289.

De la Wacke.

Werner donne le nom de wacke à une substance qui n'est peut-être qu'une variété de tephrine. Voici les caractères qu'il lui assigne. Je vais les extraire de la Minéralogie de Brochant (tom. 1, pag. 434) :

COULEUR, noir grisâtre, verdâtre, rouge.

TRANSPARENCE, nulle.

ECLAT, terreux.

PESANTEUR, 2535 à 2893.

DURETÉ, 1100.

FUSIBILITÉ, 1000.

VERRE, noir grisâtre.

CASSURE, terreuse à grains fins.

MOLÉCULE, indéterminée.

FORME, indéterminée.

La wacke ne cristallise jamais.

Sa cassure est terreuse à grains fins.

« La wacke forme la base de plusieurs mandelstein ou amygdaloïdes ; les cavités sont remplies de terre verte, de spath calcaire, » dit Brochant. Ce sont tous les caractères de la tephrine.

On y observe quelquefois des agathes, comme à Oberstein.

Tous ces caractères appartiennent à la substance que j'ai appelée *tephrine*.

On avoit confondu la wacke avec les cornéennes, mais on voit qu'elle en est absolument différente.

7..

Withoring en a retiré (suivant Kirwan, *Minéralogie*, tom. 1, pag. 104),

Silice........................... 63
Alumine........................ 14
Chaux.......................... 7
Fer oxidé...................... 16

Il ne parle pas de soude ; mais dans ce temps on ne la soupçonnoit pas dans les minéraux.

SIXIÈME ESPÈCE.

De la Varioline.

J'ai donné le nom de *varioline* à la substance qui fait la base de la variolite de la Durance. En voici les principaux caractères.

Sa couleur est d'un vert sale, plus ou moins foncé.

Sa dureté est assez considérable pour donner des étincelles en la frappant contre le briquet.

Elle fond au chalumeau, et donne un verre noirâtre.

Cette substance n'est peut-être qu'une variété de l'ophitine.

Ces cinq substances, l'ophitine, la leucostine, la tephrine, la wacke et la varioline servent ordinairement de pâte à d'autres substances.

TROISIÈME GENRE DES ALUMINO - SILICITES.

Des Jadites.

PREMIÈRE ESPÈCE.

Du Jade oriental.

Jade oriental.
Lapis nephriticus Wallerii.
Niurstein des Suédois.
Nierenstein, jade des Allemands.
Jade des Anglais.
Nephrit de Werner.

COULEUR, blanchâtre, verdâtre.

TRANSPARENCE, 300.

ECLAT, 1000.

PESANTEUR, 29500.

DURETÉ, 2000.

CASSURE, demi-conchoïde.

MOLÉCULE, indéterminée.

FORME, indéterminée.

PREMIÈRE VARIÉTÉ. Cristallisation confuse.

Cette substance n'affecte jamais de forme régulière.

Elle a un tissu serré, dense, et se casse difficilement.

Son aspect est gras et onctueux.

La dureté du jade est très-considérable ; ce qui a fait présumer que tous ces jolis ouvrages de jade oriental, qui sont si communs dans l'Orient, pouvoient avoir été faits avec cette pierre avant qu'elle eût acquis toute cette dureté ; qu'on les exposoit ensuite avec précaution à un certain degré de chaleur qui leur donnoit de la dureté, comme il arrive aux pierres ollaires.

Le jade, au chalumeau, fond en verre transparent et bulleux.

On connoît plusieurs variétés de jade.

Première variété. Jade blanchâtre.

Lorsqu'il est mince, il a une demi-transparence, semblable à celle des corps gras, ou à celle de la pâte.

IIème var. Jade blanchâtre, tirant sur le vert.
IIIème var. Jade d'un vert clair.
IVème var. Jade d'un vert d'olive.

C'est la pierre néphrétique de quelques minéralogistes.

Vème var. Jade vert d'olive, avec des points ou des lignes noires opaques.

Le jade nous est apporté des Indes et de la Chine ; mais on ignore le lieu où on le trouve, et dans quelle roche il est situé.

Théodore de Saussure a retiré du jade vert oriental (*Journal de Physique*, mars 1806, tom. LXI),

Silice. 53.75
Chaux 12.75
Alumine 1.05
Fer oxidé. 5
Soude 10.75
Potasse. 8.05
Eau 2.25
Perte 3.05

Pâte de Riz.

On apporte de la Chine un faux jade connu sous le nom de *pâte de riz*.

Sa couleur est d'un gris opalin, agréable à l'œil.
Il a la demi-transparence du jade et son air gras.
Il fond avec facilité en verre brunâtre.

On a reconnu que c'étoit une espèce de verre que les Chinois savent composer. Klaproth en a retiré,

Silice 39
Alumine 7
Plomb oxidé 41
Perte 13

SECONDE ESPÈCE.

Du Lémanite.

Lémanite de Delamétherie.
Jade des Alpes, de Saussure.
Jade du lac Léman ou de Genève.
Néphrite des Alpes.
Saussurite de Théodore de Saussure.

COULEUR, gris verdâtre.
TRANSPARENCE, 125.
ÉCLAT, 300.
PESANTEUR, 33800.
DURETÉ, 2200.
ÉLECTRICITÉ, anélectrique.
FUSIBILITÉ, 2800.
VERRE, bulleux, verdâtre.
CASSURE, grasse.
MOLÉCULE, indéterminée.
FORME, indéterminée.

Cette pierre n'affecte jamais de forme régulière.

Elle a plusieurs qualités du jade oriental, ce qui a engagé quelques naturalistes à regarder ces deux pierres comme de la même espèce; mais je pense qu'il faut en faire deux espèces, car nous avons vu qu'elles diffèrent jusqu'à un certain point.

Le lémanite est plus pesant que le jade oriental.

Il a plus de dureté.

Sa cassure n'est pas aussi grasse.

Théodore de Saussure a retiré du lémanite (*Journal de Physique*, mars 1806, tom. LXI),

Silice............................	44
Alumine...........................	3o
Chaux............................	4
Fer oxidé.........................	2.o5
Manganèse oxidé...................	o.o5
Soude............................	6
Potasse..........................	o.25
Perte............................	3.o2

Klaproth en a retiré (tom. IV , pag. 278),

Silice............................	49
Alumine	24
Magnésie..........................	3.75
Chaux	10.5o
Fer oxidé.........................	6.5o
Natron ou soude...................	5.5o

TROISIÈME ESPÈCE.

Du Fettstein.

Fettstein de Werner (1).

Pierre grasse.

Eleaolite de Klaproth.

COULEUR, vert, rougeâtre.

TRANSPARENCE, translucide.

ECLAT, gras.

---

(1) Voyez sa description, *Journal de Physique*, tom. LXIX, pag. 159.

PESANTEUR, 2560.

DURETÉ, 2000.

FUSIBILITÉ, 3000.

VERRE, émail blanc.

CASSURE, lamelleuse.

MOLÉCULE, indéterminée.

FORME, indéterminée.

PREMIÈRE VARIÉTÉ. Cette substance n'a point été trouvée cristallisée.

Elle se présente en masse d'un éclat gras; c'est pourquoi Werner l'a nommée *fettstein*, pierre grasse, et Klaproth *eleaolite*.

Elle a peu d'éclat à l'extérieur, mais dans sa cassure elle est très-éclatante.

Sa couleur est ordinairement verdâtre, quelquefois elle passe au bleu, et même au rougeâtre.

Elle fait feu au briquet.

Elle fond difficilement au chalumeau.

Son verre est blanchâtre.

Elle se trouve à Arandal en Norwège.

Klaproth en a retiré (1),

Silice...............................	46.50
Alumine.............................	30.25
Chaux...............................	0.75
Fer oxidé............................	1
Kali ou potasse......................	18
Eau.................................	2

Vauquelin en a retiré (2),

---

(1) Tom. v, édition allemande, pag. 176.
Journal de Physique, tom. LXXI, pag. 447.
(2) *Tableau comparatif* de Haüy, pag. 228.

Silice...................................... 44

Alumine..................................... 34

Fer oxidé................................... 4

Chaux 0.12

Potasse et soude...................... 16.05

       La soude domine.

Perle 1.38

L'analyse de cette substance se rapproche de celle du jade

QUATRIÈME ESPÈCE.

De la Gabronite.

Gabronite de Scumacher.

COULEUR, gris verdâtre ou bleuâtre.

TRANSPARENCE, 300.

ECLAT, 500.

PESANTEUR.

DURETÉ, 1200.

ELECTRICITÉ, anélectrique.

FUSIBILITÉ, 3000.

VERRE, globule blanc opaque.

CASSURE, demi-conchoïde.

MOLÉCULE, indéterminée.

FORME, indéterminée.

On nous a apporté ce minéral de Norwège.

On dit qu'il y en a deux variétés, l'une verdâtre et l'autre bleuâtre.

La variété verdâtre vient de Friderichewan en Norwège.

Et la verdâtre, de Kerlig près d'Arandal.

TRENTE-UNIÈME LEÇON.

QUATRIÈME GENRE DES ALUMINO-SILICITES.

Grenatites.

PREMIÈRE ESPÈCE.

Du Grenat.

Granatum des Latins.
Granater, *grenat-stenor* des Suédois.
Granat, *granat-stein* des Allemands.
Granet des Anglais.
Grenat.

COULEUR, de toutes couleurs.
TRANSPARENCE, 1800 à 0.
ECLAT, 3000.
PESANTEUR, 41000 à 36000.
DURETÉ, 2800.
ELECTRICITÉ, idioélectrique.
RÉFRACTION, double.
FUSIBILITÉ, 2000.
VERRE, brun, noirâtre.
CASSURE, vitreuse.
MOLÉCULE, indéterminée.
FORME, dodécaèdre à plans rhombes.

PREMIÈRE VARIÉTÉ. Grenat dodécaèdre à plans rhombes.

Angle obtus de chaque rhombe, suivant Romé-de-
Lisle........................ 110°
Angle aigu .... 70°

a Ce cristal s'alonge quelquefois, et alors il se présente comme un prisme hexagone, terminé par deux pyramides trièdres à faces rhomboïdales,

b Ou comme un prisme rectangulaire, terminé par des pyramides à quatre faces rhomboïdales.

IIème VAR. Grenat à trente-six facettes.

C'est la variété précédente tronquée sur ses vingt-quatre arêtes par des facettes hexagones.

IIIème VAR. Grenat à quatre-vingt-quatre facettes.

C'est le dodécaèdre primitif tronqué sur chacune de ses vingt-quatre arêtes par trois facettes, ce qui fait soixante-douze nouvelles faces, qui, jointes aux douze primitives, font quatre-vingt-quatre facettes.

Cette jolie variété se trouve à Dissentiz dans les Alpes. Sa couleur est d'un rouge-nakarat.

IVème VAR. Grenat à vingt-quatre facettes trapézoïdales.

C'est la variété seconde dont les vingt-quatre faces nouvelles ont fait disparoître les primitives.

a Ce cristal conserve quelquefois des vestiges des douze faces primitives, et il a pour lors trente-six facettes.

Vème. VAR. Grenat à soixante facettes.

C'est le grenat à trente-six facettes dont les arêtes adjacentes aux angles aigus des rhombes sont tronquées.

VIème VAR. Grenat *pyrop* de Bohême.

Werner a donné le nom de *pyrop* à un grenat qui se trouve en Bohême.

Il affecte en apparence la forme ordinaire du grenat, mais tous les angles en sont émoussés, et toutes les faces sont curvilignes.

VIIème VAR. Grenat violet. Grenat *syrian*.

On dit que ce grenat vient du Pégu, et non de Syrie, comme on le croyoit. On le trouve auprès de *Syrian*, capitale du Pégu, d'où lui vient son nom.

La cassure du grenat est vitreuse.

Sa molécule paroît rhomboïdale : c'est ainsi que l'ont regardée Bergman, Romé-de-Lisle. J'ai effectivement des grenats dont la molécule rhomboïdale paroît très-distinctement sur chaque face du cristal, en faisant des retraites.

Néanmoins Haüy regarde cette molécule comme tétraèdre. « La molécule du grenat, dit-il, est composée de tétraèdres à faces triangulaires isocèles, égales et semblables. »

Nous répéterons ici ce que nous avons dit ailleurs (*Introduction*, pag. lxvij) : *La molécule étant inconnue, on ne sauroit assigner les lois de décroissement*, comme l'avoit bien vu Bergman.

On range parmi les grenats un grand nombre de substances dont les principes diffèrent jusqu'à un certain point. Nous allons parler de quelques-unes :

Grenat oriental.

Almandine de Karsten. Ce nom vient de Pline.

Sa pesanteur est 40850.

Sa couleur tire au violet.

Klaproth en a retiré par l'analyse,

Silice....................................	35.75
Alumine................................	25.15
Fer oxidé..............................	36
Manganèse oxidé......................	0.25

Grenat de Bohême. Pyrop de Werner.

Couleur, rouge cramoisi.

Pesanteur spécifique, 37180, suivant Klaproth.

Forme irrégulière et arrondie.

Ce chimiste en a retiré,

Silice.......................... 40
Alumine......................... 28.50
Magnésie........................ 10
Chaux 3.50
Fer oxidé 16.50
Manganèse oxidé................. 0.25

Grenat rougeâtre.

Vauquelin a retiré d'un grenat rougeâtre des Pyrénées (*Journal des Mines*, n° 44),

Silice.......................... 52
Alumine......................... 20
Chaux carbonatée................ 7.07
Fer oxidé 17
Perte 3

Grenat noir du pic d'Ereliz aux Pyrénées.
Vauquelin en a retiré (*ibid.*),

Silice.......................... 43
Alumine 16
Chaux 20
Fer oxidé....................... 16
Eau et matières volatiles....... 4
Perte........................... 1

Grenat jaune des Pyrénées.
Un grenat jaunâtre lui a donné,

Silice.......................... 38
Alumine......................... 20
Chaux 31
Fer oxidé....................... 10

Un grenat rouge lui a donné,

Silice. 36
Alumine. 22
Chaux. 3
Fer oxidé. 41

Grenat vert.

Sa couleur est d'un vert plus ou moins foncé.

On en trouve à Tenfelstein, près de Schwarzemberg en Saxe.

Klaproth a retiré du grenat vert-olive de Sibérie (1),

Silice. 44
Chaux 33.50
Alumine 8.50
Fer oxidé 12
Manganèse oxidé, une trace.

Grenat du Groënland.

Klaproth en a retiré,

Silice 43
Alumine 15.50
Magnésie 8.50
Chaux. 1.75
Fer oxidé. 29.50
Manganèse oxidé. 0.50
Perte 1.50

(1) *Journal de Physique*, tom. LXXI, pag. 444.

Du Grenat d'un brun verdâtre foncé, ou de l'Aplome (1) *de Haüy.*

Aplome de Haüy.

Cette substance se présente sous la forme de dodé-caèdres rhomboïdaux d'un brun foncé, et marqués de stries parallèles aux petites diagonales des rhombes.

Sa pesanteur spécifique est 3.441.

Sa dureté est égale à celle des autres grenats.

Elle est fusible au chalumeau.

Son verre est noirâtre.

Laugier a retiré de l'aplome (2),

Silice...............................	40
Alumine.............................	20
Chaux..............................	14.05
Fer oxidé...........................	14.05
Manganèse oxidé.....................	2
Mélange de silice et de fer..........	2
Perte par la calcination.............	2

Cette substance ne paroît donc qu'une variété des grenats.

De la Kolophonite.

Kolophonite de Karsten.

Grenat résinite de Haüy.

Couleur, brun rougeâtre foncé, avec un *facies* rési-neux.

Transparence, 500.

Eclat, 1200.

---

(1) *Aplomes*, c'est-à-dire, *simplicité.*

(2) *Annales du Muséum*, cahier LXIV.

Pesanteur ;

Pesanteur, 2.525.

Dureté, 2000.

Cassure, résineuse.

Forme, indéterminée.

Cette substance paroît avoir tous les caractères du grenat, excepté l'apparence résiniforme.

Simon en a retiré (1),

Silice........................... 37
Chaux 29
Alumine......................... 13.50
Magnésie 6.50
Fer............................. 7.50
Manganèse....................... 4.75
Titane 0.50
Eau 1

Cette substance a été trouvée en Norwège.

Du Kannelstein.

Kannelstein de Werner.
Variété du grenat.

Werner a donné le nom de *kannelstein* à une pierre qui rapproche beaucoup de l'hyacinthe.

Sa couleur est d'un orange jaunâtre.

Son facies est gras comme celui de l'hyacinthe.

Sa cristallisation approche de celle du grenat et de l'hyacinthe.

---

(1) *Bulletin de la Société Philomatique*, avril 1808.

2. 8

Lampadius a dit en avoir retiré,

Silice...................................... 42.08
Zircone.................................... 28.08
Alumine 8.06
Potasse.................................... 6
Chaux 3.08
Fer oxidé.................................. 3
Perte par la calcination 2.06
Perte 4.04

Mais Klaproth, qui a analysé cette substance, n'y a point trouvé de zircone; il en a extrait (1),

Silice...................................... 38.80
Chaux 31.25
Alumine 21.20
Fer oxidé.................................. 6.50
Perte 2.25

Cette dernière analyse fait voir que le kannelstein est une variété de grenat.

Ces différens produits retirés des diverses variétés de grenat, dont les uns contiennent un tiers de chaux et les autres point, confirment ce que nous avons dit en parlant des falherz, des galènes..., que des substances composées de différens principes peuvent affecter la même forme cristalline.

SECONDE ESPÈCE.

De la Mélanite.

Mélanite de Werner.
Grenat noir de Frascati.

---

(1) *Journal de Physique*, tom. LXXI, pag. 444.

Couleur, noire.
Eclat, 1000.
Dureté, 1800.
Fusibilité, 1500.
Verre, noir.
Cassure, vitreuse.
Molécule, indéterminée.
Forme, dodécaèdre à trente-six facettes.

Première variété. Dodécaèdre à plans rhombes, tronqué sur ses vingt-quatre arêtes par des facettes.

Le cristal a par conséquent trente six facettes.

Ces cristaux se trouvent dans des substances volcaniques à Frascati auprès de Rome.

On les avoit d'abord regardés comme des grenats, mais Werner a vu qu'ils en différoient.

Klaproth a retiré de cette substance (1),

Silice.............................. 35.50
Alumine 6
Chaux 32.25
Fer oxidé.......................... 24.25
Manganèse oxidé.................... 40

Vauquelin en a retiré (1),

Silice............................. 34
Alumine............................ 6.04
Chaux.............................. 33
Fer oxidé 24
Manganèse oxidé.................... 1.05

---

(1) *Journal de Physique*, tom. LXXI, pag. 446.
(2) *Annales de Chimie française*, tom. LXVII, pag. 233.

8..

TROISIÈME ESPÈCE.

Du Leucite.

Leucite de Werner.
Grenat blanc des volcans.
Amphigène (1) de Haüy.

COULEUR, incolore, blanc.
TRANSPARENCE, 1500....
ECLAT, 1500.
PESANTEUR, 24684.
DURETÉ, 3300.
ELECTRICITÉ, idioélectrique.
FUSIBILITÉ, 3000.
VERRE, incolore.
PHOSPHORESCENCE, par le frottement.
CASSURE, vitreuse.
MOLÉCULE, indéterminée.
FORME, vingt-quatre facettes trapézoïdales.

PREMIÈRE VARIÉTÉ. Vingt-quatre facettes trapézoïdales, comme dans la variété quatrième du grenat.

Le leucite n'a été trouvé jusqu'à présent que dans les matières volcaniques du Vésuve et de quelques autres volcans situés depuis Naples jusqu'à Rome.

Klaproth a retiré du leucite d'Albano (tom. 11, p. 56),

Silice.. 54
Alumine...................................... 24
Potasse....................................... 22

---

(1) *Amphigène*, c'est-à-dire, *qui a une double origine.*
Homogène, d'une seule nature.
Amphigène, de deux natures : mot qui ne convient pas à cette substance. Il n'y a point de minéraux de deux natures.

Vauquelin a retiré de la même substance,

Silice........................... 56
Alumine 20
Potasse.......................... 20
Perte 2

Pierres mélangées avec des leucites.

La plupart des laves qui contiennent les cristaux de leucite, en ont des portions de mélangées avec leur substance.

QUATRIÈME ESPÈCE.

De l'Allochroïte.

Allochroïte de Dandrada (1).

COULEUR, gris jaunâtre, passant au rouge.
TRANSPARENCE, 50.
ÉCLAT, 100.
PESANTEUR, 35700.
DURETÉ, 1800.
CASSURE, conchoïde.
MOLÉCULE, indéterminée.
FORME, indéterminée.

PREMIÈRE VARIÉTÉ. Cristallisation confuse.

Cette substance n'a pas encore été jusqu'ici observée cristallisée régulièrement.

Elle se trouve dans les mines près de Drammen en Norwège.

L'allochroïte paroît un mélange de grenat en masse et de chaux carbonatée.

----

(1) *Journal de Physique*, tom. LI, pag. 243.

Vauquelin en a retiré (1),

Silice 33
Alumine 8
Chaux 3o.o5
Fer oxidé 17
Chaux carbonatée 6
Manganèse oxidé 3.o5

Cette analyse se rapproche de celle de la mélanite.

CINQUIÈME ESPÈCE.

De la Staurolite.

Staurolite (1) de Delamétherie.
Staurotide (2) de Haüy.
Pierre de Croix de Romé-de-Lisle.

COULEUR, granatique foncé.
TRANSPARENCE, 5oo.
ECLAT, 8oo.
PESANTEUR, 3286o.
DURETÉ, 25oo.
ELECTRICITÉ, anélectrique.
FUSIBILITÉ 14oo.
VERRE, bulleux, noirâtre.
CASSURE, lamelleuse.
MOLÉCULE, indéterminée.
FORME, octaèdre.

PREMIÈRE VARIÉTÉ. Octaèdre composé de huit triangles isocèles.

---

(1) Σταυρος, *stauros*, croix, *staurolite*, pierre de croix.

(2) *Staurotide*, c'est-à-dire, *croisette*.

Angle du sommet, environ....... 90°
Chacun des autres angles........ 45°

Cette variété est très-rare.

IIème VAR. La variété précédente est souvent avec un prisme intermédiaire.

Angle obtus du prisme............ 129° 3o′
Angle aigu.................... 5o° 3o′

IIIème VAR. Souvent ce prisme est droit, c'est-à-dire sans pyramide.

IVème VAR. Prisme hexagone droit, tronqué à ses extrémités par des facettes triangulaires.

C'est la variété seconde dont le prisme est devenu hexagone par la troncature de ses deux arêtes aiguës.

L'angle obtus demeure de........ 129° 3o′
Chacun des quatre nouveaux angles
est de...................... 113° 55′

Ce prisme est terminé par les quatre faces de l'octaèdre primitif.

a Souvent ce prisme hexagone est droit.

Vème VAR. Deux des prismes hexagones de la variété précédente se croisent à angles droits.

C'est la variété la plus commune.

VIème VAR. Deux prismes hexagones de la quatrième variété, terminés par des faces trianglaires, se croisent à angles droits.

VIIème VAR. Toutes les arêtes des sommets des prismes de la variété précédente sont tronquées par des petites facettes trapézoïdales qui naissent sur les faces de ces prismes.

VIIIème var. Quelquefois les deux prismes hexagones se croisent sous des angles de 120° et de 60°.

a Ces prismes peuvent être droits ,

b Ou terminés par des faces triangulaires,

c Ou terminés par des trapézoïdales.

Ces cristaux se trouvent proche St.-Brieux en Bretagne , en Galice près de Compostelle.

Volney en a trouvé en Virginie , chez Maddisson , et Maclure dans les Etats de New-Jersey.

Ils sont ordinairement dans des pierres micacées , et ils renferment souvent des lames de mica.

Leur couleur approche de celle de la granatite ; ils ont une demi-transparence , mais souvent ils sont noirâtres et opaques.

Collet-Descotils en a retiré (1),

Silice	48
Alumine	42
Chaux	1
Fer oxidé	9.05
Manganèse oxidé	0.05

Klaproth a retiré de la staurolite noire (2),

Silice	37.50
Alumine	41
Magnésie	0.50
Fer oxidé	18.25
Manganèse oxidé	0.50

(1) *Annales de Chimie*, tom. LXVII, pag. 239.
(2) *Journal de Physique*, tom. LXXI, pag. 442.

Pierres et Terres mélangées de staurolite.

La gangue de cette substance en est mélangée.

De la Granatite.

Granatenart des Allemands.

Granatite. Variété de staurolite.

La granatite ne diffère de la staurolite que par la couleur, qui est d'un cramoisi foncé.

Sa transparence est un peu plus considérable.

Sa pesanteur est 34500.

Sa cristallisation est la même que celle de la staurolite.

La granatite se trouve aux Alpes, aux Pyrénées, dans des pierres micacées et stauroliteuses; elle est souvent avec la cyanite.

Klaproth a analysé la granatite rougeâtre du Saint-Gothard; il en a retiré (1),

```
Silice............................... 27
Alumine ............................. 52.25
Fer oxidé ........................... 18.50
Manganèse oxidé ..................... 0.25
```

Pierres et Terres mélangées de granatite.

La gangue de la granatite est mélangée avec une portion de sa substance.

SIXIÈME ESPÈCE.

De la Crucite.

Crucite de Delamétherie.

Chiastolithe de Karsten.

Macle (2) de Haüy.

---

(1) *Journal de Physique*, tom. LXXI. pag. 44?.

(2) *Macle*, c'est-à-dire, *rhombe évidé parallèlement à ses bords.*

Couleur, blanchâtre et noire.

Transparence, 50.

Éclat, 600

Pesanteur, 29444.

Dureté, 2000.

Électricité, anélectrique.

Fusibilité, 1500.

Verre, bulleux, noirâtre.

Cassure, lamelleuse.

Molécule, indéterminée.

Forme, prisme rhomboïdal.

Première variété. Prisme rhomboïdal droit.
Sa figure n'est pas assez régulière pour en pouvoir déterminer les angles.

Prisme intérieur noirâtre dont les faces sont souvent parallèles à celles du prisme extérieur.

Ce prisme intérieur est noirâtre, et se trouve dans le centre du cristal.

Des angles du prisme intérieur partent des diagonales également noirâtres, qui vont se terminer aux quatre angles du prisme extérieur, et y forment une espèce de prisme à quatre côtés, le plus souvent irrégulier.

IIème var. La variété précédente dont le prisme noirâtre intérieur a disparu, et il n'est resté que les quatre diagonales, qui vont également former des prismes tétragones aux angles extérieurs.

IIIème var. La variété précédente dont chaque diagonale forme une espèce de dentrite, c'est-à-dire qu'il en part une espèce de branchage.

Cette substance se trouve ordinairement en Bretagne, dans un schiste ferrugineux noirâtre ; elle forme de longs

prismes auxquels on n'a point encore observé de pyramides.

On l'a aussi retrouvée dans les Pyrénées.

Pierres mélangées de crucite.

La gangue de cette substance en est mélangée.

SEPTIÈME ESPÈCE.

De la Wernerite.

Wernerite de Dandrada (1).

Arktizit de Werner.

COULEUR , vert-pistache, jaune-isabelle.

TRANSPARENCE , 200.

ECLAT, 1000.

PESANTEUR, 36063.

DURETÉ, 1200.

ELECTRICITÉ, idioélectrique.

FUSIBILITÉ, 1200.

VERRE, blanc et opaque.

CASSURE, lamelleuse.

MOLÉCULE, indéterminée.

FORME, prisme octogone.

PREMIÈRE VARIÉTÉ. Prisme octogone dont les faces
sont inclinées entr'elles de 135°.

Pyramide composée de quatre faces pentagones inclinées de 121 degrés sur les faces du prisme.

IIème VAR. Cristallisation confuse.

Traitée au chalumeau, cette substance fond en bouillonnant, et donne sur ses bords un émail imparfait, de
couleur blanche et opaque.

____

(1) *Journal de Physique*, tom. LI, juillet, pag. 244.

Sa dureté est assez grande pour donner des étincelles par le choc du briquet.

Cette substance se trouve dans les mines de Northo et d'Ulrica en Suède, à Bouen, près d'Arandal en Norwège, et on l'a retrouvée à Campo-Luongo en Suisse, dans la vallée Lévantine.

Karsten distingue deux espèces de wernerite ; la blanche dont les caractères sont :

Couleur, blanche, passant au gris.

Eclat, un peu gras.

Le docteur Jones, de Berlin, a retiré de la wernerite blanchâtre,

Silice. 51.50
Alumine 33
Chaux 10.45
Fer oxidé. 3.50
Manganèse oxidé, un atome.
Perte. 1.45

La seconde variété de la wernerite est d'un vert-pistache, passant au vert-olive.

Elle est maigre au toucher.

Le docteur Jones en a retiré,

Silice. 40
Alumine. 34
Chaux 16.50
Fer oxidé. 8
Manganèse oxidé. 1.50

HUITIÈME ESPÈCE.

De la Scapolite.

Scapolite de Dandrada (1).
Rapidolite, ou *Pierre à baguette* d'Abilgaard.
Micarelle de Dandrada.
Paranthine de Haüy.

COULEUR, blanc jaunâtre, grisâtre.
TRANSPARENCE, 200.
ECLAT, 500, nacré.
PESANTEUR, 37000.
DURETÉ, 1200.
ELECTRICITÉ, anélectrique.
FUSIBILITÉ, 1000.
VERRE, blanc.
CASSURE, lamelleuse.
MOLÉCULE, indéterminée.
FORME, prisme rectangulaire.

PREMIÈRE VARIÉTÉ. Prisme rectangulaire droit.
IIème VAR. Prisme suboctogone droit.
C'est la variété précédente tronquée sur ses arêtes.

Ces prismes sont ordinairement alongés, d'un assez petit volume ; plusieurs sont réunis, d'où lui est venu le nom de *pierre à baguettes*.

Leur couleur est d'un blanc sale, plus ou moins gris.

On les trouve dans la mine de fer d'Arandal en Norwège.

____

(1) *Journal de Physique*, tom. LI, pag. 246.

Abilgaard en a retiré,

Silice...................................... 38
Alumine.................................... 3o
Chaux...................................... 14
Fer oxidé.................................. 1
Eau 2

Laugier en a retiré (*Annales du Musée*, cahier LX, pag. 472),

Silice...................................... 45
Alumine.................................... 33
Chaux...................................... 17.06
Fer et manganèse.......................... 1
Soude 1.o5
Potasse.................................... .o5
Perte 1.o4

De la Micarelle.

Cette substance, qui se trouve à Arandal en Norwège, cristallise en prisme octogone droit.

Elle a l'éclat nacré et un peu micacé; d'où lui vient le nom de *micarelle*.

Elle paroît être une variété de la scapolite.

TRENTE-DEUXIÈME LEÇON.

CINQUIÈME GENRE DES ALUMINO-SILICITES.

Des Schorls.

J'ai démontré que les substances qu'on appeloit *schorls*, forment plusieurs espèces distinctes, auxquelles j'ai donné des noms particuliers : le mot *schorl* n'est donc plus pour moi qu'un nom de genre.

PREMIÈRE ESPÈCE.

De la Tourmaline.

Zeolithes calefactus electricus , turmalin. **Valler.**
Turmalin de Ceylan.
Schorl électrique.

Couleur , de toutes couleurs.
Transparence, 3000 à 0.
Eclat , 1500.
Pesanteur , 30541.
Dureté , 3100
Electricité, pyroélectrique.
Réfraction , double.
Fusibilité , 1500.
Verre, bulleux, noirâtre.
Cassure , vitreuse.
Molécule , indéterminée.
Forme, prisme à neuf côtés, terminé par deux pyramides.

Mais la pyramide d'un des sommets diffère de la pyramide de l'autre sommet par le nombre des facettes, et par la qualité de l'électricité. Il est très-difficile d'avoir ces deux sommets complets.

Première variété. La lenticulaire de Romé-de-Lisle composée de six faces rhomboïdales comme le spath calcaire primitif.

Angle obtus, environ.............. 113° 30′
Angle aigu .... 66° 30′

a On la trouve le plus souvent avec un commencement de prisme.
Je l'ai ainsi prismée.

IIème var. Prisme à neuf côtés.

Pyramide d'un des sommets, composée de trois facettes pentagonales.

La pyramide de l'autre sommet est composée de six facettes; savoir, trois hexagones et trois triangulaires : ces dernières coupent les arêtes des trois premières, et viennent se terminer sur les faces correspondantes du prisme.

On avoit cru que l'angle d'incidence des arêtes des faces hexagones sur la face opposée, étoit de 136° 54′ 41″, ainsi que l'angle d'incidence de la face triangulaire sur la face du prisme ; cette égalité d'angles supposée avoit fait nommer cette variété *isogone* (angles égaux).

Mais on a reconnu que l'angle de l'arête des faces hexagones étoit de 135° 44′.

IIIème var. La variété précédente dont le prisme a douze côtés ; ce qui change les faces des pyramides.

IVème var. Prisme à neuf côtés.

Une des pyramides a trois faces pentagonales comme la variété première.

L'autre pyramide a six faces, trois hexagones et trois triangulaires.

L'angle d'incidence de l'arête des faces hexagones sur la face opposée est de 155°.

a Le prisme, dans quelques variétés, est très-court.

b Dans d'autres, le prisme a quinze côtés.

Vème var. Prisme à neuf côtés.

Une des pyramides a trois faces pentagonales.

L'autre pyramide a sept faces; savoir, six faces comme la variété précédente, et le sommet de la pyramide est tronqué

tronqué par une facette qui est le plus souvent triangulaire.

VIème VAR. La variété précédente dont la facette du sommet a fait disparoître toutes les autres : c'est ce qu'on observe dans la tourmaline rouge, que j'ai appelée *daourite*.

VIIème VAR. Prisme à neuf côtés.

Une pyramide a six facettes comme la variété quatrième.

L'autre pyramide a sept facettes comme la variété précédente.

VIIIème VAR. Prisme à douze côtés.

Une pyramide a neuf faces, trois correspondantes aux pentagonales de la variété seconde, trois correspondantes aux faces triangulaires de la même variété, et trois troncatures sur les arêtes des premières faces.

La seconde pyramide a également neuf faces; savoir, trois faces correspondantes aux faces de la variété quatrième, trois troncatures sur les arêtes de ces trois faces, et trois petites facettes correspondantes à celles de la variété seconde.

J'ai cette jolie variété.

IXème VAR. La variété seconde dont une des pyramides a six faces comme la variété seconde.

L'autre pyramide a trois faces tronquées sur leurs arêtes,

C'est cette substance que Dandrada a appelée *aphrizite*, et que je désignai sous le nom de *tourmaline* en annonçant le Mémoire de Dandrada. (*Journal de Physique*, tom. LI, pag. 243.)

Xème VAR. Prisme à neuf côtés.

Une pyramide a trois faces correspondantes aux pentagonales de la variété seconde.

L'autre pyramide composée également de ces trois faces, et de six autres qui sont des troncatures des arêtes du prisme joignant les facettes des pyramides.

XIème var. La variété précédente dont la pyramide inférieure a douze faces ; savoir, trois nouvelles qui tronquent les arêtes des faces pentagonales, lesquelles deviennent rhomboïdales.

XIIème var. Prisme à quinze côtés.

Une des pyramides a trois faces.

La seconde pyramide a six faces, comme dans la variété quatrième.

XIIIème var. Prisme à douze côtés.

Une des pyramides a trois faces.

La seconde en a dix-neuf.

Je ne l'ai pas vue.

XIVème var. Prisme arrondi.

Point de pyramide déterminée.

Le prisme contient un si grand nombre de côtés qu'il paroît arrondi, ou cylindrique.

Il y a un grand nombre d'autres variétés de tourmaline décrites par les cristallographes.

Mais il faut distinguer particulièrement la variété seconde dont l'inclinaison des angles des faces de la pyramide est environ de 135° 30′,

Et celles dont l'inclinaison de ces angles est environ de 155°.

Les tourmalines varient beaucoup pour les couleurs.

a La noire. C'est la couleur ordinaire de celles de Madagascar et des granits. Elle est opaque.

b La brune transparente. Elle se trouve au Tirol, où Muller la découvrit en 1778, dans une roche stéatitique du Greiner, montagne élevée du Zillerthal. Il observa que sa couleur brune n'est qu'apparente, et qu'elle est réellement verte ; ce qu'on reconnoît en la réduisant en lames minces qu'on place entre le soleil et l'œil.

Il y a une autre tourmaline brune d'Espagne que Launoy découvrit en 1782 dans les montagnes de la Vieille-Castille.

Les tourmalines transparentes présentent un phénomène digne d'être observé. Leur transparence est parfaite lorsqu'on observe le cristal en travers ; mais elle est nulle lorsqu'on regarde le cristal dans un sens parallèle à l'axe.

c La bleue. J'ai une tourmaline d'un beau bleu.

d La verte d'émeraude. Elle nous vient du Brésil ; c'est pourquoi on lui a donné le nom d'*émeraude du Brésil.*

e Celle *d'un vert-clair.* Elle se trouve au St.-Gothard.

f L'*incolore* ou *blanche.* On en trouve une autre variété au St.-Gothard, qui est incolore ou blanche. Elle est dans des dolomies micacées.

g La *rouge* et *violette* de Daourie.

C'est moi qui ai décrit le premier cette substance (*Théorie de la Terre,* tom. II, pag. 303), et je lui donnai le nom de *daourite,* de la Daourie, d'où on m'avoit dit qu'elle venoit.

Un autre naturaliste en donna une nouvelle description, et lui donna le nom de *sibérite,* qu'on a adopté plus volontiers, pour ne pas parler de ma description.

J'ai eu occasion depuis de me procurer un cristal de

Daourite d'un volume considérable, et que j'avois cru un béril. (*Journal de Physique*, tom. LI, pag. 322.)

Son prisme est à neuf côtés.

Son sommet est droit, comme la variété sixième ci-dessus, et sans aucune apparence de pyramide.

La surface de ce sommet n'est pas parfaitement unie, quoique très-éclatante. Il paroît composé d'une multitude de molécules mamelonnées légérement.

La couleur de ce cristal est d'un beau rose.

J'ai des cristaux de Daourite, dont la couleur est violette.

h Tourmaline d'un blanc rosacé qui se trouve avec la lépidolite.

i Tourmaline noire en petits prismes très-alongés. On en trouve en Sibérie.

Les tourmalines se trouvent dans les terrains primitifs, les granits, le gneis, les schistes micacés, les chlorites schisteuses... J'en ai dans un quartz très-transparent du St.-Gothard, dans des quartz opaques...

La tourmaline devient électrique par la chaleur. Æpinus a démontré que son électricité est différente à ses deux extrémités : l'une est postive ou vitreuse, et l'autre négative ou résineuse. Il la compare aux pôles d'un aimant, et il dit les pôles de la tourmaline, comme l'on dit les pôles d'un aimant.

Il est des tourmalines, particulièrement celles des granits, qui donnent difficilement des signes d'électricité.

Klaproth a retiré de la tourmaline rougeâtre de Rosena (1),

---

(1) Volume V.
Journal de Physique, tom. LXXI, pag. 445.

Silice....................... 43.5
Alumine....................... 42.25
Manganèse oxidé..................... 1.5
Chaux...................... 0.1
Soude...................... 9
Eau...................... 1.25
Perte...................... 2.4

Klaproth a retiré de la tourmaline opaque et noire d'Eibenstock (1),

Silice....................... 36.25
Alumine....................... 34.50
Magnésie...................... 0.25
Fer oxidulé...................... 21
Kali ou potasse..................... 6
Manganèse oxidé, une trace.

Il a retiré de la tourmaline noire de Spessart,

Silice....................... 36.50
Alumine...................... 31
Magnésie...................... 1.25
Fer oxidulé...................... 23.50
Kali ou potasse..................... 5.50
Manganèse oxidé, une trace.

Vauquelin a retiré de la tourmaline violette noirâtre de Sibérie,

Silice....................... 45
Alumine...................... 30
Manganèse mêlée de fer............. 13
Soude...................... 10
Perte...................... 2

---

(1) Volume **v**.
Journal de Physique, tom. LXXI, pag. 445.

La tourmaline violette de Sibérie lui a donné;

Silice. 45

Alumine 40

Manganèse mêlé de fer. 7

Soude 10

Perte. 1

De l'Indicolite.

Indicolite de Dandrada (1).
Variété de tourmaline de Haüy.
Tourmaline indigo de Haüy.

COULEUR, bleu plus ou moins foncé.

ECLAT, 800.

DURETÉ, 3500.

CASSURE, rayonnée.

MOLÉCULE, indéterminée.

FORME, prisme rhomboïdal.

PREMIÈRE VARIÉTÉ. Prisme rhomboïdal strié.

Ces prismes sont le plus souvent très-petits.

Cette pierre est entièrement opaque.

Son éclat approche de l'éclat métallique.

Elle raie le quartz, et néanmoins est très-fragile.

Sa cassure est en longueur rayonnée, tandis qu'en travers elle est inégale et presque conchoïde.

Elle est infusible au chalumeau.

Elle a beaucoup de ressemblance avec le lazulite.

On la trouve à Uton en Suède.

Elle devient électrique par la chaleur.

Elle a d'ailleurs tous les caractères des tourmalines. Ainsi on ne peut douter qu'elle n'en soit une variété.

---

(1) *Journal de Physique*, tom. LI, pag. 243.

SECONDE ESPÈCE.

De l'Yanolite.

Yanolite de Delamétherie (1).
Schorl violet de Romé-de-Lisle.
Axinite (2) de Haüy.
Thumerstein de Werner.

COULEUR, violet.
TRANSPARENCE, 1500.
ECLAT, 2200.
PESANTEUR, 32956.
DURETÉ, 3100.
RÉFRACTION, double.
FUSIBILITÉ, 1200.
VERRE, bulleux, incolore.
PHOSPHORESCENCE.
CASSURE, vitreuse.
MOLÉCULE, indéterminée.
FORME, prisme rhomboïdal oblique.

PREMIÈRE VARIÉTÉ. Prisme rhomboïdal oblique.
Les deux rhombes des sommets sont différens des quatre rhombes du prisme.

Angle obtus des rhombes du sommet, environ 101° 30′
Angle obtus des rhombes du prisme, environ 135

Chacune des deux arêtes du prisme correspondantes à l'angle aigu du sommet, est tronquée par une petite facette linéaire rectangulaire.

IIème VAR. La variété précédente dont l'extrémité de la

______

(1) *Sciagraphie*, tom. 1, pag. 287 en 1792.
(2) *Axinite*, c'est-à-dire, *corps aminci en forme de tranchant de hache.*

petite troncature rectangulaire est tronquée par une petite face trapézoïdale.

IIIème VAR. La variété précédente dont l'extrémité de la petite troncature est terminée par trois petites facettes.

IVème VAR. Les variétés deuxième et troisième dont l'arête inférieure qui touche la petite facette située à l'extrémité de la face rectangulaire est tronquée par une facette linéaire.

Vème VAR. La variété précédente dont l'arête inférieure a deux troncatures linéaires.

a L'arête inférieure qui est de l'autre côté de l'extrémité de la facette rectangulaire est également tronquée par une facette linéaire.

VIème VAR. La variété première dont l'arête supérieure qui aboutit à la facette rectangulaire est tronquée elle-même par une facette linéaire.

L'yanolite se trouve dans les montagnes primitives dans les Alpes du Dauphiné, aux Pyrénées, au mont Atlas, d'où Desfontaines l'a apporté.

Sa couleur est ordinairement violette. Mais quelquefois il devient vert par un mélange de chlorite qui altère sa transparence.

Klaproth a retiré de l'yanolite (tom. II, pag. 126),

Silice..........................	52.70
Alumine	25.79
Chaux.........................	9.35
Fer oxidé	8.63
Manganèse oxidé	1

Il en a donné une nouvelle analyse (*Journal de Physique*, tom. LXXI, pag. 439),

Silice. 5o.5o
Chaux 17
Alumine. 16
Fer oxidé. 9.5o
Manganèse oxidé 5.25
Kali ou potasse o.25
Vauquelin en a retiré
Silice 44
Alumine. 18
Chaux 19
Fer oxidé 14
Manganèse oxidé 4

La couleur violette de cette substance paroît due à
cette portion d'oxide de manganèse.

Pierres mélangées d'Yanolite.

La gangue de cette pierre en contient souvent des
portions qui sont mélangées avec elle; c'est par conséquent un *yanolite-fels*.

TROISIÈME ESPÈCE.

Du Thallite.

Thallite de Delamétherie.
Schorl vert de Romé-de-Lisle.
Glassiger stralstein de Werner.
Pistachite de Werner.
Akantikone de Dandrada (1).
Arondalite.
Delphinite de Saussure.
Epidote de Haüy (2).

______

(1) *Journal de Physique*, tom. 11, pag. 240. Je fis voir (*ibidem*) que
l'akantikone étoit un thallite.

(1) *Épidote*, c'est-à-dire, *qui a reçu un accroissement.*
Bournon a fait voir que ce mot étoit impropre.

Couleur, vert le plus souvent.

Transparence, 1000.

Éclat, 1500.

Pesanteur, 3450g.

Dureté, 3000.

Électricité, idioélectrique.

Réfraction, double.

Fusibilité, 1500.

Verre, bulleux, verdâtre.

Cassure, vitreuse.

Molécule, indéterminée.

Forme, prisme rhomboïdal.

Première variété. Prisme rhomboïdal droit, strié longitudinalement.

> Angle obtus, environ............... 114°
> Angle aigu....................... 66

Sommet lisse, éclatant.

Cette jolie variété se trouve dans la vallée de Lans dans les Alpes piémontaises, et m'a été donnée par Bonvoisin.

Le prisme est surchargé de stries longitudinales qui le font paroître strié dans sa longueur, et le plus souvent irrégulier, quelquefois arrondi.

D'autres fois il paroît approcher de la figure rectangulaire.

IIème var. Prisme hexagone par la troncature des arêtes aiguës.

Sommet dièdre à faces trapézoïdales.

Angle de l'incidence de la face du sommet sur la face correspondante du prisme, environ 125°.

Il faut observer que toutes les faces de cette substance

sont si petites et si irrégulières, qu'il est très-difficile d'en déterminer la figure et les angles.

IIIème var. Prisme hexagone, comme dans la variété précédente.

Pyramide composée de six faces qui naissent sur les faces du prisme.

IVème var. La variété précédente :

Mais il y a une septième face qui tronque le sommet du prisme perpendiculairement à l'axe.

Ainsi la pyramide a sept faces.

Vème var. La variété précédente dont le prisme est devenu octogone par la troncature de ses arêtes obtuses.

Pyramide à neuf faces, par l'addition de deux nouvelles faces latérales à la variété précédente, qui font un double rang sur deux des précédentes opposées.

VIème var. La variété précédente. Prisme octogone.

Pyramide à onze faces, par l'addition de deux nouvelles faces latérales qui font un double rang sur deux des précédentes opposées.

Quelquefois le prisme est hexagone.

VIIème var. Prisme à douze faces.

Pyramide à seize faces irrégulières, toutes difficiles à déterminer. Elles dérivent néanmoins des variétés précédentes.

VIIIème var. Cristallisation confuse.

Le thallite se présente souvent en masse sans cristallisation régulière.

Cette substance, observée d'abord dans le Dauphiné, fut

confondue dans la nombreuse classe des schorls, et appelée *schorl vert* du Dauphiné, à cause de sa couleur.

J'en fis une espèce particulière sous le nom de *thallithe* (1). [*Sciagraphie*, 1792.]

Mais on a trouvé postérieurement cette substance dans tous les terrains primitifs. Il nous en vient d'Arandal en Norwège, des cristaux d'un très-gros volume. Leur couleur est d'un vert noirâtre.

La couleur de cette substance varie beaucoup.

Sa couleur en général est d'un vert jaunâtre.

Ceux de la vallée de Lans sont d'un vert plus foncé.

Ceux d'Arandal sont d'un vert noirâtre.

Ceux du Valais sont d'un vert gris, quelquefois même entièrement gris.

Il en est d'un violet plus ou moins foncé à Saint-Marcel dans la vallée d'Aost.

On avoit regardé cette dernière variété comme une mine de manganèse. Mais Cordier pense que c'est un thallite coloré par le manganèse. (*Journal des mines*, tom. XIII, pag. 135.)

Collet-Descotils a retiré du thallite vert d'Oisans en Dauphiné (*Journal des Mines* n° XXX, pag. 415),

Silice. 37
Alumine 27
Chaux. 14
Manganèse oxidé. 1.5
Eau et perte 3

---

(1) *Thallos* en grec signifie, *vert de feuille*, *vert jaunâtre*.

Vauquelin a retiré du thallite d'Arandal,

Silice 37
Alumine 2ʟ
Chaux 15
Fer oxidé........................... 24
Manganèse oxidé au *minimum*........ 1.5
Perte.............................. 1.5

Laugier a retiré du thallite gris du Valais (*Annales du Museum* xxviième cahier),

Silice 37
Alumine 26.6
Chaux 20
Fer oxidé.......................... 13
Manganèse oxidé.................... 0.6
Perte 1

Pierres mélangées de Thallite.

La gangue du thallite en contient le plus souvent des portions qui la colorent ; c'est donc une espèce de *thallite-fels*, ou roche de thallite.

Du Zoysit de Werner.

Zoysit de Werner.
Thallite. (Variété.)

Couleur, grise.
Transparence, 100.
Éclat, 1000. Nacré.
Dureté, 3000.
Pesanteur, 34000.
Fusibilité, 2000.
Verre, blanchâtre, scoriforme.

Cassure, lamelleuse.

Molécule, indéterminée.

Forme, indéterminée.

Première variété. Cette substance n'a pas été trouvée cristallisée. Elle se présente toujours en masses confuses.

Tous ses caractères prouvent que c'est une variété de thallite.

Werner qui crut d'abord que c'est une espèce particulière, lui donna le nom d'un célèbre minéralogiste allemand, le baron de Zoïs.

Klaproth a retiré du Zoysit,

Silice	45
Alumine	29
Chaux	21
Fer oxidé	3
Manganèse oxidé	0
Perte	2

Bucholz a retiré de la même substance,

Silice	40.25
Alumine	30.25
Chaux	22.50
Fer oxidé	4.50
Eau	2
Perte	0.50

Laugier a retiré de la même substance (1),

---

(1) *Annales du Musée*, cahiers L et LI, pag. 105.

Silice. 37
Alumine. 26.6
Chaux. 20
Fer oxidé 13
Manganèse oxidé. 0.6
Eau 1.8
Perte. 1

Ces analyses confirment de plus en plus que la zoysite est une variété du thallite.

QUATRIÈME ESPÈCE.

Du Scorza.

Scorza.

Le scorza est un sable d'une couleur jaune-serin, tirant un peu sur le vert. Il se trouve sur les bords de la rivière d'Arrangos en Transilvanie. Les habitans l'appellent *skorza* ou *scorza*. (Brochant, tom. xi, pag. 554.)

Il a tous les caractères du thallite.

Klaproth en a retiré par l'analyse (tom. iii, pag. 285).

Silice. 43
Alumine 21
Chaux 14
Fer oxidé. 16.50
Manganèse oxidé. 0.25
Perte 5.25

TRENTE-TROISIÈME LEÇON.

SIXIÈME GENRE DES ALUMINO-SILICITES.

Des Zéolites.

On avoit donné le nom de *zéolite* à plusieurs substances minérales, qu'on a reconnu postérieurement former diverses espèces. On leur a donné en conséquence des noms particuliers. Ainsi le mot de *zéolite* est reconnu aujourd'hui, comme celui de *schorl*, pour un nom de genre.

PREMIÈRE ESPÈCE.

De la *Mésotype*.

Zéolite des Allemands, des Suédois.
Zéolite des Anglais, des Italiens.
Zéolite fibreuse de Werner.
Strahliger-zéolith d'Emmerling.
Mésotype (1) de Haüy.

COULEUR, incolore, blanche.
TRANSPARENCE, 2000.
ECLAT, 1000.
PESANTEUR, 2083.
DURETÉ, 1000.
ELECTRICITÉ, pyro-électrique.
RÉFRACTION, double.
FUSIBILITÉ, 500.
VERRE, laiteux, boursoufflé.

(1) *Mésotype*, c'est-à-dire, *forme primitive moyenne*.

CASSURE,

Cassure, vitreuse.

Molécule, indéterminée.

Forme, parallélipipède rectangle.

Première variété. Prisme rectangulaire alongé.

Pyramide composée de quatre faces triangulaires qui naissent sur les faces du prisme.

Angle qui fait la face de la pyramide sur celle du prisme, environ 114°.

IIème var. La variété précédente dont les quatre arêtes du sommet du prisme avec la pyramide sont tronquées chacune par une facette.

Chaque pyramide a huit faces.

IIIème var. La variété première dont le prisme est devenu octogone par la troncature de ses arêtes.

IVème var. Prisme rectangulaire.

Pyramide composée de quatre faces rhomboïdales qui naissent sur les arêtes du prisme. Mais ordinairement le sommet de la pyramide est tronqué; ce qui rend les faces pentagonales.

Angle d'une des faces de la pyramide sur la face du sommet, environ 117°.

Vème var. Prisme rectangulaire qui devient octogone par la troncature de ses arêtes.

Pyramide tétraèdre composée de quatre faces triangulaires qui naissent sur les faces larges du prisme. Elles deviennent pentagonales par les troncatures des arêtes du prisme.

L'angle que fait la face de la pyramide sur celle du prisme est de 138°.

2. 10

Cette nouvelle variété est très-rare.

Vème VAR. Cristallisation confuse rayonnée.

La mésotype se présente ordinairement cristallisée confusément en prismes quadrangulaires, ou indéterminés, partant de différens centres dont ils s'éloignent en divergeant.

La mésotype est ordinairement d'un blanc nacré et opaque.

Elle est quelquefois transparente.

Sa dureté est assez considérable pour rayer le verre.

Elle s'électrise par la chaleur ; ce que j'ai désigné par le mot *pyro-électrique*.

Chauffée au chalumeau, elle fond en bouillonnant.

Son verre est laiteux.

Mise dans les acides, elle fait gelée.

La mésotype se trouve à Ferroë, et dans tous les pays volcaniques, dans l'Auvergne, l'île Bourbon...

Meyer a retiré de la mésotype de Ferroë,

Silice............................. 44
Alumine........................... 3o
Chaux............................. 6
Eau............................... 17

Vauquelin a retiré de la même mésotype (*Journal des mines*, n° XLIV, pag. 57o),

Silice............................. 5o.24
Alumine........................... 29.3o
Chaux............................. 9.46
Eau............................... 20
Perte............................. 1

On peut la regarder comme un hydrate.

SECONDE ESPÈCE.

De la Stilbite.

Stilbite (1) de Haüy.
Zéolite nacrée.
Zéolite lamelleuse de Werner.

COULEUR, blanchâtre, jaunâtre.
TRANSPARENCE, 500.
ECLAT, 2000.
PESANTEUR, 2500.
DURETÉ, 1000.
ELECTRICITÉ, anélectrique.
RÉFRACTION, double.
FUSIBILITÉ, 700.
VERRE, bulleux, laiteux.
PHOSPHORESCENCE.
CASSURE, lamelleuse.
MOLÉCULE, indéterminée.
FORME, prisme rectangulaire, pyramide tétraèdre à faces rhomboïdales.

PREMIÈRE VARIÉTÉ. Prisme rectangulaire aplati, composé de quatre faces hexagones.

Pyramide composée de quatre faces rhomboïdales, qui naissent sur les arêtes du prisme.

IIème VAR. La variété précédente tronquée à son sommet.

IIIème VAR. Prisme rectangulaire droit.

C'est la variété précédente dont la troncature du sommet fait disparoître toutes les faces de la pyramide.

______

(1) *Stilbite*, c'est-à-dire, *corps qui a un certain éclat.*

10.

IVeme VAR. Prisme rectangulaire droit tronqué par quatre grandes facettes rectangulaires, qui naissent au milieu des grandes faces du prisme, ensorte que le cristal se présente alors comme deux coins réunis base à base, et tronqués à leurs extrémités.

a Mais ordinairement il se trouve quatre facettes triangulaires qui naissent à chaque extrémité des arêtes qui sont aux bases des facettes du coin : et pour lors ces facettes deviennent pentagonales.

Vème VAR. La variété précédente dont les angles solides des facettes qui composent les deux faces du coin sont tronquées par des facettes triangulaires inclinées.

VIème VAR. Cristallisation confuse.

La stilbite se trouve le plus souvent dans les matières volcaniques.

Mais on la trouve également dans des matières qui ne sont pas volcaniques.

J'en ai dans des mines d'argent rouge de Freyberg.

Schreiber en a trouvé dans les granits de l'Oisans une espèce qui est jaunâtre, dont il m'a donné des morceaux.

Maclure m'en a apporté des États-Unis, qu'il a trouvée à New-Jersey où il n'y a rien de volcanique.

La stilbite ne fait pas gelée avec les acides.

Elle n'est pas électrique par la chaleur.

Vauquelin a retiré de la stilbite (1),

Silice	52
Alumine	17.5
Chaux	9
Eau	18.5
Perte	5

---

(1) *Journal des Mines*, no 39.

a Crocalite. On trouve dans le Vicentin et dans le Tirol une espèce de stilbite qui a beaucoup d'éclat et dont la couleur est d'un rouge très-vif. On lui a donné le nom de *crocalite.*

b Adelite. On trouve aussi à Adelfors en Suède une zéolite rougeâtre qui a peu d'éclat, et qui paroît une stilbite. On lui a donné le nom d'*adelite.*

Bergman en avoit retiré,

Silice............................... 59 à 60
Alumine............................. 18 à 20
Chaux............................... 8 à 16
Eau................................. 3 à 4

TROISIÈME ESPÈCE.

De la Natrolite.

Natrolite de Klaproth.

Couleur, jaune.

Transparence, 100.

Eclat, 200.

Pesanteur.

Cassure, rayonnée.

Molécule, indéterminée.

Forme, indéterminée.

La natrolite est connue des minéralogistes sous le nom de *zéolite jaune.* Elle se trouve auprès de Constance à Schafouse. Elle est rayonnée.

Sa couleur est d'un beau jaune. On y distingue des couches concentriques blanchâtres.

Klaproth a retiré de la natrolite,

Silice...................................... 48
Alumine 24.25
Fer oxidé................................. 1.75
Natron.................................... 16.50
Eau 9

Kennedy a décrit une substance minérale trouvée en Ecosse qui est phosphorescente, et qu'il croit une stilbite (1). L'analyse qu'il en a donnée pourroit faire croire que c'est une espèce de natrolite : il en a retiré,

Silice..................................... 55.5
Alumine 0.5
Chaux..................................... 32
Fer oxidé................................. 0.5
Natron.................................... 8.5
Acide carbonique et matière volatile... 5

Je n'ai pas vu cette substance.

QUATRIÈME ESPÈCE.

De l'Analcime.

Analcime (2) de Haüy.
Zéolite cubique de Dolomieu.
Cubicite de Werner.

Couleur, incolore.
Transparence, 2500.
Eclat, 2000.
Pesanteur, 2244.
Dureté, 1000.

---

(1) *Bibliothèque britannique.*

(2) *Analcime*, c'est-à-dire, *corps sans vigueur*, à cause de la foible vertu électrique que reçoit ce minéral au moyen du frottement.

Electricité, idioélectrique.

Fusibilité, 2000.

Verre, bulleux, laiteux.

Cassure, vitreuse.

Molécule, indéterminée.

Forme, cubique.

Première variété. Le cube.

On n'a pas trouvé cette variété.

IIème var. Le cube tronqué sur chacun de ses huit angles solides par trois faces triangulaires.

Le cristal a trente faces.

IIIème var. La variété précédente dont les faces primitives ont disparu.

Le cristal a vingt-quatre facettes trapézoïdales comme le grenat.

L'analcime a été trouvée par Dolomieu dans les laves de l'Etna. On la retrouve dans d'autres matières volcaniques, comme en Ecosse.

On trouve en Ecosse des cristaux rougeâtres, ternes, d'un assez gros volume, cristallisés comme le grenat à vingt-quatre facettes trapézoïdales ; ils paroissent être une variété d'analcime.

L'analcime ne fait pas gelée avec les acides.

Vauquelin a retiré de l'analcime (1),

Silice 58

Alumine 18

Chaux 2

Soude 10

Eau 8.5

Perte 3.5

____

(1) *Annales du Muséum*, n° 52, ou ve année, ive cahier, pag. 241.

CINQUIÈME ESPÈCE.

De la Sarcolite.

Sarcolite de Thomson.

Couleur, de chair.

Transparence, 50.

Eclat, 1000.

Pesanteur, 2083.

Dureté, 800.

Fusibilité, 1500.

Verre, blanc.

Cassure, vitreuse.

Molécule, indéterminée.

Forme, octaèdre.

Première variété. Octaèdre.

J'ai un beau cristal de cette substance, qui paroît octaèdre.

Cette substance, qui est d'un rouge couleur de chair (d'où est tiré son nom, *sarcos*, *chair*), a été trouvée par Thomson à la Somma.

Quelquefois ce cristal se présente comme un parallélipipède rectangle, dont les huit angles sont tronqués.

On a trouvé dans les laves de Montechio-Maggiore, proche Vicence, une substance très-analogue à celle-ci. Cette substance renferme en même temps de l'analcime, de la stilbite, de la mésotype et de la chabasie, suivant Faujas.

Haüy regarde cette substance, la sarcolite, comme une variété de l'analcime. (*Tableau Comparatif*, pag. 200.)

Mais Vauquelin pense différemment; il a retiré de la sarcolite de Castel dans le Vicentin,

Silice 5o
Alumine 20
Chaux 4.o5
Soude 4.o5
Eau 21

Il a retiré de celle de Montechio-Maggiore,

Silice 58
Alumine 18
Chaux 2
Soude 1o
Eau 8.o5
Perte 3.o5

Comparant les analyses qu'il a faites de l'analcime et de la sarcolite, il conclut que ce sont deux espèces minérales différentes. (*Annales du Muséum*, tom IX, pag. 242.)

SIXIÈME ESPÈCE.

De la Chabassie.

Chabassie de Bosc d'Antic.

Couleur, incolore, rosacé.
Transparence, 5oo.
Eclat, 1200.
Pesanteur, 27176.
Dureté, 1000.
Electricité, anélectrique.
Fusibilité, 15oo.
Verre, blanc opaque.

Cassure, lamelleuse.

Molécule, indéterminée.

Forme, prisme rhomboïdal oblique.

Première variété. Prisme rhomboïdal oblique, composé de six faces rhomboïdales égales.

    Angle obtus des rhombes, environ..   94°
    Angle aigu......................   86°

IIème var. La variété précédente tronquée sur six des arêtes opposées, par des faces pentagones.

Les six autres arêtes sont à moitié tronquées par une face trapézoïdale qui naît à l'extrémité des troncatures dont nous venons de parler.

Le cristal a dix-huit faces.

IIIème var. Cristal à vingt-quatre facettes.

On peut supposer la variété précédente dont chacune des six faces primitives des rhombes est divisée en deux, ce qui alonge beaucoup le cristal.

La chabassie nous a été apportée de l'ancien Palatinat ; c'est Bosc d'Antic qui l'a décrit le premier.

Vauquelin a analysé la chabassie de l'île de Ferroé, et en a retiré (1),

    Silice...........................   43.33
    Alumine.........................   22.66
    Chaux 3.34
    Soude mêlée de potasse.............   9.34
    Eau.............................   21
    Fer et magnésie, une trace.

---

(1) *Annales du Muséum*, tom. LIII, pag. 335.

SEPTIÈME ESPÈCE.

De la Prehnite.

Prehnite de Werner.

COULEUR, vert d'asperge.
TRANSPARENCE, 1000.
ÉCLAT, 1500.
PESANTEUR, 26900.
DURETÉ, 1000.
ÉLECTRICITÉ, pyroélectrique.
FUSIBILITÉ, 1500.
VERRE, bulleux, laiteux.
CASSURE, vitreuse.
MOLÉCULE, indéterminée.
FORME, prisme rhomboïdal droit.

PREMIÈRE VARIÉTÉ. Prisme rhomboïdal droit, très-aplati.

Cette variété se présente comme une lame rhomboïdale droite.

Angle obtus du rhombe, environ... 100°
Angle aigu........................ 80°

IIème VAR. La variété précédente dont le prisme est devenu hexagone par la troncature de ses arêtes aiguës.

IIIème VAR. La variété précédente dont le prisme devient octogone par la troncature des arêtes obtuses.

IVème VAR. Cristallisation en gerbe.

C'est la forme sous laquelle la prehnite se présente le plus souvent.

Le colonel Prehn apporta le premier cette substance du cap de Bonne-Espérance ; c'est pourquoi Werner lui a donné le nom de *Prehnite*.

On en a trouvé depuis ce temps en Dauphiné ; la couleur est d'un vert d'asperge.

On en trouve également en Ecosse, dans le Tyrol ; elle est pyroélectrique.

Elle ne fait pas gelée avec les acides.

Klaproth a retiré de la prehnite du Cap,

Silice............................... 44
Alumine............................. 30
Chaux............................... 18
Fer oxidé........................... 5
Eau et air.......................... 2

a *Zéolite jaunâtre rayonné du duché de Deux-Ponts.*

On trouve dans l'ancien Palatinat une substance jaunâtre rayonnée avec du cuivre natif ; on l'avoit prise pour une zéolite, mais Haüy croit que c'est une prehnite ; elle est également pyroélectrique, et sa cristallisation est la même que celle de la prehnite.

De la Koupholite.

Koupholite de Picot Lapeyrouse.
Variété de Prehnite.

Couleur, incolore.
Transparence, 1000.
Eclat, 1000.
Pesanteur.
Dureté, 1100.
Fusibilité, 600.
Verre, bulleux, incolore.
Cassure, lamelleuse.
Molécule, indéterminée.
Forme, prisme rectangulaire aplati.

PREMIÈRE VARIÉTÉ. Prisme rectangulaire très-aplati ; il est tronqué le plus souvent sur ses angles.

Ces lames sont groupées de la manière la plus irrégulière.

Leur couleur est d'un blanc plus ou moins gris.

Elles sont demi-transparentes.

Leur dureté est assez grande pour rayer le verre.

Elles fondent à un assez léger degré de chaleur, et donnent un verre laiteux et bulleux.

On a trouvé cette substance auprès de Barrèges.

Vauquelin a retiré de la koupholite,

Silice............................ 48
Alumine.......................... 24
Chaux............................ 23
Perte............................ 1

La koupholite avoit été regardée d'abord comme une substance particulière ; mais Lelièvre en a trouvé des morceaux qui la rapprochent de la prehnite.

HUITIÈME ESPÈCE.

De la Laumonite.

Laumonite de Werner.

Zéolite efflorescente de Bretagne.

COULEUR, blanc.

TRANSPARENCE, 100.

ÉCLAT, 500.

DURETÉ, 1200.

FUSIBILITÉ, 1200.

VERRE, blanc.

CASSURE, lamelleuse.

MOLÉCULE, indéterminée.

FORME, octaèdre.

Première variété. Octaèdre.

IIème var. Cristallisation confuse.

Werner a donné à cette substance le nom de Gillet-Laumont, qui nous l'a fait connaître le premier, et l'a appelée *laumonite*.

Elle étoit connue auparavant sous les noms de zéolite efflorescente de Bretagne, parce qu'exposée à l'air, elle tombe en efflorescence.

Elle se trouve à Hulgoët en Bretagne.

Vogel en a retiré (1),

Silice.................................... 49
Alumine.................................. 22
Chaux 9
Acide carbonique........................ 2.50
Eau 17.50

NEUVIÈME ESPÈCE.

De la Mélilite (2).

Mélilite de Delamétherie.

Couleur, jaune de miel, rougeâtre quelquefois.
Transparence, 600.
Éclat, 500.
Dureté, 1200.
Fusibilité, 2000.
Verre, jaune foncé, transparent, sans bulles.
Cassure, vitreuse.
Molécule, indéterminée.
Forme, cube.

---

(1) *Journal de Physique*, tom. LXIX.
(2) *Théorie de la Terre*, tom. II, pag. 273.

Première variété. Cube.

IIème var. Le cube se change en prisme rectangulaire, devient octogone par la troncature de ses arêtes.

IIIème var. Cube avec une pyramide tétraèdre à faces triangulaires, ou

Octaèdre prismé.

a Octaèdre cunéiforme, ou prisme rhomboïdal, sommet dièdre.

IVème var. Prisme hexagone, pyramide tétraèdre.

C'est la variété précédente dont le prisme est devenu hexagone par la troncature des arêtes aiguës.

J'ai trouvé la mélilite sur une lave de *Capo di Bove*, que m'avoit donnée Dolomieu.

Sa couleur est non-seulement jaune de miel, mais jaune-vert et jaune-rouge orangé.

Dans l'acide nitrique, elle se dissout en partie et forme une gelée, mais la totalité de la pierre ne s'y dissout pas ; ce qu'a fait voir Fleuriau - Bellevue (*Journal de Physique*, tom. LI, pag. 455).

DIXIÈME ESPÈCE.

De l'Icthyophtalme.

Icthyophtalme de Dandrada (1).
Icthyophtalmit de Reuss.
Zéolite de Rinmann.
Apophyllite de Haüy.
Fischangenstein de Werner.

Couleur, blanc jaunâtre.
Transparence, 500.

------

(1) *Journal de Physique*, tom. LI, pag. 242.

ÉCLAT, 800.

PESANTEUR, 24900.

DURETÉ, 800.

FUSIBILITÉ, 3000.

VERRE, blanc.

CASSURE, lamelleuse.

MOLÉCULE, indéterminée.

FORME, prisme droit rectangulaire.

PREMIÈRE VARIÉTÉ. Prisme droit rectangulaire aplati.

IIème VAR. La variété précédente dont chacun des huit angles solides est remplacé par une facette trapézoïdale.

Chacune des deux faces larges du prisme devient octogone.

Chacune des quatre faces étroites devient hexagone.

Le cristal a quatorze facettes.

IIIème VAR. Prismes fins et déliés dont on ne peut déterminer la forme.

Cette substance se présente le plus souvent sous forme de lames aplaties.

Son éclat est assez vif et nacré.

Elle fait gelée lorsqu'on la dissout dans les acides.

Cette substance paroît avoir été prise par Rinmann pour une espèce de zéolite qui se trouve à Hellestadt en Suède.

L'icthyophtalme se trouve dans une mine de fer à Uton, province de Roslangen en Suède.

Sa couleur est d'un blanc nacré.

Sa cassure est lamelleuse, et elle s'exfolie facilement en petites écailles.

On la trouve ou avec de l'hornblende, du fer oxidé, ou avec du calcaire qui a quelque ressemblance avec le feldspath.

Rose

Rose en a retiré (1),

Silice. 55
Chaux. 25
Potasse. 2.25
Eau. 15

Fourcroy et Vauquelin en ont retiré (*Annales du Muséum*, 29ème cahier),

Silice 51
Chaux 28
Potasse. 4
Eau. 17

ONZIÈME ESPÈCE.

De la Pétalite.

Pétalite de Dandrada (2).

COULEUR, rougeâtre, grisâtre.
TRANSPARENCE, 100.
ECLAT, 400.
PESANTEUR, 26200.
DURETÉ, 1200.
CASSURE, lamelleuse.
MOLÉCULE, indéterminée.
FORME, indéterminée.

PREMIÈRE VARIÉTÉ. Cristallisation confuse.
Cette substance n'a point encore été trouvée cristallisée.

Elle se présente en masses, qui sont des réunions de pièces séparées, grenues, à gros grains.

---

(1) *Journal des mines*, n° CXXXVII, pag. 385.
(2) *Journal de Physique*, tom. LI, pag. 244.

2.

Sa texture est lamelleuse ; les lames sont petites et fortement entrelacées les unes dans les autres.

Elle raie le verre.

Elle fond très-difficilement.

Elle se trouve à Uton, à Sala et à Fingrufan, près de Niakoparberg en Suède.

On devroit peut-être classer ailleurs cette substance peu connue.

De la Chussite.

Chussite (1) de Saussure.

« La chussite, dit Saussure, se trouve dans les cellules
» d'un porphyre de Limbourg. Je la croirois d'une for-
» mation postérieure à celle du porphyre.

» Elle est d'un jaune de cire pâle, verdâtre et translu-
» cide. Lorsqu'elle ne remplit pas les trous, elle est mame-
» lonnée à leur surface intérieure. Sa cassure est parfaite-
» ment unie, un peu, mais très-peu luisante, d'un éclat
» un peu gras.

» Elle se casse facilement en fragmens assez tranchans;
» elle est un peu traitable, tendre, et se fond aisément en
» un émail translucide, d'un blanc jaunâtre, brillant à sa
» surface, contenant quelques bulles.... Elle se dissout
» avec effervescence dans les alkalis ; elle n'éprouve aucun
» changement sensible dans les acides....»

---

(1) Χυσις, *chusis, fusio*, parce que cette substance fond facilement.

De la Limbite.

Limbite (1) de Saussure.

« La limbite, dit-il, est de forme irrégulière, souvent
» anguleuse, de deux lignes au plus. Ses grains sont d'un
» brun ou jaune de miel plus ou moins foncé ; leur cas-
» sure est compacte, assez unie, tirant quelquefois sur la
» conchoïde, parfois aussi un peu écailleuse... ; elle se
» laisse aisément rayer en un jaune plus clair : sa dureté
» est un peu au-dessous de la demie. Cette substance se
» fond aisément en un émail noir, brillant, compacte.

» Les acides ne produisent sur elle aucun changement
» apparent. »

De la Sideroclepte (2).

« Cette substance, dit Saussure, est d'un vert jaunâtre ;
» elle se forme dans les pores de la lave en mamelons ar-
» rondis, les uns isolés et d'une ligne de diamètre au
» plus, les autres groupés en masse de quatre à cinq
» lignes ; ils paroissent quelquefois composés de couches
» concentriques. A l'extérieur, de même qu'à l'intérieur,
» cette substance est un peu brillante, d'un éclat un peu
» scintillant et décidément gras. Sa cassure est compacte
» et assez unie ; ses fragmens sont peu aigus ; elle est
» tendre et se laisse entamer à l'ongle.... Au chalumeau,
» sur la pointe du verre, elle paroît très-réfractaire, et
» refuse absolument de se fondre ; seulement elle devient
» d'un noir foncé très-brillant ; mais sur le support, elle
» commence par noircir, puis l'action du feu conti-

---

(1) Parce qu'elle se trouve dans la colline volcanique de Limbourg.

(2) Σιδηρος, *sideros*, fer ; Κλεπτω, *clepto*, je cache, parce que le fer
ou le principe colorant disparoît.

» nuée, la change en verre transparent sans couleur,
» où l'on distingue facilement quelques petites taches
» noires; c'est pourquoi je lui ai donné le nom de
» *sideroclepte*. »

La juste célébrité de Saussure m'engage à parler de
ces trois substances, la chussite, la limbite, la sideroclepte, qu'il a décrites (*Journal de Physique*, ann. 1774,
tom. II); cependant les naturalistes qui, depuis lui,
ont voyagé dans ces cantons, n'en ont rien dit.

TRENTE-QUATRIÈME LEÇON.

SEPTIÈME GENRE DES ALUMINO-SILICITES.

Des Schistes.

Je regarde le nom de *schistes* comme un nom de
genre, qui comprend plusieurs espèces minérales différentes.

Les minéralogistes donnent en général le nom de *schistes*
à des pierres formées par couches ou feuillets plus ou
moins épais.

Leur couleur est souvent noirâtre, quelquefois bleuâtre, verdâtre.

Leur dureté est en général peu considérable; quelques
schistes néanmoins font feu au briquet.

PREMIÈRE ESPÈCE.

Des Schistes siliceux.

Kiesel-schieffer de Werner.
Trapp-schwar-schorl des Suédois.
Lydienne. Variété.

Couleur, noire, de toutes couleurs.

Pesanteur, 2700 à 3000.

Dureté, 1500.

Fusibilité, 1000.

Verre, noirâtre, bulleux.

Cassure, grenue, terreuse, conchoïde.

Molécule, indéterminée.

Forme, indéterminée.

Le schiste siliceux, ou *kiesel-schieffer* de Werner, a une dureté assez grande pour donner des étincelles avec le briquet.

Il s'amollit difficilement sous le marteau.

Humecté par la respiration, il n'exhale point l'odeur terreuse.

Lorsqu'on le râcle, il donne une poussière d'un gris cendré.

Au toucher, il n'a ni le *sec*, ni l'*âpre* des pierres volcaniques.

Il fond assez facilement au chalumeau en verre noir.

Il agit le plus souvent sur l'aiguille aimantée.

Dans sa cassure, il présente un grain terreux et fin.

Mais en masse il est feuilleté, et se présente souvent en fragmens rhomboïdaux, comme des marches d'escalier, ou les échelons d'une échelle ; c'est pourquoi plusieurs minéralogistes suédois lui avoient donné le nom de TRAPP, qui, dans leur langue, signifie *escalier* ou *échelle* (1).

Wallerius (*Mineralogia*, tom. 1, pag. 375); il en parle encore (*ibid.*, pag. 433), à l'article de *Saxa cor-*

____

(1) *Nomen Suecanum* TRAPP, *hic lapis obtinuit à* SCALA. *Etenim secundum rimas et fissuras dum frangitur... faciem* SCALÆ *suscipit. Hinc corneus scallaris appellari posset.* Wallerius (*Minéralogie*, tome 1, page 378, 2e édition.)

nea, Saxum trapezium; il les définit, *Corneus durus particulis minimis terreis, in fragmenta cubica vel rhomboïdalia scissus.*

CORNEUS TRAPEZIUS.

Saxum impalpabile schistosum, subcalcareum, fragmentis rhombicis. Von. LINNÉE, 72.

Saxum compositum jaspide martiale molli, seu argilla martiali inducta. CRONSTEDT, 262.

Werner regarde également cette substance comme un schiste siliceux ou kiesel-schieffer. Je lui en ai fait voir dans ma collection, qu'il a nommé *kiesel-schieffer.*

Mais Werner n'a donné le nom de TRAPP à aucune substance particulière.

Il distingue seulement trois formations trappéennes de différentes roches.

a URTRAPP. Trapp primitif; tels sont les hornblendes compactes ou schisteuses, les grustein, les porphyres verts.

b UEBERGANGS-TRAPP. Trapp de transition; telles sont des roches argileuses, et les mandelstein ou amygdaloïdes.

FLOS-TRAPP. Les trapps stratiformes; tels sont les wackes et les basaltes. (Les basaltes ne sont pas, suivant lui, volcaniques.)

Bergman a donné le nom de *trapp* à des basaltes volcaniques.

D'autres minéralogistes ont donné le nom de *trapp* à des espèces de porphyres contenant des cristaux de feldspath très-petits, mais qui se divisoient en morceaux rhomboïdaux ou cubiques.

Le nom de *trapp*, en Minéralogie, a donc eu un grand nombre d'acceptions différentes : le trapp des uns n'est pas le trapp des autres; c'est pourquoi je ne m'en servirai plus. Je lui substitue celui de *lydienne* ou pierre de touche, dont il est une espèce.

J'ai décrit (*Journal de Physique*, juillet 1806, tome LXIII, pag. 65) une variété de ce schiste siliceux ou *trapp*, dans la montagne d'Ajou, proche Beaujeu. L'analyse en a été faite par deux élèves de Vauquelin, Cabal et Chevreuil (*ibid.*, pag. 68); ils en ont retiré,

Silice............................... 55
Alumine............................. 15
Chaux.............................. 0.05
Fer oxidé........................... 10
Manganèse, un atome.
Potasse............................. 8
Eau et matières volatiles............ 5
Charbon et perte.................... 8

On voit que, suivant cette analyse, cette substance contient de la potasse et du charbon.

a J'ai un morceau de trap fendillé qui vient de Bayreuth, dans les fentes duquel on apperçoit distinctement des petits feuillets d'antracite.

SECONDE ESPÈCE.

De la Lydienne.

Lapis lydius corneus - trapezius niger solidus.
Wallerius.
Pierre de touche.
Lydienne de Delamétherie (1).
Variété de kiesel-schieffer de Werner.

Couleur, noirâtre.

---

(1) *Théorie de la Terre*, tom. 11, pag. 384.

Transparence, o.

Eclat, 200.

Pesanteur, 27500.

Dureté, 1500.

Fusibilité, 1500.

Verre, noir.

Cassure, grenue.

Molécule, indéterminée.

Forme, indéterminée.

La lydienne doit être regardée comme une espèce de schiste siliceux dont le grain est fin et serré.

Sa couleur est d'un noir assez foncé.

Toute pierre qui n'est pas calcaire, qui a un grain fin, et dont la couleur est noirâtre, peut servir de pierre de touche. Un caillou, un jaspe, un petro-silex, un schiste, un basalte...., qui réunissent ces qualités, peuvent servir de pierre de touche.

Première variété. Mais la pierre de touche ordinaire est un *lapis corneus* de Wallerius, c'est-à-dire une espèce de schiste siliceux (kiesel-schieffer) noirâtre, traversé le plus souvent par des petits filons d'un quartz blanc.

IIème var. J'en ai une variété traversée par de petits feuillets d'anthracite.

Sa dureté est assez grande pour étinceler par le choc de l'acier.

TROISIÈME ESPÈCE.

Des Schistes argileux.

De la Cornéenne.

Corneus nitens de Wallerius.

Pierre de corne de Saussure.

Cornéenne de Delamétherie (1).

Thon-schieffer de Werner. Variété.

Schistes argileux.

COULEUR, grise, de toutes couleurs.

TRANSPARENCE, o.

ÉCLAT, 200.

PESANTEUR, 2800.

DURETÉ, 800.

ODEUR, terreuse par insufflation.

FUSIBILITÉ, 800.

VERRE, noirâtre.

CASSURE, terreuse, demi-conchoïde.

MOLÉCULE, indéterminée.

FORME, indéterminée.

PREMIÈRE VARIÉTÉ. Cristallisation confuse.

La cornéenne ne s'est pas encore présentée sous forme régulière ; sa cristallisation est toujours confuse.

Sa couleur est le plus souvent d'un gris noirâtre ou bleuâtre, mais il y en a de vertes, de rougeâtres....

Quelle que soit sa couleur, elle donne une poussière d'un gris-blanc lorsqu'on la râcle ou qu'on la raie avec un instrument tranchant.

Son éclat est terreux, mais assez vif ; c'est pourquoi Wallerius l'appelle *nitens*.

____

(1) *Théorie de la Terre*, tom. ii, pag. 377.

Elle n'a aucune translucidité, pas même sur ses bords.

Sa pesanteur va de 26 à 28.

Elle fond assez facilement à la flamme du chalumeau.

Son verre est d'un noir grisâtre, un peu bulleux.

Sa cassure en grand est feuilletée et trapézoïdale.

Mais chaque morceau a une cassure terreuse, demi-conchoïde.

Lorsqu'on l'humecte par la respiration, elle exhale une odeur terreuse.

Saussure a analysé une cornéenne à grains fins trouvée au pied de l'aiguille du Midi : humectée par la respiration, elle exhaloit l'odeur terreuse ; rayée avec une pointe d'acier, la raie étoit blanche. (*Voyages*, § 725.) Il en a retiré,

> Silice. 51
> Alumine. 16.06
> Chaux carbonatée. 8.04
> Magnésie carbonatée. 3
> Fer oxidé 12
> Eau, air et perte. 9

Les minéralogistes ne sont point d'accord sur la nature de la pierre que Wallerius appelle *lapis corneus*, *pierre de corne* de Saussure, et que j'ai nommée *cornéenne*.

Je suis ici la division et la nomenclature de Wallerius. La cornéenne est, suivant cette acception, un schiste argileux tendre, une variété de *thon-schieffer* de Werner.

Quelques minéralogistes ont donné le nom de cornéenne à une variété de porphyre d'un gris plus ou moins foncé, à cassure en escalier, et qui contient des cristaux très-petits de feldspath ; mais il faut la laisser parmi les porphyres.

Sampayo a donné l'analyse d'une véritable cornéenne d'Ajou que je lui avois remise ; il en a retiré,

Silice.

Alumine.

Chaux.

Potasse.

Charbon.

Fer oxidé.

Ce sont à peu près les mêmes principes que ceux de la lydienne ou kiesel-schieffer, dont elle ne paroît différer que parce qu'elle est moins dure.

Schieffer-thon, argile endurcie.

Werner a donné le nom de *schieffer-thon*, argile schisteuse, à une argile endurcie ; elle ne paroît différer du *thon-schieffer* que parce qu'elle a encore moins de dureté.

Pierres qu'on a confondues avec la Cornéenne.

a La wacke. Quelques minéralogistes ont placé parmi les cornéennes les substances que Werner appelle *wacke ;* mais je pense que la wacke doit être placée avec les *tephrines*, comme nous l'avons vu précédemment.

b Le grunstein. Wallerius lui-même a nommé *corneus spathosus*, pierre de corne, une roche dont la base est de hornblende ; elle s'amollit sous le marteau, et se casse difficilement. C'est une espèce de *grunstein* de Werner, absolument différent du *lapis corneus*, qui se brise facilement, et qui ne contient point de hornblende.

Le grunstein de Werner est un porphyre composé de hornblende et de petits cristaux de feldspath.)

Enfin la cornéenne est un *thon - schieffer* ou *pierre argileuse.*

c Le hornstein ou *kéralite.* Le hornstein ou pierre de corne, *kéralite,* a été confondu avec le *lapis corneus* par Cronstedt lui-même ; mais nous avons prouvé que ce sont deux substances différentes. Le kéralite est une espèce de quartz qui contient beaucoup de silice et peu d'alumine.

La cornéenne contient plus d'alumine, moins de silice ; de la potasse et du charbon, et point de magnésie.

d L'hornblende. On confond souvent la cornéenne avec les pierres hornblendiques, mais leurs principes sont absolument différens.

Les hornblendes contiennent de la magnésie 6, chaux 10, alumine 8, silice 45, fer oxidé 22 ; principes bien différens de ceux de la cornéenne, qui ne contient point de magnésie.

La cassure de la cornéenne est unie, demi-conchoïde.

Celle de l'hornblende est en lames séparées.

Ces deux substances sont donc absolument différentes.

QUATRIÈME ESPÈCE.

Polizonite, schiste rubané, à zónes différentes.

Polizonite de Delamétherie (1).

Polizonias de Wallerius.

Corneus rigidus non nitens, corneus fissilis. **Wallerius.**

Kiesel-schieffer de **Werner. Variété.**

Brand-jaspis de **Werner.**

Schiste jaspoïde.

---

(1) *Tableau des substances minérales (Journal de Physique).*

Couleur, noirâtre, grisâtre, verdâtre.

Eclat, 400.

Transparence, 0.

Pesanteur, 27000.

Dureté, 1500.

Fusibilité, 1500.

Verre, noirâtre, grisâtre.

Cassure, terreuse, feuilletée.

Molécule, indéterminée.

Forme, indéterminée.

Ces schistes ont pour caractères particuliers des feuillets ou zônes de différentes couleurs; ils sont très-abondans dans le règne minéral ; ils contiennent une quantité assez considérable de silice.

Leur couleur varie : il en est de bruns, de couleur ardoisée, de rougeâtres, de jaunes, de blanchâtres ; enfin quelques-uns sont rubanés.

Leur dureté en général est assez considérable pour rayer le verre, et même pour étinceler par le choc de l'acier.

Première variété. Schiste rubané. *Polyzonias* de Wallerius.

La pierre qu'on appelle *jaspe rubané de Sibérie* est un schiste de cette nature : ses couleurs sont vives ; elles reçoivent un beau poli à cause de la dureté de ce schiste qui est considérable.

Plusieurs minéralogistes ont donné à cette substance le nom de *jaspe ;* mais elle en diffère entièrement, et par sa nature, et par son gisement.

IIème VAR. J'ai trouvé dans la montagne d'Ajou des schistes rubanés comme ceux de Sibérie, mais ils sont moins durs, et ne peuvent par conséquent recevoir le même poli et acquérir le même éclat.

CINQUIÈME ESPÈCE.

Des Cos.

Schistus coticula. Wallerius.
Schistes à aiguiser.
Weststein des Allemands.
West-schieffer de Werner.

COULEUR, noirâtre, gris, blanc jaunâtre.

ECLAT, 1000.

PESANTEUR, 2700 à 3000.

DURETÉ, 1200.

FUSIBILITÉ, 1800.

VERRE, noirâtre, grisâtre, bulleux.

CASSURE, terreuse.

MOLÉCULE, indéterminée.

FORME, indéterminée.

Les cos sont des espèces de schistes dont le grain est plus ou moins fin, et dont on se sert pour aiguiser les instrumens tranchans.

Ces schistes contiennent une quantité plus ou moins considérable de silice mélangée avec l'alumine; quelques-uns contiennent de la magnésie, ce qui leur donne un coup-d'œil gras et stéatiteux.

Leur couleur en général est d'un gris brun ou noirâtre; plusieurs ont des couches de différentes couleurs, dont quelques-unes sont blanchâtres et les autres noirâtres.

Ils sont sans translucidité.

Leur pesanteur varie depuis 27 jusqu'à 3000. Chez ceux qui sont à couches blanches et noires, elle va jusqu'à 3100.

Leur dureté n'est pas ordinairement assez considérable pour étinceler par le choc de l'acier.

Leur cassure en masse est feuilletée, mais celle de chaque morceau en particulier est terreuse.

PREMIÈRE VARIÉTÉ. Pierres à rasoir.

Les cos les plus fins servent à aiguiser les rasoirs et autres instrumens dont le tranchant est fin.

Le grain de ces pierres doit être très-fin, et pour que l'instrument coule plus facilement sur sa surface et que le frottement soit plus doux, on l'humecte avec un peu d'huile.

Ces cos sont formés le plus souvent de couches de différentes couleurs.

SIXIÈME ESPÈCE.

Du Leianite.

Leianite de Delamétherie (1).
Polier-schieffer de Werner.
Schiste à polir.

COULEUR, grisâtre, blanchâtre.
ECLAT, 1000.
PESANTEUR, 27000 à 28000.
DURETÉ, 1500.

---

(1) Λειαίνω, polir. (*Tableau des substances minérales.*)

Fusibilité, 1500.

Verre, noirâtre.

C   erreuse.

Mollesse, indéterminée.

Forme, indéterminée.

Les pierres à polir sont des espèces de schistes dont le grain est plus ou moins fin.

Leur couleur varie depuis le gris noirâtre jusqu'au blanc sale ; il peut y en avoir d'autres couleurs.

Ils n'ont point de translucidité.

Leur pesanteur est de 27500.

Leur dureté est rarement assez considérable pour étinceler par le choc de l'acier.

Leur cassure en grand est feuilletée, et celle des morceaux particuliers est terreuse.

Le grain en est plus ou moins fin.

On se sert pour donner le premier poli, de celles qui ont le grain plus grossier, et pour donner le dernier poli, de celles qui ont le grain plus fin.

On emploie quelquefois la sanguine.

Première variété. *Pierres à faux.*

Les pierres avec lesquelles on aiguise les faux sont des variétés de schistes siliceux dont le grain est grossier et approche de celui de certains grès.

IIème var. *Pierres à polir.*

On a dans le commerce des pierres à polir les métaux ; ce sont des schistes de différentes couleurs, le plus souvent grise, et dont le grain est plus ou moins fin.

IIIème var. *Schiste à polir* de Ménilmontant.

    Polier-schieffer de Klaproth.

    Kleb-schieffer de Werner.

Klaproth

Klaproth appelle de ce nom le schiste dans lequel se trouvent les ménilites de Ménilmontant.

Il est léger ; sa pesanteur ne va qu'à 2080.

Sa couleur est blanchâtre.

Plongé dans l'eau, il l'absorbe, et il y a dégagement d'air.

Pulvérisé et calciné au rouge, il perd un dix-neuvième de son poids.

Exposé à la flamme du chalumeau, il fond en verre scoriforme noirâtre.

Klaproth en a retiré (*Journal de Physique*, tom. LXXI, pag. 414),

Silice. 62.50
Chaux 8
Fer oxidé 4
Charbon 0.75
Alumine 0.50
Eau et gaz dégagés 22

IVème VAR. *Tripoli.*

Le tripoli est un schiste à polir qui a éprouvé l'action du feu, et dont nous parlerons ailleurs.

SEPTIÈME ESPÈCE.

Schiste tégulaire.

Des Ardoises.

Schistus tegularis de Wallerius.
Thon-schieffer de Werner. Variété.
Ardesia imperati.
Ardoise.

COULEUR, d'un gris bleuâtre.
ECLAT, 500.

Pesanteur, 27000 à 29000.

Dureté, 700.

Fusibilité, 2500.

Verre, noirâtre, bulleux.

Cassure, terreuse.

Molécule, indéterminée.

Forme, indéterminée.

Les ardoises sont des schistes qui peuvent se diviser en feuillets extrêmement minces.

Leur couleur est en général d'un gris bleuâtre.

Elles contiennent le plus souvent des pyrites.

Les qualités de la bonne ardoise sont de ne point se laisser pénétrer par l'eau.

Première variété. Ardoise fine.

On appelle ainsi les ardoises qui se débitent en feuillets extrêmement minces ; leur dureté est assez grande ; elles sont sonores.

IIème var. Ardoise de seconde qualité.

Celle-ci se divise en feuillets qui ont plus d'épaisseur.

IIIème var. Ardoise de troisième qualité.

Celle-ci ne se divise qu'en feuillets très-épais.

IVème var. Ardoise tendre.

Celle-ci n'a point assez de solidité, l'eau la pénètre.

Vème var. Ardoise poreuse.

Celle-ci n'a pas assez de compacité, elle se laisse pénétrer par l'eau.

Les ardoises forment de grandes masses.

Il s'en trouve dans les terrains primitifs.

Les ardoisières d'Angers sont dans les terrains secondaires, puisqu'on y trouve des impressions d'animaux.

Kirwan a retiré d'une espèce d'ardoise qu'il appelle *kilas*,

Silice. 65
Alumine. 25
Magnésie. 9
Fer oxidé. 6

Il a retiré d'une ardoise secondaire,

Silice. 46
Alumine 26
Magnésie 8
Chaux. 4
Fer oxidé. 14

D'Aubuisson a donné une analyse de l'ardoise d'An-gers, dont il a retiré (1),

Silice. 48.06
Alumine 33.05
Magnésie. 1.06
Manganèse 0.05
Fer. 11.03
Potasse. 4.05
Carbone. 0.03
Soufre 0.01
Eau et matières volatiles. 7.06

Cette analyse s'approche beaucoup de celle de la ly-dienne. Le soufre est dû à des pyrites.

---

(1) *Journal de Physique*, tom. LXVIII, pag. 421.

HUITIÈME ESPÈCE.

Du Diagraphite.

Diagraphite de Delamétherie (1).
Zeichen-schieffer de Werner.
Schistus carbonarius. Wallerius.
Schiste charbonneux à dessiner.
Crayon d'Italie.

COULEUR, noire.

ECLAT, terreux.

PESANTEUR, 2600.

DURETÉ, 600.

FUSIBILITÉ, 1500.

VERRE, bulleux, noirâtre.

CASSURE, terreuse.

MOLÉCULE, indéterminée.

FORME, indéterminée.

Le diagraphite est un schiste particulier dont on se sert pour faire des crayons, nommés mal-à-propos crayons d'Italie, puisqu'on en trouve en Espagne et ailleurs.

Sa couleur est d'un assez beau noir.
Il a peu de dureté.

PREMIÈRE VARIÉTÉ. Schiste à dessiner, ou diagraphite de Ludwugstadt dans le margraviat de Bayreuth.

----

(1) *Tableau des Minéraux.* Propre à dessiner.

Wiegleb en a retiré,

Silice. 64
Alumine 11.15
Charbon 11
Fer oxidé. 2.75
Eau 7.50
Perte 3.50

IIème var. Diagraphite d'Espagne.

Cette variété se trouve en Espagne ; elle est d'un beau noir : les morceaux sont traversés par de petits filons d'une belle amianthe soyeuse.

Proust en a retiré,

Silice.
Alumine.
Charbon. 6

On voit que cette variété de schiste est colorée par le charbon ; c'est pourquoi Wallerius l'appelle *Schistus carbonarius.*

NEUVIÈME ESPÈCE.

Du Melanterite.

Melanterite de Delamétherie (1).
Crayon noir ferrugineux.
Zeichen-schieffer de Werner. Variété.
Schiste noir ferrugineux à dessiner.
Schistus scripturá atrá, ater inquinans. Linnée.
Schistus pictorius NIGRICA. Wallerius.

COULEUR, noirâtre.
ECLAT, terne.
PESANTEUR, 28000.
DURETÉ, 500.

______

(1) *Tableau des substances minérales.*

Fusibilité, 1200.

Verre, noirâtre.

Cassure, terreuse.

Molécule, indéterminée.

Forme, indéterminée.

Le melanterite diffère du diagraphite en ce qu'il est coloré par des oxides de fer. Lorsqu'on le met sur la langue, il est stiptique, sensation produite par du fer sulfaté.

On peut donc supposer que des pyrites contenues dans des schistes se décomposent, forment du fer sulfaté qui est précipité en noir par des portions astringentes.

DIXIÈME ESPÈCE.

Des Schistes alumineux.

Alaunites.

Alaunites de Delamétherie.

Schistes alumineux.

Alaun-schieffer de Werner.

Couleur, noir-brun.

Eclat, 400.

Pesanteur, 2700.

Dureté, 2100.

Fusibilité, 1200.

Verre, noir.

Cassure, terreuse, feuilletée.

Molécule, indéterminée.

Forme, indéterminée.

Ces schistes sont formés des mêmes principes que les autres schistes; mais ils contiennent du soufre, ou des portions d'acide sulfurique provenant de la décomposition des pyrites. Cet acide se combinant avec l'alumine, forme de l'alun.

Mais la plupart de ces schistes contenant de la potasse, on obtient de l'alun cristallisé.

Si le schiste ne contient point de potasse, ou au moins n'en contient pas une quantité suffisante, il faut ajouter à la dissolution, des cendres ou de la potasse, ou des eaux des lessives.

Klaproth a analysé un schiste alumineux terreux de Freyenwalde dans le Brandebourg. Il croit que ce minéral ne contient pas d'acide sulfurique, mais du soufre; il n'est pas combiné avec du fer, sous forme de pyrite, mais avec du carbone pur, et non avec de la houille, puisqu'à la distillation on n'en retire point d'huile.

Mille parties de ce schiste lui ont donné (*Journal de Physique*, tom. LXXI, pag. 412),

Soufre 28.05
Carbone 136.05
Alumine 160
Silice 400
Fer noir oxidé et manganèse 64
Fer sulfaté 18
Magnésie 2.05
Sulfate de potasse 15.05
Muriate de potasse 5
Eau 107.05

PREMIÈRE ESPÈCE.

Des Schistes bitumineux.

Bituminolites.

Bituminolites de Delamétherie.
Schistes bitumineux.
Brand-schieffer de Werner.

Couleur, noire.

Éclat, 100.

Pesanteur, 27000.

Dureté, 500.

Électricité, anélectrique.

Fusibilité, 1300.

Verre, noir.

Cassure, terreuse, feuilletée.

Molécule, indéterminée.

Forme, indéterminée.

Dans toutes les mines de houille on trouve de ces schistes, plus ou moins imprégnés de bitume, qui séparent les différentes couches de houille, et qui souvent sont chargés d'impressions de plantes, de poissons...

Hatchett a retiré d'un de ces schistes d'Islande,

Silice..................................... 49
Alumine.................................. 7.05
Fer oxidé 3
Charbon.................................. 27
Bitume................................... 3.05
Gaz hydrogène carboné 12

Klaproth a analysé deux cents grains d'un schiste bitumineux de Wologda. (*Journal de Physique*, tom. LXXI, pag. 447.) Il en a retiré,

Gaz hydrogène sulfuré, 80 pouces cubes.
Huile empyreumatique............... 30 grains.
Huile épaisse comme la poix........ 5
Eau ammoniacale.................... 4
Charbon.................................. 20
Silice..................................... 87.50

Alumine 6.50
Chaux 10.50
Magnésie. 1
Fer oxidé 3

Observations sur les schistes.

On a donné le nom général de *schistes* à toutes les pierres composées de plusieurs couches visibles plus ou moins épaisses. On a par conséquent,

Des quartz schisteux,
Des calcaires schisteux,
Des gypses schisteux,
Des argiles schisteuses.

Néanmoins les minéralogistes n'appellent ordinairement *schistes* que les pierres que nous venons de classer dans le genre des schisto-silicites;

Et je donne le nom de feuilletées aux autres pierres.

On place assez généralement dans les méthodes minéralogiques, les schistes parmi les pierres argileuses; mais nous venons de voir que, comme les argiles, elles contiennent beaucoup plus de silice que d'alumine; c'est pourquoi je les ai classées parmi les pierres quartzeuses, sous le nom d'*alumino-silicites*.

J'ai divisé ces schisto-silicites en différentes espèces, à raison des divers principes dont ils sont composés.

Les schistes doivent être considérés en raison des terrains dans lesquels ils se trouvent.

Schistes primitifs,
Schistes de transition,
Schistes secondaires.

Les personnes qui ne cherchent dans les minéraux que

des formes cristallines, trouveront sans doute trop longues ces descriptions de schistes ; mais le minéralogiste qui veut connoître les substances qui entrent dans le règne minéral. verra avec intérêt la description de ces substances qui y sont si abondantes, et n'y sont point des appendices.

TRENTE - CINQUIÈME LEÇON.

PREMIER GENRE.

Des Magnesio-silicites, ou des Smectites.

Dans ce genre de pierres magnesio-silicites, la magnésie n'est pas très-abondante; néanmoins elle imprime à ces pierres un caractère particulier, le gras, l'onctueux.....: c'est pourquoi je leur ai donné le nom de *smectites.*

PREMIÈRE ESPECE.

Du Mica.

Skimmer des Suédois.
Glimmer des Allemands.
Mica-glimmer des Anglais.
Mica.

COULEUR, incolore, de toutes couleurs.
TRANSPARENCE, 1500.
RÉFRACTION, double.
ECLAT, 1200.
PESANTEUR, 27100.
DURETÉ, 3000.
ELECTRICITÉ.
CASSURE, lamelleuse.
MOLÉCULE, rhomboïdale supposée.
FORME, prisme rhomboïdal aplati.

PREMIÈRE VARIÉTÉ. Prisme rhomboïdal droit, très-court, ou en lames.

Angle obtus . . . . 120°
Angle aigu . . . . 60°

IIème VAR. Prisme hexagone droit, très-court, formé par la réunion de trois rhombes de la variété précédente.

J'ai un beau cristal de mica noir, dans lequel on voit les trois rhombes primitifs réunis pour former le prisme hexagone.

a L'hexagone présente souvent deux côtés plus alongés que les autres, ce qui change en apparence la forme du cristal.

IIIème VAR. Deux prismes hexagones joints base à base, et diminuant de volume vers leurs extrémités.

Cette jolie variété de mica est formée de lames hexagones qui, en se rétrécissant, prennent la forme de deux pyramides hexaèdres, jointes base à base et tronquées à leur sommet.

IVème VAR. Mica herborisé.

On trouve dans les Pyrénées du mica stéatiteux cristallisé en forme d'arbrisseau, dans une roche feldspathique.

Vème VAR. Mica testacé à lames conchoïdes.

Le mica est cristallisé quelquefois, comme l'arsenic testacé, en lames conchoïdes très-brillantes.

Le mica est une des pierres les plus répandues dans le règne minéral, puisqu'il est un des principaux élémens des granits, des gneis....

Cette pierre est la plus flexible que nous connoissons.

Elle a assez d'élasticité pour reprendre sa première position lorsqu'on l'a un peu pliée.

Elle se divise en feuillets de la plus grande finesse. Dans les montagnes du côté de Moscou, il est en très-grandes lames ; on le délite pour s'en servir comme des vitres dans ces lieux, et principalement pour les vaisseaux.

Le mica varie par la couleur.

1ère *var.* Mica jaune ; c'est le plus commun.

2ème *var.* Mica argentin.

3ème *var.* Mica noir, très-commun dans les granits, les gneis.....

4ème *var.* Vert ; on en trouve dans les éjections du Vésuve et ailleurs.

5ème *var.* Mica incolore. Il y a du mica qui est absolument sans couleur et très-transparent.

6ème *var.* Mica stéatiteux. Le mica paroît quelquefois passer à l'état stéatiteux.

J'ai un prisme hexagone de mica stéatiteux très-régulier.

Klaproth a retiré d'un mica commun de Zinwalde (1),

Silice...........................	0.47
Alumine........................	0.20
Fer oxidé......................	15.50
Manganèse oxidé...............	1.75
Potasse.........................	14.50

Le mica en grandes lames, verre de Moscovie, lui a donné,

Silice...........................	48
Alumine........................	34.25
Fer oxidé......................	4.50
Manganèse oxidé...............	0.50
Potasse.........................	8.75
Déchet par le grillage.........	1.25

____

(1) *Journal de Physique*, tom. LXXI, pag. 441.

Le mica noir de Sibérie lui a donné,

Silice. 42.50
Alumine. 11.50
Magnésie 9
Fer oxidé 22
Manganèse oxidé. 2
Potasse. 10
Perte au feu. 1

SECONDE ESPÈCE.

De la Chlorite.

Terre verte.

COULEUR, verte, noirâtre, blanchâtre.

TRANSPARENCE, 200.

ECLAT, 500.

DURETÉ, 400.

ELECTRICITÉ, anélectrique.

FUSIBILITÉ, 1500.

VERRE, bulleux, noirâtre.

CASSURE, écailleuse.

MOLÉCULE, rhomboïdale supposée indéterminée.

FORME, prisme hexagone.

PREMIÈRE VARIÉTÉ. Prisme hexagone.

La chlorite se présente quelquefois sous cette forme.

IIème VAR. Chlorite verte en masse.

IIIème VAR. Chlorite pulvérulente.

La chlorite verte pulvérulente a donné à Vauquelin (1),

---

(1) *Bulletin Philomatique*, n° 13.
    Annales du Muséum, cahier L, pag. 86.

Silice.........................	26
Alumine.......................	51.80
Magnésie......................	8
Fer oxidé.....................	43
Potasse muriatée.............	2
Eau..........................	2
Perte........................	1

Cette quantité de fer que contient la chlorite prouve que c'est une espèce absolument différente du mica.

Nous avons déjà dit que Karsten classe la chlorite parmi les mines de fer, à cause de la quantité qu'elle en contient.

La cristallisation de la chlorite en lames hexaèdres est une nouvelle preuve que la forme des minéraux est insuffisante pour les classer.

De la Chlorite blanche.

Nacrite de Brogniard (1).

COULEUR, blanc nacré.

TRANSPARENCE, 100.

ECLAT, 500.

DURETÉ, 2500.

ELECTRICITÉ, anélectrique.

CASSURE, grenue.

MOLÉCULE, indéterminée.

FORME, indéterminée.

PREMIÈRE VARIÉTÉ. Cristallisation confuse, écailleuse.

Cette substance se présente toujours sous forme écailleuse.

Sa couleur est blanchâtre.

Son éclat est nacré.

Elle a peu de dureté.

---

(1) Nacrite de Brogniard. (*Minéralogie.*)

Vauquelin a analysé cette substance et en a retiré (1),

Silice............................ 56

Alumine.......................... 18

Chaux............................ 2

Fer oxidé et manganèse............. 4

Eau............................. 6

Potasse.......................... 8

Perte............................ 5

TROISIÈME ESPÈCE.

De la Lépidolite.

Lépidolite de Klaproth.

Lilialite de Klaproth.

COULEUR, violet.

ECLAT, 400.

PESANTEUR, 2816.

DURETÉ, 800.

FUSIBILITÉ, 600.

VERRE, demi-transparent, blanc, bulleux.

CASSURE, écailleuse.

MOLÉCULE, indéterminée.

FORME, indéterminée.

PREMIÈRE VARIÉTÉ. Cristallisation confuse.

Cette substance n'a encore présenté jusqu'ici aucune forme régulière; on l'a toujours trouvée en masse.

Elle paroît composée de petites écailles micacées qui sont la substance elle-même.

---

(1) *Bulletin de la Société Philomatique*, nivose an 9.

Elle est translucide sur les bords.

Sa couleur est d'un beau violet.

Polie, elle a un assez grand éclat.

La lépidolite a d'abord été trouvée à Rosena en Moravie, dans une roche de gneis, composée de feldspath, de mica et de quartz : cette roche contient de la tourmaline et de l'ocre ferrugineuse. Cette découverte est due à l'abbé Poda.

Mais depuis ce temps, Lelièvre l'a trouvée dans le Limousin, auprès du filon où sont les émeraudes.

On la trouve aussi en Suède.

Klaproth a retiré de la lépidolite (tom. ii, pag. 195),

Silice............................... 54.50
Alumine 38.25
Fer et manganèse oxidés............. 0.75
Potasse............................. 4
Perte............................... 2.05

Vauquelin en a retiré (*Bull. Phil.*, n° 24.

Silice............................... 54
Alumine 20
Fluate calcaire 4
Fer oxidé........................... 1
Manganèse oxidé.................... 3
Potasse............................. 18

QUATRIÈME ESPÈCE.

Du Talc.

Talc.

Couleur, de toutes couleurs.

Transparence, 1000.

Eclat, 500.

Pesanteur

Pesanteur, 26100.

Dureté, 550.

Électricité, anélectrique.

Fusibilité, 2000.

Verre, bulleux.

Cassure, lamelleuse, feuilletée.

Molécule, rhomboïdale supposée.

Forme, prisme hexagone droit.

Première variété. Prisme hexaèdre droit, court.

IIème var. Cristallisation confuse.

Le talc se présente ordinairement en lames réunies confusément.

Sa couleur est verdâtre, jaunâtre, blanchâtre.

Son éclat est foible.

Son coup-d'œil est gras.

Il a une demi-transparence.

Il transmet l'électricité.

Exposé au feu du chalumeau, il fond assez difficilement.

Son verre est bulleux.

Sa cassure est feuilletée.

On peut supposer que sa molécule est rhomboïdale ; mais ce rhombe est peut-être composé de molécules triangulaires.

Il y a plusieurs variétés de talc.

1ère *var.* Talc blanc, écailleux, dit *talc de Venise.*

Il s'en trouve au Zillerthal dans le Tyrol.

C'est avec le talc blanc qu'on prépare le blanc pour la toilette des femmes.

On le colore avec des sucs végétaux ou animaux pour faire le rouge.

2ème *var.* Talc écailleux, verdâtre.

Ce talc qui se trouve au Saint-Gothard et ailleurs, a beaucoup d'éclat; cet éclat est nacré. Sa couleur est d'un vert tendre très-agréable.

3ème *var.* Craie de Briançon.

C'est un talc qui se divise difficilement; il sert aux tailleurs pour tracer des lignes sur les étoffes.

4ème *var.* Talc strié.

Il se présente comme des prismes striés ou en rayons divergens.

5ème *var.* Talc schisteux, *takel schieffer.*

6ème *var.* Talc pulvérulent.

Il est friable, et se trouve en petites masses.

On en trouve à Sylon en Piémont, à Meronitz en Bohême, aux environs de Freyberg.

Klaproth vient de retirer du talc lamelleux du Saint-Gothard (*Journal de Physique*, tom. LXXI, pag. 441),

Silice.	62
Magnésie	30.50
Fer oxidé.	2.50
Potasse.	2.75
Perte au feu.	0.50

CINQUIÈME ESPÈCE.

Du Talcite.

Talcite de Delamétherie.

Couleur , blanc argentin.

Transparence , 100.

Éclat , 1000.

Pesanteur , 27200.

Dureté , 800.

Cassure, feuilletée.

Molécule, indéterminée.

Forme, indéterminée.

Je donne le nom de *talcite* à une substance talqueuse d'un beau blanc argentin qui se trouve au Saint-Gothard et dans le Tyrol.

Son tissu est feuilleté.

Sa molécule ne plie point, mais est cassante.

L'analyse n'en a point été faite.

SIXIÈME ESPÈCE.

De la Stéatite.

Stéatite.

Speckstein des Allemands, des Suédois.

Seifenstein de Klaproth.

Couleur, de toutes couleurs.

Transparence, 200.

Éclat, 5oo.

Pesanteur, 26141.

Dureté, 5oo.

Électricité, anélectrique.

Cassure, grasse.

Molécule, indéterminée.

Forme, dodécaèdre à plans triangulaires.

Première variété. Dodécaèdre à plans triangulaires.

IIème var. Prisme hexagone régulier.

Pyramide hexaèdre à faces triangulaires.

Ces cristaux se trouvent dans la masse des stéatites compactes.

IIIème var. Cristallisation confuse.

La stéatite se présente ordinairement en masses compactes. En cassant ces masses, on trouve dans quelques-unes la molécule rhomboïdale et les cristaux de la variété première. On avoit cru que ces cristaux s'étoient moulés sur d'autres ; mais la forme régulière de la molécule, et le lieu où on la trouve dans la masse même de la pierre, ne permettent pas d'adopter cette opinion.

La couleur de la stéatite varie.

Son aspect est gras et onctueux.

Elle est douce au toucher.

Elle a une espèce de translucidité.

Elle transmet faiblement l'électricité.

Exposée à la flamme du chalumeau, elle ne fond qu'à un assez haut degré de chaleur.

Son verre est bulleux.

Il y a un assez grand nombre de variétés de stéatites.

Première variété. Stéatite de Bareuth.

Elle est blanchâtre, et quelquefois jaunâtre.

IIème var. Stéatite du Cap-Lizard en Cornouailles.

Elle est très-blanche.

IIIème var. Stéatite du mont Rammazzo.

Klaproth a donné l'analyse de deux variétés de stéatite. Celle de Bareuth lui a donné (tom. II, pag. 179),

Silice.............................. 59.5
Magnésie........................... 30.5
Fer oxidé.......................... 2.5
Eau 5.5

Mais il a retiré du seifenstein de Cornouailles (espèce de stéatite) [*Journal de Physique*, t. LXI, p. 439), (*ibid.* pag. 183),

Silice......................... 45
Magnésie...................... 24.75
Alumine 9.25
Fer oxidé 1
Kali ou potasse................ 0.75
Eau 18

Une stéatite verte du mont Rammazzo dans les Appennins de la Ligurie, et dont Ansaldo retire du sulfure de magnésie, parce qu'elle contient beaucoup de pyrites, a été analysée par Vauquelin qui en a retiré (1),

Silice......................... 44
Magnésie...................... 44
Alumine 2
Fer oxidé au *minimum*............ 37
Manganèse oxidé................. 1.5
Chrome oxidé.................... 2
Chaux et acide muriatique, quantités
　　inappréciables.

SEPTIÈME ESPÈCE.

De la Koreite de la Chine.

Koreite de Delamétherie.
Pierres de lard. Lardites. Waller.
Agal matolite de Werner.
Bildstein de Klaproth.
Pagodite de Napione.

COULEUR, de toutes couleurs.
TRANSPARENCE, 200.
ECLAT, 500.

---

(1) *Annales du Muséum*, cahier XLIX, pag. 1.

Pesanteur, 26000.

Dureté, 600.

Électricité, anélectrique.

Cassure, grenue.

Molécule, indéterminée.

Forme, indéterminée.

Première variété. Cristallisation confuse.

La koreite ou pierres de lard cristallise ordinairement confusément, et n'affecte point de forme régulière.

Elle a tous les caractères extérieurs de la stéatite.

Vauquelin en a retiré,

Silice.. 56

Alumine... 29

Chaux... 2

Fer.. 1

Eau... 5

Potasse... 7.

Klaproth a retiré de l'agal matolite de Nagyag (*Journal de Physique*, tom. LXXI, pag. 439),

Silice.............................. 54.50

Alumine........................... 34

Fer oxidé........................... 0.75

Kali ou potasse..................... 6.25

Eau................................ 4

La pierre de lard de la Chine varie pour les couleurs.

a La plus commune est d'un jaune pâle. Elle a l'aspect très-gras.

b La rougeâtre. Il en est une autre espèce qui est d'un très-beau rouge.

c La brunâtre. Celle-ci est d'un brun foncé.

Observations sur les Smectites.

On voit que toutes ces pierres contiennent de la potasse et de la magnésie.

Elles ont le *facies* gras, onctueux.

TRENTE-SIXIÈME LEÇON.

SECOND GENRE. DES MAGNESIO-SILICITES.

Serpentines.

PREMIÈRE ESPÈCE.

De la Serpentine.

Serpentine.
Serpentiner marmor des Suédois.
Serpentin-stein.
Gabbro des Italiens.

Couleur, d'un vert plus ou moins foncé, tacheté.
Eclat, 600.
Pesanteur, 2350o à 2700.
Dureté, 700.
Fusibilité, 8000.
Verre, noir.
Cassure, grenue.
Molécule, indéterminée.
Forme, indéterminée.

Cette pierre ne cristallise jamais.
Sa couleur est toujours mélangée. Elle varie beaucoup, mais en général le fond est d'un vert plus ou moins clair, plus ou moins foncé. Ce fond est parsemé de différentes

taches, qui sont ordinairement d'une couleur différente de celle du fond, quelquefois rougeâtres, brunâtres, jaunâtres, ou d'un blanc plus ou moins gris.

Ce sont ces taches qui lui ont fait donner le nom de *serpentine*, par la ressemblance qu'elles ont avec la serpent.

Ces couleurs sont dues aux oxides de fer, qui y sont souvent à l'état d'oxide noir, verdâtre...., et agissant sur l'aiguille aimantée; aussi la plus grande partie des serpentines fait mouvoir cette aiguille. Dans quelques serpentines on apperçoit l'oxide noir avec l'éclat métallique.

Les serpentines qui n'exercent point d'action sur l'aiguille, telles que celles qui sont rougeâtres..., n'en sont pas moins colorées par le fer, mais plus oxidé.

J'ai mélangé de la silice, de l'alumine, de la magnésie..., avec une dissolution de sulfate de fer, J'y ai ajouté de la chaux ou de la potasse pour précipiter le fer; le mélange a pris une couleur d'un vert plus ou moins foncé.

Ce mélange exposé à l'air, a attiré l'oxigène, et sa couleur s'est éclaircie, et a passé au rouge, parce que l'oxide de fer s'est oxidé au *maximum*.

Il faut distinguer deux espèces de serpentine.

L'une qui est une pierre homogène; c'est celle dont nous parlons;

L'autre qui est une substance agrégée.

Cette seconde espèce est composée de différentes substances; je l'appelle *serpentinite* : c'est une *roche* agrégée,

1°. Des parties ferrugineuses dont nous venons de parler, qui, quoique mêlées le plus souvent dans la pâte, sont cependant quelquefois séparées.

2°. Ces parties ferrugineuses ont quelquefois l'éclat métallique du fer spéculaire.

3°. Des parties stéatitiques, qui se présentent souvent sous forme lamelleuse, comme le talc ou le mica stéatiteux.

4°. Des parties qui contiennent une plus ou moins grande quantité de parties quartzeuses.

5°. Des parties calcaires qui se trouvent dans différentes serpentines.

Or la plupart de ces parties sont séparées, ce qui classe ces serpentines parmi les pierres agrégées.

La fusibilité de la serpentine varie à raison de ces différentes substances. Si on essaie une portion stéatitique, elle exigera pour fondre, le même degré de feu que la stéatite ; ce sera la même chose à l'égard des autres portions : on peut estimer à 8000 le degré de chaleur qu'elle exige pour fondre.

Elle transmet l'électricité avec force.

La serpentine est douce au toucher, quelquefois elle est grasse ; ce qui est dû à la grande quantité de magnésie qu'elle contient, comme Margraff l'a prouvé.

Bayen a retiré d'une serpentine,

Silice. 41
Magnésie 33
Alumine. 10
Fer oxidé 3

Heyer a retiré d'une autre serpentine,

Silice. 44
Magnésie. 33
Alumine 3
Chaux 6
Fer oxidé 14

Kirwan en a retiré,

Silice 45

Magnésie 23

Alumine 18

Fer. 3

Eau . . . , ... 12

Klaproth soupçonne que quelques serpentines contiennent du nickel oxidé.

Bayen a retiré d'une serpentine du Limousin une petite quantité d'acide muriatique et d'eau.

Mais on sent que ces analyses doivent varier suivant les différentes natures de serpentine, et suivant les diverses substances que contiendra le morceau sur lequel on opère.

SECONDE ESPÈCE.

De l'Ollaire.

L'ollaire a toutes les qualités des serpentines ; elle paroît seulement contenir une plus grande quantité de magnésie.

Sa couleur est en général brune, quelquefois grise.

Sa dureté n'est pas considérable, mais elle en acquiert en la faisant chauffer. On la taille pour en faire des marmites (olla) ; c'est d'où lui vient son nom d'*ollaire*.

Il y en a plusieurs variétés.

PREMIÈRE VARIÉTÉ. Ollaire brune de Falhun. C'est la colubrine des Italiens.

IIème VAR. Ollaire grise. Pierre de come.

IIIème VAR. Ollaire verte.

Wiegleb a retiré d'une ollaire,

Silice........................ 38
Magnésie..................... 38
Alumine...................... 4
Chaux 4
Fer oxidé.................... 16

TROISIÈME ESPÈCE.

De la Smaragdite.

Smaragspath de Blumenbach.
Smaragdite (1).
Diallaze (2) de Haüy.
Verde di Corsica des Italiens.

Couleur, vert d'émeraude, ou gris.
Transparence, 100.
Eclat, 5oo.
Pesanteur, 25200.
Dureté, 1100.
Electricité, anélectrique.
Fusibilité, 13oo.
Verre, boursoufflé, verdâtre.
Cassure, lamelleuse.
Molécule, indéterminée.
Forme, prisme rectangulaire aplati.

Première variété. Prisme rectangulaire aplati, droit.

Je n'ai pas vu ce prisme terminé. Je suppose qu'il est droit.

IIème var. Cristallisation confuse.

---

(1) *Smaragdite*, couleur d'émeraude.
(2) *Diallaze*, c'est-à-dire, *différence*. Quelle nomenclature !

Cette substance cristallise rarement régulièrement, mais elle a souvent un tissu lamelleux.

Exposée au feu du chalumeau, elle fond avec beaucoup de facilité, et donne un verre bulleux, boursouflé.

Sa couleur est ordinairement d'un beau vert d'émeraude.

Étant polie, elle a un coup d'œil satiné.

C'est cette substance qui se trouve dans le *verde di Corsica*, mêlée avec le lémanite ; mais elle n'est pas toujours verte. Voici les principales variétés :

a Smaragdite verte.

b Smaragdite verte et blanche.

c Smaragdite grise.

Vauquelin a analysé ces différentes variétés de smaragdite.

La smaragdite verte lui a donné,

Silice............................	52
Alumine.........................	13.05
Magnésie........................	5
Chaux	14.05
Fer oxidé........................	8
Cuivre oxidé.....................	0.05
Chrome oxidé....................	4

La smaragdite verte et blanche lui a donné,

Silice............................	50
Alumine.........................	11
Magnésie........................	6
Chaux	13
Fer oxidé........................	3
Cuivre oxidé.....................	11
Chrome oxidé....................	7.05

La smaragdite grise lui a donné,

Silice............................... 5o
Alumine............................. 7
Magnésie............................ 8
Chaux............................... 17
Fer oxidé........................... 14

Ces analyses font voir que les smaragdites vertes contiennent du chrome oxidé, et que les grises n'en contiennent point.

QUATRIÈME ESPÈCE.

De la Miroitante, ou *du Schiller-spath.*

Miroitante de Delamétherie.
Serpentine miroitante. Saussure.
Diallaze métalloïde. Haüy (1).
Schiller-spath de Werner.

COULEUR, vert foncé.
TRANSPARENCE.
ECLAT, semi-métallique.
CASSURE, lamelleuse.
MOLÉCULE, indéterminée.
FORME, indéterminée.

Cette substance se trouve ordinairement disséminée en petites lames chatoyantes dans la serpentine ; c'est pourquoi Saussure lui avoit donné le nom de *serpentine miroitante.*

Quelquefois ces lames paroissent hexagones ; mais en les examinant avec soin, on ne voit rien de semblable.

------

(1) *Diallaze métalloïde*, c'est-à-dire, *différence métalloïde.*

Cette substance a été observée premièrement à Baste, près de Harzbourg; postérieurement on en a trouvé en Hongrie, dans le Tyrol, dans les Alpes, en Corse, en Cornouailles....

Klaproth en a retiré (tom. IV, pag. 153),

Silice.................................. 60
Magnésie............................... 27
Alumine................................ 11
Fer oxidé.............................. 10.50
Eau.................................... 0.50

Drapier en a retiré (1),

Silice................................. 42
Alumine................................ 3
Chaux.................................. 1
Magnésie............................... 29
Fer oxidé.............................. 14
Eau.................................... 10
Perte.................................. 2

CINQUIÈME ESPÈCE.

De la Lherzolite.

Lherzolite de Delamétherie (2).

COULEUR, vert d'émeraude.
TRANSPARENCE, 1200.
ÉCLAT, 1200.
PESANTEUR, 35450.
DURETÉ, 1500.
ELECTRICITÉ, idioélectrique.

______

(1) *Journal de Physique*, tom. LXII, pag. 48.
(2) *Théorie de la Terre.*

Fusibilité, 1500.
Verre, incolore, sans bulles.
Cassure, lamelleuse.
Molécule, indéterminée.
Forme, indéterminée.

Première variété. Cette substance paroît affecter une forme régulière, mais on n'a encore pu la déterminer.

Lelièvre l'a trouvée dans les montagnes qui environnent l'étang ou le lac de Lherz ; c'est pourquoi je lui ai donné le nom de *lherzolite :* elle est entremêlée avec une espèce de serpentine.

Picot-Lapeyrouse l'a examinée ensuite.

Sa couleur est d'un vert d'émeraude.

Sa surface est lisse, sans stries.

Elle a peu de transparence.

Son éclat est foible.

Sa cassure est lamelleuse.

Elle exige un assez grand degré de feu pour entrer en fusion, et fond sans bouillonner.

Peut-être cette substance est-elle une variété de smaragdite.

SIXIÈME ESPÈCE.

Du Bronzite.

Bronzite de Karsten (1).
Schiller-spath. Variété.

Couleur, gris-brun.
Transparence.
Eclat, nacré, approchant du métallique.
Pesanteur, 3,200.

---

(1) *Annales de Chimie,* tom. LXV, pag. 107.

Cassure, lamelleuse.

Molécule, indéterminée.

Forme, indéterminée.

Le bronzite se présente comme des lames arrangées irrégulièrement.

Leur couleur est d'un gris couleur de tombac ou de bronze.

Il est rarement en masse.

Mais il se trouve souvent disséminé dans la serpentine.

Klaproth a retiré du bronzite (1),

Silice.............................. 60
Magnésie......................,... 27.50
Fer oxidé 10.50
Eau.............................. 0.50

TRENTE-SEPTIÈME LEÇON.

TROISIÈME GENRE. DES MAGNESIO-SILICITES,

Hornblendites.

PREMIÈRE ESPÈCE.

De l'Hornblende.

Hornblende.

Amphibole (2) de Haüy.

Corneus spathosus. Corneus facie spathosâ striatâ. Wallerius.

Hornblende. Schorl-blende.

----

(1) *Journal de Physique*, tom. LXXI, pag. 440.
(2) *Amphibole*, c'est-à-dire, *equivoque, ambigu.*
Comment une pierre parfaitement cristallisée peut-elle être équivoque ou ambiguë?

COULEUR

Couleur, noire, de toutes couleurs.

Eclat, 500.

Pesanteur, 33625.

Dureté, 1100.

Fusibilité 2500.

Verre, bulleux, noirâtre.

Cassure, lamelleuse.

Molécule, indéterminée.

Forme, prisme rhomboïdal droit.

Première variété. Prisme rhomboïdal droit.

Angle obtus, à peu près............ 124°
Angle aigu .... 56°

IIème var. La variété précédente dont le prisme est devenu hexagone par la troncature de ses arêtes aiguës ; ces troncatures sont étroites, ce qui rend le prisme aplati.

Chaque pyramide est composée de trois faces trapézoïdales.

Deux de ces faces sont égales et alongées.

La troisième part d'une des arêtes qui sépare les deux côtés larges du prisme, se rend à celles qui séparent ces côtés des côtés étroits du prisme, et aux côtés des deux autres faces de la pyramide.

IIIème var. Prisme hexagone.

Un des sommets comme dans la variété précédente.

L'autre sommet est dièdre et a deux faces pentagones qui naissent sur la ligne qu'on supposeroit tirée d'un des côtés étroits du prisme à l'autre.

IVème var. Prisme hexagone aplati, comme dans la variété seconde.

Un des sommets a deux faces pentagones comme dans

la variété troisième ; mais à chaque extrémité de l'arête qui sépare ces deux facettes qui naissent, il en naît deux autres trapézoïdales sur l'extrémité des premières ; ce qui donne six faces à ce sommet.

Le second sommet a quatre faces trapézoïdales ; c'est le sommet dièdre de la variété troisième, dont chaque face est divisée en deux par de nouvelles faces qui naissent suivant une ligne perpendiculaire à l'arête des premières faces.

Vème VAR. Prisme hexagone.

Un des sommets semblable au second sommet de la variété précédente,

Et l'autre sommet composé de six faces ; deux naissent, comme dans la variété troisième, sur la ligne qu'on supposeroit tirée d'un des côtés étroits du prisme à l'autre, et quatre nouvelles faces triangulaires qui partent du sommet des arêtes qui séparent les côtés larges du prisme, et vont aboutir à l'extrémité de l'arête des premières faces.

VIème VAR. Maclée ou hémitrope.
Prisme hexagone aplati.

Un des sommets a quatre faces trapézoïdales, comme le second sommet de la variété quatrième ; mais au haut du sommet il y a deux petites facettes triangulaires qui font un angle rentrant.

Le second sommet paroît dièdre, a deux faces pentagonales, comme dans la variété troisième.

Ces variétés de hornblende cristallisée se trouvent ordinairement dans les substances volcaniques.

Leur couleur est noire.

Au chalumeau, elles fondent en verre noir.

Klaproth a analysé de l'hornblende cristallisée du pays

de Fuldea, qui se trouve dans des contrées volcaniques (variété surcomposée de Haüy); il en a retiré (*Journal de Physique*, tom. LXXI, pag. 445),

Silice 47
Alumine 26
Chaux. 8
Magnésie 2
Fer oxidé. 15
Eau 0.50

Laugier a analysé de l'hornblende cristallisée du cap de Gates, du royaume de Grenade en Espagne; il en a retiré (*Annales du Muséum*, 26e cahier),

Silice 42
Alumine 7.69
Chaux. 9.80
Magnésie 10.90
Fer oxidé. 22.59
Manganèse oxidé 1.15
Eau et perte 5.75

Mais l'hornblende se présente ordinairement en grandes masses, cristallisée confusément.

Elle casse en lames, qui sont posées irrégulièrement, ce que Werner appelle à *pièces séparées*.

D'autres fois sa cassure est fibreuse ; c'est *l'hornblende-schieffer*, l'hornblende schisteuse.

Sa cassure est absolument différente de celle de la cornéenne.

Son éclat est assez considérable.

Elle a une odeur terreuse lorsqu'on l'humecte par insufflation.

Elle fait souvent varier l'aiguille aimantée.

14.

L'hornblende fond au chalumeau avec assez de facilité, et donne un verre noir.

On connoît plusieurs variétés de l'hornblende.

a Hornblende noirâtre.

Elle se trouve dans les granits, et particulièrement dans les granits antiques, qu'on appelle *nero antico*.

b Hornblende verdâtre.

Quelquefois l'hornblende est d'un noir verdâtre; la couleur verte est assez prononcée.

c Hornblende bleue.

L'hornblende qu'on voit au-dessous de Nantes, sur les bords de la Loire, est souvent bleue.

d Hornblende rougeâtre:

L'hornblende forme souvent de grandes masses.

Du côté de Houdon, de Nantes, d'Indret...., elle forme des couches très-étendues qui ont plus ou moins d'épaisseur. Celles qui sont baignées par les eaux de la Loire sont d'un bleu clair.

Je remis à Chevreuil des morceaux bien purs de cette hornblende d'Indret, que j'avois ramassés moi-même, en le priant d'en faire l'analyse.

Il en a retiré (*Journal de Physique*),

Silice 45
Chaux 10.84
Alumine. 8
Magnésie 6
Fer et manganèse oxidés au *minimum*. . 22
Chrome 1
Potasse. 0.50
Perte 6.66

Klaproth a analysé l'hornblende commune de Nora

(amphibole lamellaire de Haüy); il en a retiré (*Journal de Physique*, tom. LXXI, pag. 445),

- Silice 42
Alumine. 12
Chaux. 11
Magnésie. 2.25
Fer oxidulé. 30
Manganèse. 0.25
Eau 0.75
Kali ou potasse, une trace.

Les caractères de l'hornblende et son analyse font voir qu'elle est absolument différente de la cornéenne, avec laquelle on ne saurait la confondre.

SECONDE ESPÈCE.

Hyperstène.

Hyperstène (1). Haüy.
Labradorische hornblende. Werner.

COULEUR, rouge-brun.
TRANSPARENCE, opaque.
ECLAT, 3000.
PESANTEUR, 339.
DURETÉ, 2000.
ELECTRICITÉ, résineuse.
CASSURE, lamelleuse.
MOLÉCULE, triangulaire.
FORME, prisme rhomboïdal.

PREMIÈRE VARIÉTÉ. Prisme rhomboïdal. Angle 100° et 80°.

---

(1) *Hyperstène.*

La hornblende du Labrador, ou hyperstène, paroît donner un prisme rhomboïdal par sa division, dont les pans feroient des angles de 100 et 80 degrés.

Cette subtance est d'un brun rougeâtre.

Elle a un faux aspect métallique comme la smaragdite chatoyante, ce qui les a fait confondre ensemble.

Sa pesanteur spécifique est 33500.

Sa dureté est assez grande pour rayer le verre et donner des étincelles par le choc du briquet.

Elle a une électricité résineuse.

Klaproth en a retiré (1),

Silice	54.25
Magnésie	14
Alumine	2.25
Chaux	1.50
Fer oxidé	24.50
Eau	1
Manganèse oxidé, un atome.	
Perte	2.06

TROISIÈME ESPÈCE.

De l'Augite.

Augite de Werner.

Volcanite de Delamétherie (2).

Virescite de Delamétherie.

Schorl noir des volcans.

Pyroxène de Haüy (3).

---

(1) *Journal de Physique*, tom. LXXI, pag. 440.
(2) *Théorie de la Terre*, tom. II, pag. 320.
(3) *Pyroxène*, c'est-à-dire, *hôte ou étranger dans le domaine du feu.*

Couleur , noire, verte, jaune.

Transparence , 3oo.

Eclat , 5oo.

Pesanteur , 32256.

Dureté , 1600.

Electricité , idioélectrique.

Fusibilité , 2000.

Verre , noir, bulleux.

Cassure , vitreuse.

Molécule , indéterminée.

Forme , prisme rhomboïdal , sommet dièdre.

Première variété. Octaèdre cunéiforme, ou prisme rhomboïdal, sommet dièdre.

Angle obtus . . . . 92°
Angle aigu . . . . 88°

Sommet dièdre à faces triangulaires qui naissent sur les arêtes aiguës du prisme.

Angle que font ces deux faces du prisme en se réunissant , 120°.

IIème var. La variété précédente maclée ou hémitrope.

Il faut supposer le cristal divisé longitudinalement en deux parties, et que l'une de ces parties se retourne de haut en bas pour venir se réunir à l'autre.

Un des sommets du cristal présente alors un angle rentrant , et l'autre un angle sortant.

IIIème var. La variété première tronquée sur l'arête du sommet par une facette, ce qui rend ce sommet trièdre.

IVème var. La variété première dont le sommet a quatre facettes.

Vème var. La variété précédente dont le sommet est tronqué par une facette ; il a par conséquent cinq faces.

Toutes ces variétés sont des cristaux très-petits, qui sont d'un vert tendre, et se trouvent dans des masses d'augite verte du Vésuve, avec les ceylanites.

VIème var. Prisme hexagone par la troncature de ses deux arêtes aiguës.

Sommet dièdre.

VIIème var. La variété précédente avec sommet trièdre par la troncature de l'arête du sommet.

VIIIème var. La variété sixième maclée.

IXème var. Prisme octogone.

Sommet dièdre à deux faces hexagones.

Xème var. La variété précédente maclée.

Sommets à quatre faces, faisant à un des sommets un angle rentrant, et à l'autre un angle sortant.

XIème var. Prisme octogone comme dans la variété neuvième.

Sommet trièdre par la troncature de l'arête supérieure.

XIIème var. La variété précédente maclée.

Sommets à six faces, faisant à un des sommets un angle rentrant, et à l'autre un angle sortant.

XIIIème var. La variété onzième dont la troncature de l'arête supérieure est curviligne.

XIVème var. Prisme octogone.

Le sommet dièdre de la variété onzième acquiert deux petites facettes au bas de chacune des deux faces dièdres, laquelle naît sur les arêtes opposées.

XVème var. La variété précédente dont le sommet a six

facettes par la naissance de deux nouvelles facettes sur les arêtes correspondantes de deux troncatures de la variété précédente.

XVIème var. Prisme octogone.

Sommet trièdre comme dans la variété onzième, mais qui acquiert deux ou quatre nouvelles faces, comme dans les variétés quatorzième et quinzième.

XVIIème var. Augite en masse dans des laves.

a Il en est quelquefois de couleur jaune, parce qu'il a été décoloré par les vapeurs acides.

L'augite se trouve souvent avec des matières volcaniques, ce qui le rapproche des hornblendes volcaniques.

Il contient de la magnésie, comme l'hornblende.

Il est encore, comme les hornblendes, fréquemment maclé; c'est pourquoi je l'avois appelé *volcanite*.

Mais depuis on l'a trouvé dans des terrains qui ne sont pas volcaniques, comme à Arandal en Norwège.

Klaproth a analysé plusieurs variétés d'augite. (*Journal de Physique*, tom. LXXI, pag. 416.)

L'augite de Frascati lui a donné,

Silice 48
Alumine. 5.50
Chaux 12.50
Magnésie. 13.75
Fer oxidé 11
Manganèse oxidé, une trace.
Eau 1

L'augite commun de Rhorgeberge en Franconie, lui a donné,

Silice 52
Chaux 14
Magnésie 12.75
Alumine. 5.75
Fer oxidé 12.25
Manganèse oxidé. 0.25
Eau 0.25
Kali ou potasse, une trace.

Vauquelin a retiré de l'augite de l'Etna,

Silice 52
Alumine. 3.32
Chaux 13.10
Magnésie. 10
Fer oxidé 14.66
Manganèse oxidé. 2
Perte. 4.08

Du Virescite.

J'avois donné (*Théorie de la Terre*, tom. 2, p. 321)
le nom de *virescite* à une substance qui paroît n'être
qu'une espèce d'augite d'un vert foncé; il s'en trouve
dans le lac de Bolseno.

Klaproth en a retiré (*Journal de Physique*, tom. LXXI,
pag. 446),

Silice 55
Magnésie 15.75
Chaux. 12.50
Alumine. 5.50
Fer oxidé 11
Manganèse oxidé, une trace.
Eau 2

QUATRIÈME ESPÈCE.

De la Cocolite.

Cocolite de Dandrada (1).
Variété de pyroxène de Tondy.

COULEUR, vert-pré ou vert-olive.
TRANSPARENCE, 200.
ECLAT, 500.
PESANTEUR, 33160.
DURETÉ, 1200.
FUSIBILITÉ, 6000.
VERRE, vert-olive.
CASSURE, vitreuse.
MOLÉCULE, indéterminée.
FORME, indéterminée.

PREMIÈRE VARIÉTÉ. Cristallisation confuse.

On ne l'a point encore trouvée cristallisée régulièrement.

Cette substance se présente ordinairement sous forme
de petits grains agglutinés; c'est d'où lui vient son nom
de *cocolite*, ou pierre aux œufs.

Sa couleur est d'un vert plus ou moins foncé, quelquefois noirâtre.

Cette substance se trouve dans les mines de fer d'Hel-
lesta et d'Assabo en Sudermanie, à Nerike en Suède, et
à Arandal.

Tondy a cru remarquer des cristaux de cocolite dont
une partie étoit semblable à du pyroxène ou augite, ce
qui lui a fait regarder la cocolite comme une variété de

______

(1) *Journal de Physique,* tom. LI, pag. 242.

pyroxène ou d'augite ; mais nous avons vu que l'identité de forme, comme les pyrites, les cobalts...., n'annoncent point l'identité des substances ; il faut avoir égard aux autres caractères, et principalement à l'analyse.

Vauquelin a retiré de la cocolite d'Arandal,

Silice 5o
Chaux 24
Magnésie. 1o
Alumine. 1.o5
Fer oxidé 7
Manganèse oxidé 3
Perte 4.o5

CINQUIÈME ESPÈCE.

De l'Alalite.

Alalite de Bonvoisin (1).

COULEUR, incolore.
TRANSPARENCE, 15oo.
ECLAT, 15oo.
PESANTEUR, 32oo.
DURETÉ, 8oo.
FUSIBILITÉ, 2ooo.
VERRE, incolore.
CASSURE, vitreuse.
MOLÉCULE, indéterminée.
FORME, prisme rectangulaire.

PREMIÈRE VARIÉTÉ. Prisme rectangulaire, le plus souvent aplati.

---

(1) *Journal de Physique*, tom. LXII, pag. 4o9.

Pyramide composée de quatre faces rhomboïdales qui naissent sur les arêtes du prisme.

Angle d'incidence de l'arête du prisme sur la face de la pyramide, environ 145°.

Angle de la face de la pyramide sur une des faces du prisme, 129°

Angle de la même face de la pyramide sur l'autre face du prisme, 113°.

IIème VAR. La variété précédente dont la pyramide a quatre nouvelles faces qui naissent sur les quatre arêtes de sa première.

IIIème VAR. La pyramide paroît quelquefois tronquée à son sommet par une petite facette ; elle a pour lors neuf faces.

IVème VAR. La pyramide a quatre nouvelles petites facettes qui naissent sur l'angle solide de l'arête du prisme, avec les quatre faces de la pyramide de la première variété.

Vème VAR. Le prisme est souvent tronqué sur ses arêtes par deux nouvelles faces, ce qui le rend octogone ou dodécagone.

Les cristaux sont quelquefois terminés par une pyramide à chaque extrémité.

VIème VAR. Cristallisation confuse.

L'alalite a été trouvée par Bonvoisin dans la vallée d'*Ala*, une des trois vallées de Lans, à la montagne de la Ciormetta.

Les cristaux d'alalite sont transparens.

Ils sont incolores, un peu nacrés.

Leur dureté n'est pas assez considérable pour rayer le verre.

Chauffés au chalumeau, ils fondent en verre incolore. Ils sont légérement striés longitudinalement. L'analyse n'en a pas été faite.

SIXIÈME ESPÈCE.

De la Mussite.

Mussite de Bonvoisin (1).

Couleur, blanc verdâtre.

Transparence, 100.

Eclat, 500.

Pesanteur, 3274.

Dureté, 800.

Fusibilité, 1200.

Verre, blanc verdâtre.

Cassure, lamelleuse.

Molécule, indéterminée

Forme, prisme rhomboïdal oblique.

Première variété. Prisme rhomboïdal oblique.

Il est strié longitudinalement; les angles obtus paroissent le plus souvent curvilignes.

Les prismes sont trop petits pour en déterminer les angles.

IIème var. Cristallisation confuse en grandes lames longitudinales qui paroissent des prismes rhomboïdaux aplatis, dont le sommet paroît également oblique.

La mussite a été trouvée par Bonvoisin, dans l'Ala, ou plaine de la Mussa, une des trois vallées de Lans; elle se présente en petits prismes groupés confusément ensemble.

La figure de ces prismes est un rhombe strié longitu-

---

(1) *Journal de Physique*, tom. LXII, pag. 409.

dinalement ; ce qui fait qu'il paroît le plus souvent arrondi.

Mais cette substance se présente le plus souvent en grandes masses composées de fibres longitudinales satinées, qui paroissent également des prismes rhomboïdaux : le sommet de ces prismes paroît également oblique.

La couleur de la mussite est d'un blanc verdâtre, quelquefois grisâtre.

Sa dureté n'est pas considérable.

Sa pesanteur est environ 3200.

Chauffée au chalumeau, elle fond en un verre de la même couleur grisâtre.

Laugier a retiré de la mussite (1),

Silice	57.05
Chaux	16.05
Magnésie. ,	18.25
Fer et manganèse oxidés	6
Perte.	1.75

Haüy ne fait de la mussite et de l'alalite qu'une seule espèce, à laquelle il a donné le nom de *diopside*.

SEPTIÈME ESPÈCE.

De la Salite.

Salite de Dandrada (2).

Malacolite.

Couleur, vert d'asperge pâle.

Transparence, 200.

Eclat, 300.

---

(1) *Annales du Musée*, cahier LXXIII.
(2) *Journal de Physique*, tom. LI, pag. 239.

Pesanteur, 3.368.

Dureté, 1200.

Electricité, idioélectrique.

Fusibilité, 2500.

Verre, bulleux, incolore et transparent.

Cassure, lamelleuse.

Molécule, indéterminée.

Forme, prisme octogone oblique.

Première variété. Prisme octogone oblique.

IIème var. La salite en masse se présente en grandes lames comme le feldspath, et paroît en avoir plusieurs caractères.

Sa cassure est rhomboïdale ; néanmoins elle diffère de celle du feldspath.

La salite est douce au toucher, et idioélectrique.

Sa raclure est blanche.

Lorsqu'on en frotte plusieurs morceaux ensemble, ils ne donnent ni odeur, ni phosphorescence.

Je l'ai fondue au chalumeau, quoique Dandrada la dise infusible.

Son verre est bulleux, incolore et transparent.

Cette substance se trouve à Sala dans des mines d'argent, en Suède, province de Westermanie, et à Bucono en Norwège.

Vauquelin en a retiré,

Silice. 53

Chaux. 20

Magnésie 19

Alumine. 3

Fer et manganèse 4

Perte. 1

De

De la Malacolite.

La malacolite vient de Norwège; sa couleur est grisâtre; elle se comporte comme la sahlite, dont elle ne paroît qu'une variété.

HUITIÈME ESPÈCE.

De la Trémolite.

Trémolite de Pini.
Gramattite (1) de Haüy.

COULEUR, blanc nacré, noirâtre.
TRANSPARENCE, 50.
ÉCLAT, 800.
PESANTEUR, 26500 à 32000.
DURETÉ, 1100.
ELECTRICITÉ, anélectrique.
FUSIBILITÉ, 1200.
VERRE, transparent, incolore.
PHOSPHORESCENCE, par le frottement.
CASSURE, fibreuse.
MOLÉCULE, indéterminée.
FORME, prisme rhomboïdal.

PREMIÈRE VARIÉTÉ. Prisme rhomboïdal alongé, droit.

Angle obtus, à peu près............ 124°
Angle aigu 56

Sommet dièdre à faces triangulaires qui naissent sur les arêtes aiguës du prisme.

----

(1) *Gramattite*, c'est-à-dire, *marquée d'une ligne.*
Il n'y a que quelques cristaux de trémolite qui aient cette ligne, et tous les cristaux maclés en ont une. *Voyez* BOURNON.

Angle par lequel les deux bases des triangles se réunissent, environ 149°.

IIème VAR. La variété précédente dont le prisme est devenu hexagone par des petites troncatures qui naissent sur ses arêtes aiguës.

IIIème VAR. La variété première dont le prisme est devenu octogone par la troncature de ses deux arêtes.

IVème VAR. Cristallisation indéterminée.

La trémolite se présente le plus souvent sous forme de cristallisation indéterminée. Elle forme une masse fibreuse dont les prismes sont quelquefois parallèles, d'autres fois divergens; en voici les variétés principales:

a Trémolite d'un blanc satiné, dont les fibres sont réunies dans la même direction et parallèles.

b Trémolite noirâtre.

c Trémolite en rayons divergens.

La trémolite se trouve ordinairement avec la dolomie.

Le naturaliste Pini a trouvé cette substance sur le mont Trémola, une des chaînes du Saint-Gothard; c'est pourquoi il lui a donné le nom de trémolite. On l'a retrouvée dans toutes les grandes montagnes.

Klaproth a analysé différentes variétés des trémolites. Une espèce lui a donné,

Silice	65
Magnésie	10.33
Chaux	18
Fer oxidé	0.16
Eau et acide carbonique	6.50

Une autre espèce lui a donné,

Silice...................... 55
Magnésie.................... 13
Chaux...................... 10
Alumine.................... 8
Acide carbonique........... 9
Eau et perte............... 5

Les caractères, le gisement et l'analyse de la trémolite font voir qu'on ne peut la confondre avec l'hornblende.

Pierres mélangées de Trémolites.

Les pierres qui contiennent la trémolite en sont mélangées.

De la Baikalite.

On a trouvé auprès du lac Baikal une pierre qui ressemble entièrement à la trémolite, et qu'on en doit regarder comme une variété.

Lowitz en a retiré,

Silice...................... 44
Magnésie.................... 30
Chaux...................... 20
Fer oxidé.................. 6

TRENTE-HUITIÈME LEÇON.

QUATRIÈME GENRE. DES MAGNESIO-SILICITES.

Asbestoïdes.

PREMIÈRE ESPÈCE.

De l'Asbestoïde.

Abestoïde de Delamétherie (1).
Stralstein des Allemands.
Aretinate (2) de Haüy.
Rayonnante de Saussure.

COULEUR, de toutes couleurs.

TRANSPARENCE, 300.

ÉCLAT, 1000.

PESANTEUR, 27100.

DURETÉ, 1200.

FUSIBILITÉ, 2000.

VERRE, transparent.

CASSURE, lamelleuse, fibreuse.

MOLÉCULE, indéterminée.

FORME, prisme rhomboïdal.

PREMIÈRE VARIÉTÉ. Prisme rhomboïdal.

Angle obtus .... 124°
Angle aigu....................... 56°

IIème VAR. Prisme hexagone droit.

---

(1) *Théorie de la Terre.* Je lui ai donné le nom d'*asbestoïde* par ses rapports avec l'asbeste.

(2) C'est-à-dire, *corps rayonné.*

Le prisme devient le plus souvent hexagone par la troncature de son arête aiguë.

IIIème VAR. Cristallisation confuse.

L'asbestoïde est composée de fibres parallèles, dures, solides, cassantes...; c'est en quoi elle diffère de l'asbeste, dont les fibres sont plus flexibles, et se rapprochent de l'amianthe. Ces fibres paroissent des prismes rhomboïdaux.

On a cherché à tort de confondre l'asbestoïde avec l'hornblende.

Il y a un grand nombre de variétés d'asbestoïdes, soit par la couleur, soit par les autres qualités.

a Asbestoïde d'un vert foncé à fibres fixes, soyeuses, plissées, très-longues.

Elle se trouve en Ecosse. Ses fibres sont dures et fines.

b Asbestoïde d'un vert d'émeraude à fibres courtes, formant différens centres, d'où elles partent en divergeant.

On en trouve en Ecosse, en Suède.

c Asbestoïde à fibres lamelleuses.

Sa cassure présente des faces lamelleuses. Il y en a en Ecosse, en Corse, aux Alpes.

d Asbestoïde d'un vert gai, dont les fibres sont aplaties, et se croisent en toutes sortes de directions.

Ses fibres paroissent des prismes rhomboïdaux. On en trouve dans les Alpes.

e Asbestoïde à fibres larges d'une couleur verte.

f Asbestoïde d'un vert tendre, formée de fibres roides qui se croisent en différens sens, et dont quelques-unes sont très-aiguës ; c'est la *basalte acerose* de Wallerius.

Saussure a analysé cette espèce qu'il a trouvée à Valorsey dans les Alpes. (Voyez le § 1012.) Il en a retiré,

Silice...................................... 55.25
Alumine.................................... 30.18
Magnésie.................................. 10.87
Chaux..................................... 4.84
Fer oxidé................................. 1.48

g Asbestoïde d'un blanc satiné à fibres très-fines, et très-piquantes à leurs extrémités. C'est encore une espèce d'asbestoïde, aciforme. On la trouve dans les Alpes.

h Asbestoïde à larges rayons. (Saussure, *Voyage*, § 1017.)

Sa couleur est d'un vert gai. Elle a le coup d'œil nacré, une légère transparence. Elle est composée de fibres larges, longues et entremêlées de mica argentin. Lorsqu'on souffle dessus, elle donne l'odeur terreuse; ce qui la rapproche de l'hornblende, où on devroit peut-être plutôt la placer que dans les asbestoïdes.

Elle se trouve au Saint-Gothard.

i Asbestoïde qui se trouve au Zillerthal dans de la stéatite. *Zillerthite.*

Cette espèce que j'ai appelée *zillerthite*, paroît cristallisée en prismes hexagones.

k Asbestoïde grenu (*korniger stralstein* de Werner). Se trouve à Hof dans le pays de Bareith. Il a l'aspect d'un stralstein; mais en l'examinant avec attention, on n'y voit point de fibres, mais seulement des portions grenues.

l Asbestoïde d'un jaune doré, chatoyant, dans une espèce de cornéenne verdâtre de la forêt de Hartzeburg au Hartz.

Ses fibres sont aplaties, ont beaucoup d'éclat, et traversent en toutes sortes de directions la cornéenne.

Heyer en a retiré,

Silice................................... 52
Alumine............................... 23
Magnésie.............................   6
Chaux.................................   7
Fer oxidé............................. 17

Bergman a retiré d'un asbestoïde commun,

Silice................................... 64
Magnésie............................. 20
Alumine.............................. 2.7
Chaux................................. 9.3
Fer oxidé.............................   4

Bergman a retiré de l'asbestoïde vitreux,

Silice................................... 72
Magnésie............................. 12
Alumine..............................   2
Chaux.................................   6
Fer oxidé.............................   7

Laugier a donné une nouvelle analyse de cette substance. Il en a retiré (1),

Silice................................... 50
Oxide de fer 11
Magnésie............................. 19.25
Chaux................................. 9.75
Alumine.............................. 0.75
Oxide de manganèse 0.50
Chrome...............................   3
Potasse............................... 0.50
Eau et perte 5.25

____

(1) *Annales du Muséum*, **XXVI**e cahier.

SECONDE ESPÈCE.

Anthophyllite.

Anthophyllite de Schumacher.

COULEUR, brune.

ÉCLAT, 5oo.

TRANSPARENCE, 100.

PESANTEUR, 3118.

DURETÉ, 1200.

ÉLECTRICITÉ, résineuse.

CASSURE, feuilletée ou rayonnée.

MOLÉCULE, indéterminée.

FORME, indéterminée.

PREMIÈRE VARIÉTÉ. Cristallisation confuse.

Cette substance décrite par Schumacher se trouve à Konsberg en Norwège. Elle est en masses compactes d'une couleur brune assez vive. Cette couleur ressemble à celle de certains œillets; c'est pourquoi on l'a appelée *anthophyllite.*

Sa cassure est fibreuse.

Les fibres sont quelquefois assez larges.

Elle raie un peu le verre.

Elle fond très-difficilement à la flamme du chalumeau.

Le docteur John de Berlin a retiré de l'anthophyllite(1),

Silice	62.66
Alumine	13.33
Magnésie	4
Chaux	3.33
Fer oxidé	12
Manganèse oxidé	3.25
Perte	1.43

____

(1) *Journal de Physique*, tom. LXIV, pag. 356.

TROISIÈME ESPÈCE.

Du Bergmanite.

Bergmanite de Schumacher.

CouLeur, grisâtre, rougeâtre.
Transparence, 100.
Éclat, 400.
Pesanteur, 2.30.
Dureté, 1200.
Fusibilité, 1500.
Cassure, fibreuse.
Molécule, indéterminée.
Forme, indéterminée.

Cette substance qui se trouve à Friderichswern en Norwège, est fort rare et peu connue.

Elle raie le verre.

Elle se présente comme de petits prismes grisâtres, partant d'un centre commun sous forme de rayons.

Chauffée au chalumeau, elle fond en verre blanc et transparent.

QUATRIÈME ESPÈCE.

De l'Asbeste.

Ασβεστως, *asbestos* des Grecs (1).
Asbest des Suédois.
Asbest des Allemands.
Asbestus des Anglais.

Couleur, verdâtre.
Transparence, 30.
Éclat, 100.

______

(1) A privatif, σβεννυμι, *sbennumi* éteindre, incombustible.

Pesanteur, 25779.

Dureté, 600.

Electricité, anélectrique.

Fusibilité, 5000.

Verre, bulleux, verdâtre.

Cassure, fibreuse.

Molécule, indéterminée.

Forme, fibreuse.

Première variété. Cristallisation confuse.

L'asbeste ne cristallise jamais régulièrement. Elle se présente toujours sous une forme fibreuse. Ses fibres sont, il est vrai, des prismes qu'on soupçonnerait être ou rhomboïdaux, ou hexagones. Il y en a plusieurs variétés.

a Asbeste fibreuse de Faymouth en Ecosse.
Elle est verdâtre.

b Asbeste fibreuse de Corse.
Elle est verdâtre. Ses fibres partent de différens centres en divergeant, comme dans quelques zéolites.

c Asbeste fibreux d'un vert bleuâtre.
Se trouve à Leutschau en Hongrie.

d Asbeste dont les fibres sont lamelleuses et très-luisantes.

J'en ai de Faymouth en Ecosse qui a un aspect satiné. Sa couleur est d'un blanc verdâtre.

Il y a différentes espèces d'asbestes, dont les fibres ont de la souplesse, et approchent déjà de l'amianthe; c'est ce qu'on appelle *asbeste mûr*.

Dans d'autres espèces, les fibres ont beaucoup plus de rigidité; on les appelle *asbestes non mûrs*, et se rapprochent des asbestoïdes.

L'asbeste donne souvent l'odeur terreuse, en soufflant dessus.

Wiegleb a analysé l'asbeste de Zoplitz en Saxe, qui
est verdâtre, et dont les fibres ont de la flexibilité : il
en a retiré,

Silice...................................... 64
Magnésie............................... 20
Alumine 2
Chaux 9
Fer oxidé 4

Chenevix en a retiré, suivant Brogniart (*Minéralogie*,
tome 1),

Silice.................................... 59
Magnésie.............................. 25
Chaux 9
Alumine 3
Perte 4

CINQUIÈME ESPÈCE.

De l'Amianthe.

Αμιανθως, *amianthos* des Grecs.
Amianth des Suédois.
Amianth des Allemands.
Amianthus des Anglais.

Couleur, blanc satiné.
Transparence, 300.
Eclat, 300.
Pesanteur, 0.9088.
Fusibilité, 2000.
Verre, incolore.

Cassure, fibreuse.

Molécule, indéterminée.

Forme, fibreuse.

Première variété. Cristallisation confuse.

L'amianthe n'affecte jamais de forme régulière. Elle est composée de fibres soyeuses, très-fines, très-souples, et qui approchent beaucoup de la fibre végétale ou animale. La belle amianthe a le coup d'œil de la soie, ou encore mieux du chanvre, ou du lin préparé à être filé ; c'est pourquoi les Anciens l'ont appelée *lin fossile*, *lin incombustible*.

L'amianthe ne brûle pas, mais elle fond avec beaucoup de facilité à la flamme d'une bougie. Sa fusion est accompagnée d'*éclairs*, comme celle des métaux.

Elle donne un verre incolore.

Il y a plusieurs variétés d'amianthe.

a Amianthe dont les fibres sont déliées, longues, flexibles et soyeuses ; telle est celle de la Tarentaise.

b Amianthe dont les fibres sont moins fixes.

c Amianthe dont les fibres sont un peu rigides.

Elle approche un peu de l'asbeste.

d Amianthe dont les fibres sont entrelacées, et font un tissu feutré.

C'est le papier fossile.

e La variété précédente dont le feutre a plus de consistance.

C'est le cuir fossile.

Sa pesanteur est o.6806.

f Amianthe qui a de la solidité, et se présente comme un morceau de bois léger.

C'est le liége de montagnes.

Sa pesanteur spécifique est o.9933.

g Amianthe dont les fibres sont plus roides, courtes, et d'un gris foncé.

C'est l'*asbeste cotonneux* de Deborn.

L'amianthe se trouve ordinairement dans les montagnes primitives. On en trouve aux Alpes, aux Pyrénées, en Corse... Elle paroît végéter sur les pierres, les quartz, qu'elle pénètre, les hornblendes...

Nous avons vu qu'elle donne du chatoiement à différentes pierres, telles que le quartz.

Bergman a donné l'analyse de différentes amianthes.

La belle amianthe soyeuse de la Tarentaise lui a donné,

Silice.	64
Magnésie	18
Alumine	3
Chaux.	6
Baryte	6
Fer oxidé	1

Il paroît que la baryte est ici accidentellement.

Le liége de montagnes lui a donné,

Silice	62
Magnésie	22
Alumine	3
Chaux	10
Fer oxidé	3

Le cuir de montagnes lui a donné,

Silice	56
Magnésie	26
Alumine	2
Chaux	13
Fer oxidé	3

SIXIÈME ESPÈCE.

De l'Amianthoïde.

Amianthoïde de Delamétherie (1).

Couleur , verdâtre.

Transparence, 200.

Eclat, 3oo.

Pesanteur, 0.9o38.

Dureté, 3oo.

Electricité , anélectrique.

Verre, noirâtre.

Fusibilité, 25oo.

Cassure, fibreuse.

Molécule , indéterminée.

Forme, cristallisation fibreuse.

J'appelle *amianthoïde* une substance qui a beaucoup de rapports avec l'amianthe, et dont elle a été regardée comme une variété.

Elle est composée de fibres plus rudes et plus grosses que l'amianthe.

Sa couleur est d'un vert d'olive.

Elle fond plus difficilement et donne un verre noirâtre.

J'en ai qui vient des Alpes dauphinaises; elle repose sur un oxide noir de manganèse.

Vauquelin et Macquart en ont retiré,

Silice.............................	47
Chaux.............................	11.5
Magnésie...........................	7.5
Fer oxidé...........................	20
Manganèse oxidé....................	10

---

(1) *Théorie de la Terre.*

Pierres mélangées d'Amianthoïde.

La gangue de cette substance en contient des portions qui y sont mélangées.

De la Byssolite.

Byssolite de Saussure.

Saussure a donné à une substance qui a beaucoup de rapport avec l'amianthoïde le nom de *byssolite*, à cause de sa ressemblance avec le byssus de la pinne marine.

Sa couleur est ordinairement fauve.

Elle est composée de fibres courtes, et plus fermes que celles de l'amianthoïde.

TRENTE-NEUVIÈME LEÇON.

CINQUIÈME GENRE.

Calco - Silicites.

PREMIÈRE ESPÈCE.

De l'Hyacinthine.

Hyacinthine de Delamétherie (1).
Hyacinthe des volcans de Romé-de-Lisle.
Vésuvienne.
Schorl.
Idocrase de Haüy (2).

---

(1) *Théorie de la Terre.*
(2) *Idocrases*, c'est-à-dire, *figure mixte.*
Une figure aussi régulière que celle de cette substance parfaitement cristallisée peut-elle être appelée *mixte* ?

Couleur, de toutes couleurs.

Transparence, 500.

Eclat, 1500.

Pesanteur, 34090.

Dureté, 1900.

Electricité, idioélectrique.

Réfraction, double.

Fusibilité, 1500.

Verre, bulleux, verdâtre.

Cassure, lamelleuse.

Molécule, indéterminée.

Forme, prisme rectangulaire droit.

Première variété. Prisme rectangulaire droit.

IIème var. La variété précédente avec une pyramide à quatre faces triangulaires qui naissent sur les côtés du prisme.

Ces deux variétés ont été trouvées dans la vallée de Lans.

IIIème var. Prisme rectangulaire tronqué sur ses quatre arêtes, ce qui le rend octogone.

Pyramide pentaèdre composée de quatre faces hexagones qui naissent sur les grandes faces du prisme, et d'une face rectangulaire au sommet.

Angle de l'inclinaison des faces des pyramides sur celles du prisme 129°.

Angle de deux faces opposées se réunissant au sommet 129° 15′.

IVème var. La variété précédente dont le prisme octogone est tronqué sur toutes les arêtes : il a seize côtés.

Vème var. La variété précédente dont les quatre arêtes de la pyramide sont tronquées par un plan rectangulaire : ainsi elle a neuf faces.

VIème var.

VIème var. La variété précédente dont toutes les arêtes de la pyramide sont tronquées ; ce qui ajoute seize facettes à chaque pyramide.

Elles ont par conséquent vingt-cinq facettes.

Le cristal à soixante-six facettes.

VIIème var. La variété précédente dont chaque pyramide a quarante-une facettes, parce que chacune des huit arêtes qui naissent sur les faces du prisme a trois troncatures ; ce qui ajoute seize facettes à chaque pyramide.

Le cristal a quatre-vingt-dix-huit facettes.

Ces deux dernières variétés sont ordinairement d'un jaune verdâtre, et les autres d'un brun foncé.

Cette pierre s'est trouvée d'abord au Vésuve, mélangée avec le mica et les pierres magnésiennes ; c'est pourquoi elle ne paroît pas un produit volcanique. Werner l'a appelée *vésuvienne;* mais il s'en trouve dans d'autres volcans. J'en ai qui viennent des volcans de la Sibérie, ou de ceux de la Chine, et qui contiennent du leucite ; c'est pourquoi je lui ai donné le nom d'*hyacinthine.*

Laxman en a découvert en 1790 au Kamtschatcka.

Klaproth a retiré de l'hyacinthine du Vésuve (tom. II, pag. 32),

Silice.	35.50
Chaux	33
Alumine.	22.25
Fer oxidé.	7.5
Manganèse oxidé	0.25

Il a retiré de celle de Sibérie,

Silice. 42
Chaux 34
Alumine 16.25
Fer oxidé. 5.50
Manganèse oxidé 0.25

Mais Bonvoisin a découvert dans la vallée de Lans, dans des terrains qui ne sont point volcaniques (1), l'hyacinthine en masses et présentant de très-beaux cristaux, surtout ceux de la variété première et de la variété seconde. Leur couleur est d'un beau vert. Ils sont très-transparens.

SECONDE ESPÈCE.

Du Succinite.

Succinite de Bonvoisin (2).

COULEUR, d'un jaune de succin pâle.

TRANSPARENCE, 100.

ECLAT, 100.

DURETÉ, 800.

FUSIBILITÉ, 2000.

VERRE, noirâtre.

CASSURE, résineuse.

MOLÉCULE, indéterminée.

FORME, indéterminée.

Le succinite n'a pas encore été trouvé cristallisé.

Il se présente toujours sous forme de petites masses irrégulièrement globuleuses, agglutinées, et situées sur

---

(1) *Journal de Physique*, tom. LXII, pag. 400.
(2) *Journal de Physique*, tom. LXII, pag. 409.

des serpentines verdâtres. Quelquefois ces globules sont comme enchatonnés dans la serpentine.

Sa couleur est d'un jaune de succin plus ou moins pâle.

Sa dureté est peu considérable. Elle ne raie pas le verre, mais raie le spath calcaire.

Cette substance a été trouvée par Bonvoisin dans la vallée de *Vin*, une des trois vallées de Lans.

Elle paroît avoir beaucoup de rapports avec l'hyacinthine.

TROISIÈME ESPÈCE.

De la Meïonite.

Hyacinthine de Delamétherie. (Variété.)
Meïonite (1) de Haüy.
Hyacinthe blanche de la Somma.

Couleur, incolore.
Transparence, 1500.
Eclat, 2000.
Dureté, 1900.
Electricité, idioélectrique.
Fusibilité, 1500.
Verre, bulleux, blanc.
Cassure, lamelleuse.
Molécule, indéterminée.
Forme, prisme rectangulaire.

Première variété. Prisme rectangulaire.
Pyramide composée de quatre faces rhomboïdales qui naissent sur les arêtes du prisme.

Angle que deux faces opposées de la pyramide font au sommet 136° 30'.

____

(1) *Meïonite*, c'est-à-dire, *moindre* ou *inférieure*.

IIème VAR. La variété précédente tronquée au sommet par une facette perpendiculaire à l'axe.

IIIème VAR. La variété précédente dont le prisme est devenu octogone par la troncature de ses arêtes; ce qui change les faces de la pyramide.

IVème VAR. La variété précédente dont le prisme a seize faces, parce que chaque arête est tronquée par trois facettes linéaires.

Vème VAR. Les variétés précédentes dont les angles solides qui réunissent le sommet du prisme à la pyramide sont tronqués.

La méionite n'a pas encore été analysée.
Elle se trouve ordinairement dans des substances calcaires, rejetées par le Vésuve. Ainsi elle ne paroît point être un produit volcanique.

QUATRIÈME ESPÈCE.

Du Tafelspath.

Tafelspath de Klaproth.
Schaalstein de Werner.

Cette substance est ordinairement d'un blanc grisâtre. Sa pesanteur est 2.86.

On cite en avoir trouvé cristallisée en prisme hexaèdre.

Elle devient phosphorescente dans l'obscurité lorsqu'on la frotte avec une pointe d'acier.

Elle se trouve dans le Bannat à Dognatska, en petites veines avec une pierre calcaire bleuâtre qui contient des grenats verdâtres.

Klaproth en a retiré (tom. III , pag. 291),

Silice. 5o
Chaux. 45
Eau 5

SEPTIÈME GENRE.

Des Baryto-Silicites.

PREMIÈRE ESPÈCE.

De l'Andréolite.

Andréolite de Delamétherie.
Hyacinthe cruciforme du Hartz.
Kreustein de Werner.
Stauro-baryte de Saussure.
Harmotome (1) de Haüy.

COULEUR, d'un blanc de lait.
TRANSPARENCE, 800.
ECLAT, 1600.
PESANTEUR, 23530.
DURETÉ, 1200.
ELECTRICITÉ, idioélectrique.
FUSIBILITÉ, 1500.
VERRE, bulleux.
CASSURE, lamelleuse.
MOLÉCULE, indéterminée.
FORME, prisme rectangulaire.
      Pyramide tétraèdre.

PREMIÈRE VARIÉTÉ. Prisme rectangulaire aplati, composé de quatre faces hexagones.

Pyramide tétraèdre à faces rhomboïdales qui naissent sur les arêtes du prisme.

IIème VAR. La variété précédente dont deux des arêtes opposées de la pyramide sont tronquées par une facette, tandis que les autres sont intactes.

____

(1) *Harmotome,* c'est-à-dire, qui se divise sur les jointures.

IIIme var. Andréolite cruciforme.

Ce sont deux des prismes précédens engagés l'un dans l'autre, et se coupant à angles droits ; ce qui lui a fait donner le nom de cruciforme.

C'est la forme la plus commune de l'andréolite, et qui se trouve ordinairement à Andréasberg au Hartz.

Sa gangue est ordinairement calcaire.

Cependant j'en ai des morceaux qui sont avec des morceaux de galène.

La première variété se trouve en Angleterre.

Westrumb a retiré de l'andréolite d'Andréasberg,

Silice	44
Baryte	20
Alumine	20
Eau	16

Klaproth en a retiré (*Mémoires*, tom. 1, traduction française, pag. 463),

Silice	49
Alumine	16
Baryte	18
Eau	15

Des Strontio-Silicites.

Le sixième genre des silicites seroit composé des silicites qui contiendroient de la strontiane ; mais la Minéralogie n'en connoît point.

HUITIÈME GENRE.

Des Glucino-Silicites.

PREMIÈRE ESPÈCE.

De l'Émeraude.

Zamaruth des Arabes.
Smaragdus des Latins.
Smaragd des Allemands.
Emerald des Anglais.
Esmaruldos des Espagnols.
Emeraude.

COULEUR, verte, incolore.
TRANSPARENCE, 6000.
ECLAT, 7000.
PESANTEUR, 27000.
DURETÉ, 4500.
ELECTRICITÉ, idioélectrique.
RÉFRACTION, double.
FUSIBILITÉ, 3000.
VERRE, bulleux.
CASSURE, vitreuse.
MOLÉCULE, indéterminée.
FORME, prisme hexagone droit.

PREMIÈRE VARIÉTÉ. Prisme hexagone droit.

IIème VAR. Prisme dodécagone droit.

C'est la variété première tronquée sur les arêtes du prisme.

IIIème VAR. La variété tronquée sur les angles solides du sommet du prisme qui réunit la pyramide par des facettes triangulaires.

L'angle que font les faces triangulaires sur l'arête du prisme est de 135°.

IVème **VAR.** La variété première tronquée sur les faces du sommet du prisme par des facettes trapézoïdales.

Ces nouvelles facettes font un angle de 150° sur la face du sommet,

Et un angle de 120° sur les faces du prisme.

Vème **VAR.** La variété précédente dont les six angles solides du sommet du prisme avec la pyramide sont tronqués par de petites facettes rhomboïdales.

L'angle obtus de ces facettes est environ de 101° 30′, comme dans le spath calcaire.

Les angles obtus des faces trapézoïdales sont de 116° 30′.

VIème **VAR.** La variété précédente dont les faces rhomboïdales se sont agrandies et sont devenues pentagonales.

VIIème **VAR.** La variété précédente dont la pyramide a dix-neuf faces ; savoir :

Six hexagonales sur les angles solides du sommet,

Et deux rangées de facettes sur les faces du prisme.

La dix-neuvième est celle du sommet.

Toutes les émeraudes dont nous venons de parler viennent du Pérou, où elles se trouvent dans un canton qu'on nomme *des Emeraudes*, du côté de Santa-Fé ; elles se trouvent dans des filons de gneis et de schistes, avec des cristaux de quartz, de feldspath et de mica.

On en trouve quelquefois avec du gypse et du calcaire.

Cependant l'émeraude n'est point particulière au Pérou ; on en a trouvé en Corse et dans plusieurs provinces de France, en Limousin, proche Saint-Yriez, dans un filon de quartz ; du côté de Nantes, dans un filon de hornblende.

Celle de Saint-Yriez est en si grands morceaux qu'on

s'en sert pour paver les routes, ce qui est assez dire qu'elle n'est point transparente. Je pense qu'on doit plutôt la regarder comme une variété du béril que de l'émeraude ; elle est striée comme le béril, et l'émeraude ne l'est pas. Sa couleur est celle du béril.

Cependant les Anciens avoient une pierre qu'ils nommoient *émeraude*, mais nous ignorons quelle étoit cette substance.

L'émeraude a toujours été placée parmi les pierres précieuses, dont elle réunit toutes les qualités, l'éclat, la belle couleur qui est verte, la dureté, la transparence.....

Elle se casse perpendiculairement à l'axe.

Sa molécule paroît triangulaire.

Vauquelin a retiré de l'émeraude la nouvelle terre qu'il appelle *glucine :* voici les résultats de son analyse,

Silice.......................... 64.40
Alumine........................ 14
Glucine........................ 13
Chaux.......................... 2.56
Chrome oxidé................... 3.05
Eau............................ 2

Klaproth a confirmé l'analyse de Vauquelin ; il a retiré de l'émeraude (tom. III, pag. 226),

Silice.......................... 68.50
Glucine........................ 12.50
Alumine........................ 15.75
Chaux.......................... 0.25
Fer oxidé...................... 1
Chrome oxidé................... 0.30

Du Béril, ou de l'Aigue-Marine.

Βηρυλλος. Berullos en grec.
Berillus Plinii.
Aqua-marin des Allemands.
Aqua-marina des Italiens.
Aigue-marine. Béril.

Couleur, incolore, jaune, eau de mer.
Transparence, 7500.
Eclat, 4800.
Pesanteur, 26800.
Dureté, 4500.
Electricité, idioélectrique.
Réfraction, double.
Fusibilité, 3000.
Verre, bulleux, blanchâtre, opaque.
Cassure, vitreuse.
Molécule, indéterminée.
Forme, prisme hexagone droit.

Première variété. Prisme hexagone droit.

L'aigue-marine ou béril est regardée par Romé-de-Lisle comme une variété de l'émeraude, et elle en présente toutes les formes cristallines.

Sa couleur la plus ordinaire est celle de l'eau de mer, c'est-à-dire le vert tendre, d'où lui vient son nom d'aigue-marine ; mais il y en a de toutes les couleurs, bleues, vertes, jaunes, incolores.

Son éclat, sa dureté, sa pesanteur, sa transparence, sa réfraction sont les mêmes que ceux de l'émeraude.

Sa cristallisation est également la même ; sa forme ordinaire est le prisme droit : celle-ci se trouve en Daourie.

Mais on en trouve aux environs de Mouzink, au nord

d'Ekaterinbourg, dans les monts Ourals, qui ont des pyramides comme les diverses variétés de l'émeraude ; elles sont à peu de profondeur, dans des fissures du granit graphique.

Quelques-unes ont leurs prismes articulés.

Les autres, celles qui sont sans pyramides, se trouvent dans les monts Odontchelon, proche Nertshinski en Daourie.

Vauquelin a retiré du béril les mêmes principes que de l'émeraude,

Silice.............................. 64
Alumine 20
Glucine........................... 15
Fer oxidé.......................... 1

Klaproth a retiré du béril de Sibérie (tom. III, p. 219),

Silice.............................. 66.45
Alumine 16.75
Glucine........................... 15.50
Fer oxidé.......................... 0.60

On voit que cette analyse de l'aigue-marine diffère peu de celle de l'émeraude ; cependant celle-ci contient du chrome, et l'aigue-marine ne contient que du fer.

Ces deux pierres ont encore quelqu'autre différence. L'aigue-marine est striée longitudinalement, l'émeraude ne l'est point. Il y a des aigue-marines articulées, ce qu'on n'observe point dans les émeraudes.

Romé-de-Lisle avoit pensé que l'émeraude et le béril étoient une seule espèce ; cependant je pense qu'il faut faire deux variétés de ces pierres ou *sous-espèces*, suivant l'expression de Werner.

SECONDE ESPÈCE.

De l'Euclase.

Euclase (1) de Haüy.

Couleur, vert clair.
Transparence, 6000.
Eclat, 3000.
Pesanteur, 30630.
Dureté, 3000.
Electricité, idioélectrique.
Fusibilité, 3000.
Verre, incolore, sans bulles.
Cassure, lamelleuse.
Molécule, indéterminée.
Forme, prisme rhomboïdal.
       Pyramide tétraèdre.

Première variété. Prisme rhomboïdal strié longitudinalement et ayant beaucoup d'éclat.

     Angle obtus, environ .... 130°
     Angle aigu, environ .... 50°

Pyramide tétraèdre composée de quatre faces triangulaires qui naissent sur les faces du prisme.

Mais ces faces ne sont jamais bien régulières et sont surchargées d'autres facettes, ensorte qu'il est difficile d'en déterminer les angles.

Les faces de la pyramide ne sont pas striées, et ont moins d'éclat que celles du prisme.

Telle est la figure du cristal d'euclase que je possède.

____

(1) *Euclase*, c'est-à-dire, *facile à briser*. D'autres pierres sont beaucoup plus faciles à briser.

On a d'autres cristaux dans lesquels on observe un plus grand nombre de faces, mais également peu régulières.

L'euclase est une substance très-rare ; il faut en attendre de nouveaux cristaux pour en pouvoir déterminer la figure avec plus d'exactitude.

Vauquelin vient d'analyser l'euclase ; il en a retiré,

Silice. . . . . 35 à 36
Alumine. 22   23
Glucine. 12   15
Fer oxidé. 2   5
Perte 29   23

Il attribue cette perte considérable à quelque substance alkaline qui aura échappé à son analyse, à cause de la trop petite quantité de cette pierre qu'il a eue à examiner.

Cette pierre a été apportée du Pérou par Dombey, mais il n'a point indiqué le lieu où il l'a trouvée, et on l'ignore encore.

NEUVIÈME GENRE.

Des Zirconi-Silicites.

Les pierres zirconi-silicites sont des pierres siliceuses qui contiennent une quantité plus ou moins considérable de zircone, combiné avec la silice et d'autres terres.

PREMIÈRE ESPÈCE.

Kannelstein.

Nous avons donné ci-devant, pag. 113, la description de cette pierre, dont Lampadius dit avoir retiré,

Silice. 42.08
Zircone. 28.08
Alumine. 8.06
Potasse. 6
Chaux 3.08
Fer oxidé. 3
Perte. 7

Mais nous avons vu que Klaproth n'y a point trouvé de zircone, c'est pourquoi je l'ai classée avec les grenats.

DIXIÈME GENRE.

Des Yttrio-Silicites.

Les pierres yttrio-silicites sont celles qui contiennent une quantité plus ou moins considérable d'yttria, combiné avec la silice et d'autres terres.

ONZIÈME GENRE.

Des Ferrugino-Silicites.

Les pierres ferrugino-silicites sont celles qui contiennent une quantité plus ou moins considérable de fer oxidé, combiné avec la silice et d'autres terres, telles que la chlorite.....

PREMIÈRE ESPÈCE.

Chlorite.

Vauquelin en a retiré,

Silice. 26
Alumine. 18.05
Magnésie 8
Fer oxidé 43
Potasse muriatée. 2
Eau. 2

Mais tous les minéralogistes classent la chlorite avec les pierres.

J'ai suivi la même classification ci-devant.

DOUZIÈME GENRE.

Des Alkalino - Silicites.

Les pierres alkalino-silicites sont, ainsi que nous l'avons dit, des pierres siliceuses qui contiennent une quantité plus ou moins considérable de potasse ou de soude, ou de l'une et de l'autre, combinées avec la terre siliceuse et d'autres terres; telles sont,

1°. La leucite, qui contient, potasse, 0.22.

2°. La natrolite, qui contient, natron ou soude, 0.16.50.

3°. Le jade, qui contient, potasse 0.8.5, soude ou natron, 0.10.75.

Les chimistes retirent chaque jour de la potasse ou de la soude, des pierres, où ils n'en avoient point apperçues auparavant, comme nous l'avons vu dans les analyses du mica, des stéatites, des tourmalines....

Cette famille des alkalino-silicites est donc vraisemblablement très-nombreuse; mais il faut attendre de nouveaux travaux.

QUARANTIÈME LEÇON.

SECOND ORDRE.

Des Pierres alumineuses.

Aluminilites.

PREMIER GENRE.

Des Aluminilites purs.

PREMIÈRE ESPÈCE.

Du Saphir.

Saphir des Hébreux.
Σαφευρως, *Sapheiros* des Grecs.
Télésie de Haüy (1).
Corindon hyalin de Haüy.
Saphir.

COULEUR, incolore, de toutes couleurs:
TRANSPARENCE, 8500.
ÉCLAT, 8000.
PESANTEUR, 42000 à 39000.
DURETÉ, 8500.
ELECTRICITÉ, idioélectrique
RÉFRACTION, double.
CASSURE, vitreuse.
MOLÉCULE, indéterminée.
FORME, rhomboïdale.

(1) *Télésie*, c'est-à-dire, *corps parfait*. Quelle perfection a donc cette pierre? aussi a-t-il abandonné ce nom.

PREMIÈRE

Pᴏᴇᴍɪᴇ̀ʀᴇ ᴠᴀʀɪᴇ́ᴛᴇ́. Rhomboïde obtus.

Angle obtus, à peu près........ 93° 3o′
Angle aigu .... 86° 3o′

IIᵉᵐᵉ ᴠᴀʀ. Le rhomboïde précédent tronqué sur deux de ses faces opposées par une face triangulaire qui naît sur une des diagonales, et se prolonge jusqu'à l'angle solide de la même face.

IIIᵉᵐᵉ ᴠᴀʀ. Prisme hexagone droit.

IVᵉᵐᵉ ᴠᴀʀ. La variété précédente. Prisme hexagone terminé par deux pyramides hexagones à faces triangulaires.

Vᵉᵐᵉ ᴠᴀʀ. Dodécaèdre à faces triangulaires.

Il est formé, comme dans le quartz, de deux pyramides hexagones à faces triangulaires, jointes base à base. C'est la variété précédente sans prisme.

VIᵉᵐᵉ ᴠᴀʀ. Dodécaèdre à faces triangulaires, comme la variété précédente, mais plus alongées.

VIIᵉᵐᵉ ᴠᴀʀ. La variété précédente tronquée au sommet des deux pyramides par une face perpendiculaire à l'axe.

Il y a de plus trois petites facettes triangulaires qui naissent à chaque pyramide sur les angles alternes solides, qui réunissent le sommet du prisme à la pyramide.

VIIIᵉᵐᵉ ᴠᴀʀ. Le prisme hexagone tronqué à chaque sommet par trois faces triangulaires qui naissent sur les angles alternes solides, qui réunissent ce sommet à la pyramide.

IXᵉᵐᵉ ᴠᴀʀ. La variété précédente dont chaque sommet a six nouvelles facettes trapézoïdales qui naissent sur les faces du prisme.

2.

17.

Le saphir se trouve le plus souvent roulé ; il paroît être dans des terrains volcaniques ; au moins on le trouve dans des sables volcaniques au ruisseau d'Expailli au Puy, à Andernach.....

Ceux qu'on trouve aux Indes et à Ceylan sont le plus souvent roulés. Nous ignorons dans quel terrain ils sont situés.

Le saphir est la pierre la plus dure après le diamant.

Son éclat est vif.

Sa cassure est vitreuse.

Sa molécule paroît rhomboïdale.

La couleur du saphir varie beaucoup, et il reçoit différens noms à raison de la diversité de ces couleurs.

PREMIÈRE VARIÉTÉ. **Le** bleu conserve le nom de *saphir*.

IIème VAR. Le rouge s'appelle *rubis oriental*.

IIIème VAR. Le jaune s'appelle *topaze orientale*.

IVème VAR. Le violet s'appelle *améthiste orientale*.

Vème VAR. Le pistache ou jaune verdâtre s'appelle *chrysolite orientale*.

VIème VAR. L'opalisant rouge et bleu s'appelle *girasol oriental*.

VIIème VAR. L'incolore a souvent été pris pour un diamant.

On reconnoît toujours ces diverses espèces par leur pesanteur.

Quoique cette pierre soit appelée orientale, elle se trouve ailleurs, comme nous venons de le voir ; mais on donne le nom *oriental* aux gemmes qui ont le plus de jeu.

L'analyse du saphir par Klaproth a étonné également

les chimistes et les minéralogistes ; il en a retiré (tom. 1, pag. 88),

      Alumine............................ 98.50
      Chaux............................. 0.50
      Fer oxidé........................ 1

Vauquelin a eu à peu près les mêmes résultats.

Ces analyses font voir que le saphir doit être regardé comme un oxide pur d'aluminium.

Saphir d'eau.

On avoit donné jadis le nom de *saphir d'eau* à un quartz coloré en bleu.

Aujourd'hui on donne ce nom à une pierre entièrement différente, comme nous l'avons vu ci-devant, pag. 18 de ce volume.

Du Corindon.

Corindon des Chinois.
Spath adamantin du docteur Lind.
Variété de saphir de Romé-de-Lisle.

Couleur, noire ou blanchâtre.
Transparence, très-souvent opaque.
Eclat, 1500.
Pesanteur, 39000.
Dureté, 7500 à 8000.
Cassure, vitreuse.
Molécule, indéterminée.
Forme, rhomboïdale.

Première variété. Rhomboïde obtus dont les angles sont 93° 30', et 86° 30'.

IIème var. Prisme hexagone.

Pyramides composées de trois faces triangulaires qui naissent sur les arêtes alternes du prisme et de la face au sommet.

IIIème VAR. La variété précédente dont les pyramides sont augmentées de six faces linéaires qui naissent sur les sommets des faces du prisme.

Chaque pyramide a par conséquent dix faces.

Ce sont les principales formes qu'affectent les corindons ordinaires.

Mais aujourd'hui on a placé parmi les corindons plusieurs cristaux qui affectent les mêmes formes que le saphir. Romé-de-Lisle avoit apperçu le premier ces rapports. Bournon, qui a eu l'occasion favorable d'observer un grand nombre de corindons et de saphirs (1), a confirmé les premiers apperçus de Romé-de-Lisle ; et on regarde maintenant le corindon comme une variété du saphir ; néanmoins il n'en possède pas les qualités au même degré.

Le corindon est moins dur que le saphir.

Il est moins pesant.

Sa transparence est moindre, et le plus souvent il est opaque.

Il a moins de jeu.

Enfin les couleurs du corindon sont beaucoup moins vives.

On distingue en général deux espèces de corindon.

Celui de la Chine, qui est d'un brun plus ou moins foncé, tirant sur le noir ; il contient assez souvent du fer attirable, et fait mouvoir le barreau aimanté.

Le corindon de l'Inde est en général d'un gris-blanc ,

---

(1) *Journal des Mines*, tom. XIV, pag. 1 et 81.

cassant à grandes lames spathiques, qui ont un chatoiement bien prononcé, et qu'une très-foible demi-transparence.

Ces deux espèces, les seules anciennement connues, diffèrent entièrement du saphir.

Mais depuis ce temps on a donné le nom de corindon à des cristaux transparens, rougeâtres, même bleus....., et ces qualités les rapprochent beaucoup des saphirs.

Les analyses des saphirs et des corindons diffèrent aussi jusqu'à un certain point.

Klaproth a retiré du saphir,

Alumine........................... 98
Chaux 0.50
Fer oxidé.......................... 1

Il a retiré du corindon de la Chine (tom. 1, pag. 73);

Alumine 84
Silice............................. 6.30
Fer oxidé.......................... 7.30
Perte............................. 2

Il a retiré de celui du Bengale (*ibid.*),

Alumine 89.50
Silice............................. 5.50
Fer oxidé.......................... 1.28
Perte. 3.72

Les gisemens du saphir et du corindon diffèrent également. On n'a trouvé jusqu'ici les saphirs que dans des terrains volcaniques, en Europe, au Puy, à Andernach...; et dans les Indes, à Ceylan..., pays également volcanique.

Le corindon se trouve au contraire dans des granits, avec quartz, feldspath, thallite, hornblende, mica, talc, grenat, zircone, fibrolite..... Il paroît assez commun dans l'Inde et à la Chine. On en emploie la poudre aux mêmes usages, pour polir, que celle de diamant.

Je pense donc qu'il faut faire deux variétés bien distinctes du saphir et du corindon.

De l'Astérie.

Asterias de Pline.

Les anciens appeloient *astérie*, pierre étoilée, une pierre demi-transparente qui présente des raies bleues et rougeâtres, formant à peu près un prisme hexagone; ils comparoient ces raies très-brillantes à la scintillation des étoiles.

On ignore quelle étoit la pierre dont ils ont parlé.

Bergman soupçonnoit que c'étoit une espèce d'hydrophane.

Blumenbach la range parmi les feldspaths.

Lapoterie pense que c'est une espèce de saphir; elle est, dit-il, demi-transparente, d'un gris bleuâtre, et présente dans son intérieur des prismes hexagones concentriques, qui forment comme des espèces d'étoiles.

J'ai vu des saphirs taillés en cabochons, dans lesquels on appercevoit effectivement des prismes hexagones concentriques. Leur couleur étoit bleue; quelquefois elle est d'un bleu dans lequel on démêloit des teintes rouges.

L'ordre des aluminites peut se sous-diviser en plusieurs genres, comme l'ordre des silicites.

On aura,

1°. Les silico-aluminilites.

2°. Les magnesio-aluminilites.

3°. Les calco-aluminilites, comme le dipyre.

4°. Les alkalino-aluminilites, comme l'alun, la cryolite.

QUARANTE - UNIÈME LEÇON.

SECOND GENRE. DES SILICO - ALUMINITES.

Des Silico - Aluminites.

PREMIÈRE ESPÈCE.

De l'Emeril.

Smirgel des Allemands.
Corindon granuleux de Haüy.

COULEUR, noirâtre, grisâtre.
TRANSPARENCE, o.
PESANTEUR, 39000.
DURETÉ, 3000.
ELECTRICITÉ, anélectrique.
MAGNÉTISME, magnétique.
CASSURE, grenue.
MOLÉCULE, indéterminée.
FORME, indéterminée.

L'émeril cristallise toujours d'une manière confuse.

Sa dureté est considérable ; réduit en poudre, il sert dans les arts à polir les corps durs.

On connoît différentes variétés d'émeril.

PREMIÈRE VARIÉTÉ. Emeril noirâtre. Il se trouve à l'île de Naxos.

IIème VAR. Emeril gris de cendres. Il se trouve aux îles de Jersey et de Guernesey, mêlé avec une stéatite d'un gris rougeâtre, quelquefois blanchâtre.

IIIème VAR. Emeril gris lamelleux d'Angleterre.

IVème VAR. Emeril cendré, dont la cassure est grenue, du Parmesan.

Vème VAR. Emeril rougeâtre, brun. Il se trouve dans du jaspe, au Pérou, au Mexique.

On avoit regardé jusqu'à Tennant l'émeril comme une mine de fer uni à une grande quantité de quartz ou de silice. Wiegleb avoit dit en avoir retiré,

Fer oxidé..........................	4.5
Silice.............................	95.5

Mais Tennant a prouvé dans un Mémoire lu à la Société royale de Londres, que l'émeril est, comme le corindon, composé en plus grande partie d'alumine.

Il a retiré d'un émeril noirâtre venant de Naxos, et bien dépouillé de fer,

Alumine..........................	80
Silice............................	3
Fer oxidé........................	4
Partie insoluble..................	3

Un autre morceau qui n'avoit pas été dépouillé de fer, lui a donné,

Alumine	50
Silice............................	8
Fer oxidé........................	32
Partie insoluble..................	1

Ces analyses de l'émeril et ses caractères extérieurs prouvent que cette substance ne peut être regardée comme une variété de corindon, mais doit former une espèce particulière du genre des silico-aluminilites.

SECONDE ESPÈCE.

De la Ceylanite.

Ceylanite de Delamétherie (1).
Pléonaste (2) de Haüy.
Variété de spinelle de Haüy.

COULEUR, noire.
TRANSPARENCE, 1500 à 0.
ECLAT, 1500.
PESANTEUR , 37650.
DURETÉ , 3500.
ELECTRICITÉ, idioélectrique.
FUSIBILITÉ, 2000.
VERRE, brunâtre.
CASSURE , lamelleuse.
MOLÉCULE , indéterminée.
FORME, octaèdre.

PREMIÈRE VARIÉTÉ. Octaèdre.
IIème VAR. Octaèdre prismé.
IIIème VAR. Octaèdre tronqué sur ses douze arêtes.
IVème VAR. Octaèdre tronqué sur chacun de ses six angles solides par quatre facettes triangulaires.
Le cristal a trente-deux facettes.

Vème VAR. L'octaèdre a quarante-quatre facettes.
C'est l'octaèdre tronqué sur les arêtes, comme dans la variété troisième, et sur chacun de ses six angles solides par quatre faces triangulaires , comme dans la variété quatrième.

____

(1) *Théorie de la Terre*, tom. II, pag. 276.
(2) *Pléonaste*, c'est-à-dire, *qui surabonde*. Quel nom!

VIème VAR. Le dodécaèdre à plans rhombes.

C'est la variété troisième dont les douze troncatures ont fait disparoître les faces de l'octaèdre.

VIIème VAR. Le dodécaèdre tronqué sur huit angles solides par trois plans : le plus souvent on apperçoit encore quelques vestiges de l'octaèdre.

VIIIème VAR. Le dodécaèdre qui a quarante-quatre facettes.

C'est la même forme que la variété cinquième.

IXème VAR. La variété précédente dont les vingt-quatre arêtes qui séparent les vingt-quatre facettes trapézoïdales des huit faces triangulaires sont tronquées par des facettes rectangulaires.

J'ai trouvé cette substance parmi les cristaux qui nous viennent de Ceylan, c'est pourquoi je lui ai donné le nom de *ceylanite*.

J'ai retrouvé les mêmes cristaux dans des morceaux vomis par le Vésuve.

Cordier l'a aussi trouvée dans des laves d'Andernach.

Collet-d'Escotils a retiré de la ceylanite de Ceylan ,

Alumine 68
Silice. 2
Magnésie 12
Fer oxidé. 16
Perte 2

L'analyse de cette substance et ses caractères font voir que c'est une espèce particulière.

TROISIÈME ESPÈCE.

De la Chrysopale.

Chrysopale de Delamétherie (1).
Chrysolite opalisant du commerce.
Chrysobéril de Werner.
Cymophane (2) de Haüy.

COULEUR, vert d'asperge.
TRANSPARENCE, 500.
ÉCLAT, 5000.
PESANTEUR, 37961.
DURETÉ, 7000.
ÉLECTRICITÉ, idioélectrique.
CASSURE, vitreuse.
MOLÉCULE, indéterminée.
FORME, prisme rectangulaire.

PREMIÈRE VARIÉTÉ. Prisme rectangulaire aplati dont chaque face est hexagonale et serrée longitudinalement.

Pyramide à quatre faces trapézoïdales qui naissent sur les arêtes du prisme.

Angle que chaque face de la pyramide fait sur la face large du prisme, à peu près, 136° 30′.

IIème VAR. La variété précédente dont chacune des deux arêtes de la pyramide qui correspondent aux faces étroites du prisme est tronquée par une face rectangulaire : la pyramide a six faces.

L'angle que fait cette nouvelle face sur la face étroite du prisme, est de 120°.

---

(1) *Théorie de la Terre*, tom. II, pag. 244.
(2) *Cymophane*, c'est-à-dire, *lumière flottante*.

IIIème var. Les variétés précédentes dont le prisme est devenu octogone par la troncature de ses arêtes.

IVème var. La variété précédente dont la pyramide est devenue dièdre, parce que les deux faces nouvelles rectangulaires de la variété seconde ont fait disparoître les quatre primitives.

Vème var. Prisme hexagone droit.

C'est la variété précédente aplatie.

Les deux faces larges du prisme font les deux sommets de celui-ci.

Et les six côtés du prisme sont formés des deux faces rectangulaires de la pyramide variété seconde, et des quatre faces correspondantes du prisme ; toutes les autres ont disparu.

VIème var. Prisme rhomboïdal droit. Angle obtus 120°.

C'est le prisme hexagone précédent, qui est devenu rhomboïdal par la troncature de deux de ses arêtes.

VIIème var. L'octaèdre rhomboïdal.

C'est le prisme précédent, qui a deux sommets dièdres.

Nous n'avons que des cristaux assez imparfaits de cette substance, ainsi il est difficile d'en bien déterminer les formes.

Cette substance nous est apportée du Brésil : on dit qu'elle se trouve aussi à Ceylan et à Nertschink en Sibérie.

Bruce vient de la retrouver aux Etats-Unis, dans un granit.

Sa couleur est d'un vert tendre.

Mais en la plaçant entre l'œil et le corps lumineux, et la faisant tourner sur elle-même, on apperçoit dans son tissu un nuage blanchâtre qui fait un fort joli effet, parti-

.culièrement lorsqu'elle est taillée ; c'est pourquoi les joailliers l'appellent *chrysolite opalisant.*

Klaproth en a retiré (tom. 1, pag. 102),

Alumine 71.05
Silice. 18
Chaux 6
Fer oxidé 1.05
Perte 3

QUATRIÈME ESPÈCE.

Du Diapsore.

Diapsore (1) de Haüy.

Couleur , gris- blanc.
Transparence , 100.
Éclat , 1000.
Pesanteur , 34324.
Dureté , 1200.
Électricité.
Cassure , lamelleuse, curviligne.
Molécule , indéterminée.
Forme , indéterminée.

Première variété. On n'a point encore trouvé cette substance cristallisée régulièrement ; elle se présente ordinairement en lames légérement curvilignes, qui paroissent fibreuses, et qu'on divise facilement.

Lorsqu'on l'expose à la flamme du chalumeau, elle petille et se disperse aussitôt en petits fragmens.

Lelièvre, qui a le premier fait connoître cette subs-

____

(1) C'est-à-dire , qui se disperse.

tance, l'a trouvée dans une roche argilo-ferrugineuse ; mais il ignoroit d'où cette roche venoit.

Vauquelin a retiré du diapsore (*Annales de Chimie*, floréal an x),

    Alumine........................... 80
    Fer oxidé.......................... 3
    Eau de cristallisation............... 17

Cette quantité d'eau pourroit faire soupçonner que le diapsore est un hydrate.

CINQUIÈME ESPÈCE.

De la Pinite.

Pinite de Brochant.
Pinitstein d'Emmerling.
Micarelle de Kirwan.

CouLEUR, brun rougeâtre.
TRANSPARENCE, 100.
ÉCLAT, 400.
PESANTEUR, 2980.
DURETÉ, 700.
FUSIBILITÉ, 10000.
VERRE, coloré.
CASSURE, vitreuse.
MOLÉCULE, indéterminée.
FORME, prisme hexagone ou ennéagone.

PREMIÈRE VARIÉTÉ. Prisme hexagone droit.
IIème VAR. Prisme ennéagone droit.
IIIèm VAR. Prisme dodécagone.

Ce cristal est ordinairement un prisme hexagone droit ; mais quelquefois ses arêtes sont arrêtées, et il devient ennéagone ou dodécagone.

D'autres fois il a l'apparence d'un prisme rectangulaire.

On apperçoit quelquefois des petites facettes au sommet du prisme, mais elles ne présentent point de formes régulières.

Klaproth a retiré par l'analyse de cette substance,

Alumine 63.75
Silice 29.50
Fer oxidé 6.75

La pinite se trouve dans un granit grisâtre, composé de quartz, de feldspath et de mica.

On ne l'avoit d'abord rencontrée que dans une mine appelée *Pini*, près de Schneeberg en Saxe ; c'est pourquoi on lui a donné le nom de *pinite*.

Mais depuis ce temps on en a beaucoup trouvé en Auvergne : c'est Lecoq qui l'a reconnue le premier.

Drapier a retiré de la pinite d'Auvergne,

Alumine 42
Silice 46
Fer oxidé 2.05
Perte par la calcination 7
Perte dans l'analyse 2.05

Cette analyse est assez différente de celle de Klaproth pour engager à la recommencer.

SIXIÈME ESPÈCE.

Du Cyanite.

Cyanite de Werner.
Sappare, Saussure fils.
Schorl bleu.
Disthène de Haüy (1).

------

(1) *Disthène,* c'est-à-dire, *qui a deux forces.*

Couleur, bleue, jaunâtre, rougeâtre, incolore.

Transparence, 2500.

Eclat, 1800.

Pesanteur, 36180.

Dureté, 2600.

Electricité, anélectrique.

Réfraction, double.

Cassure, lamelleuse.

Molécule, indéterminée.

Forme, prisme hexagone droit, aplati.

Première variété. Prisme hexagone droit, aplati, oblique.

Les deux faces larges, qui sont toujours opposées, ont beaucoup d'éclat.

Les quatre autres sont ternes; il y en a deux qui sont toujours plus larges que les autres.

Angles de l'obliquité du sommet, environ 60° et 120°.

Les molécules, qui paroissent rectangulaires, sont posées sur les faces larges perpendiculairement à l'axe ; ce qui donne de l'éclat à la face : les quatre faces ternes indiquent les extrémités des lames.

Le prisme se brise perpendiculairement à l'axe, conformément à la position des lames.

IIème var. Prisme octogone oblique.

Le prisme devient octogone par la troncature des deux arêtes qui réunissent les faces ternes.

Dans ces deux variétés il y a le plus souvent deux prismes accolés.

IIIème var. Deux prismes hexagones réunis.

IVème var. Cyanite en masse lamelleuse.

On .

On trouve rarement cette substance cristallisée régulièrement ; elle se présente le plus souvent en masse
lamelleuse alongée.

Quoique la couleur du cyanite soit ordinairement la
bleue, il y en a qui est sans couleur ; d'autres fois il
est blanc, gris, jaune de rouille, rougeâtre.

Son électricité est négative.

Saussure n'a pu le fondre.

Il se rencontre le plus souvent dans les gneis, les
stéatites ; il est souvent avec la granatite.

J'ai des cristaux de cyanite implantés dans ceux de
granatite.

Plusieurs chimistes en ont donné l'analyse.

Saussure fils en a retiré,

Alumine......................... 55
Silice.......................... 29.02
Magnésie........................ 2
Chaux 2.25
Fer oxidé....................... 6.65
Eau et perte.................... 4.09

Klaproth a retiré du cyanite du Saint-Gothard (*Journal
de Physique*, tom. LXXI, pag. 438),

Alumine........................ 55.50
Silice......................... 43
Fer oxidé...................... 0.50
Kali ou potasse, une trace.

Cette pierre se trouve dans toutes les montagnes granitiques, dans les Alpes de Suisse, de la Savoie, du
Tyrol, aux Pyrénées, en Bretagne.

Pierres et Terres mélangées de Cyanite.

La gangue du cyanite se trouve souvent imprégnée de sa substance.

SEPTIÈME ESPÈCE.

Sommite.

Sommite de Delamétherie (1).
Nepheline (2) de Haüy.

COULEUR, incolore.
TRANSPARENCE, 1600.
ECLAT, 1600.
PESANTEUR, 32500.
DURETÉ, 2600.
ÉLECTRICITÉ, idioélectrique.
CASSURE, vitreuse.
MOLÉCULE, indéterminée.
FORME, prisme hexagone droit.

PREMIÈRE VARIÉTÉ. Prisme hexagone droit.
IIème VAR. Prisme dodécagone droit.

C'est la variété précédente dont chaque arête du prisme est tronquée.

IIIème VAR. La variété première dont les arêtes terminales du prisme sont tronquées par des facettes trapézoïdales.

La pyramide a sept faces.

IVème VAR. J'ai apperçu sur quelques faces du prisme une double troncature ; ce qui donneroit une pyramide à treize faces.

---

(1) *Théorie de la Terre.*
(2) *Nepheline,* c'est-à-dire, *nébuleuse.*

Cette substance est peu connue ; elle n'a encore été trouvée que parmi les éjections non-volcaniques de la Somma, le plus souvent dans des substances calcaires. Elle est très-abondante à la Somma ; c'est pourquoi je lui ai donné le nom de *sommite*.

Fleuriau-Bellevue m'a dit en avoir trouvé parmi les matières volcaniques des îles de France.

Vauquelin a retiré de la sommite (1),

Alumine 49
Silice 46
Chaux............................... 2
Fer oxidé 1
Perte................................ 2

Sommite de Tromoc.

Albigaard a trouvé à Tromoc, près d'Arandal, dans un trapp ferrugineux , des cristaux qu'il croit être de la sommite.

De la Pseudo - Sommite.

Cette substance se trouve dans la lave de *Capo di Bove*, avec les cristaux de mélilite.

Elle se présente sous forme de prismes hexagones droits alongés.

Son éclat est moins vif que celui de la sommite du Vésuve.

Elle a un caractère chimique particulier.

Mise dans les acides, elle forme gelée, tandis que celle du Vésuve ne fait pas gelée.

C'est cette qualité observée par Fleuriau-Bellevue qui

______

(1) *Bulletin Philomatique*, an V, pag. 13.

18..

l'a engagé à faire de cette substance une sous-espèce sous le nom de pseudo-sommite (*Journal de Physique*, tom. LI, pag. 458.)

Elle diffère encore de la sommite, parce qu'elle se trouve dans de vraies laves ou matières volcaniques; au lieu que la sommite de la Somma se trouve dans des substances non volcaniques, et le plus souvent calcaires.

HUITIÈME ESPÈCE.

De la Fibrolite.

Fibrolite de Bournon.

COULEUR, blanc-gris sale.
PESANTEUR, 3214.
CASSURE, vitreuse.
MOLÉCULE, indéterminée.
FORME, prisme rhomboïdal droit.

PREMIÈRE VARIÉTÉ. Tétraèdre rhomboïdal droit.

Angle obtus, à peu près.......... 100°
Angle aigu...................... 80°

IIème VAR. Cristallisation confuse fibreuse.

Bournon qui a décrit cette substance (1), lui a donné le nom de *fibrolite*, à cause de son tissu fibreux. Voici les caractères qu'il lui assigne :

Sa couleur est d'un blanc-gris sale.

Sa pesanteur est 3214.

Sa dureté est plus grande que celle du quartz.

Elle est infusible à la flamme du chalumeau.

---

(1) *Journal des Mines*, tom. XIV, pag. 81.

Lorsqu'on la frotte, elle devient phosphorescente et donne une lueur d'un rouge foncé.

Sa cassure en masse est fibreuse, mais si on casse ces fibres transversalement, la cassure est vitreuse.

Cette substance se trouve avec le corindon, soit celui de la Chine, soit celui de l'Inde.

Chenevix a retiré de la fibrolite du Carnate,

Alumine 58.25
Silice 38
Trace de fer et perte............... 3.75

Le même chimiste a retiré de la fibrolite de la Chine,

Alumine 46
Silice............................ 33
Fer oxidé 13
Perte............................ 8

QUARANTE-DEUXIÈME LEÇON.

TROISIÈME GENRE.

De l'Alumine combinée avec l'Acide sulfurique.

Alumine sulfatée.

PREMIÈRE ESPÈCE.

De l'Alun.

Alun.

Alumine sulfatée alkaline de Haüy (1).

---

(1) Ceci est une définition, et non un nom.

Couleur, incolore.

Transparence, 1200.

Eclat, 800.

Dureté, 100.

Electricité, anélectrique.

Fusibilité, 160.

Verre, boursoufflé.

Cassure, vitreuse.

Molécule, indéterminée.

Forme, octaèdre.

Première variété. Octaèdre régulier.

a Il devient quelquefois cunéiforme.
b D'autres fois il est aplati.

IIème var. L'octaèdre tronqué sur ses six angles solides. Le cristal a quatorze facettes.

IIIème var. L'octaèdre tronqué dans ses douze arêtes par des plans linéaires hexagones, ce qui donne un cristal à vingt facettes.

IVème var. L'octaèdre tronqué sur ses angles et sur ses arêtes, comme chacune des deux variétés précédentes, ce qui donne un cristal à vingt-six facettes.

Vème var. Deux octaèdres accolés et transposés.
VIème var. Le cube.
VIIème var. Cristallisation confuse.
Alun de Roche.

On trouve souvent l'alun cristallisé d'une manière confuse en grandes masses. On l'a appelé *alun de Roche*, du nom d'une petite ville de Syrie, suivant Léibnitz.

L'alun en masse se trouve natif à Tavari dans la Laponie.

Nous avons déjà dit que l'alun octaèdre contient un excès d'acide.

L'alun cubique en contient moins.

Et l'alun qui ne cristallise pas régulièrement contient un excès de base.

Les faces dans l'alun octaèdre sont éclatantes.

Les faces de l'alun cubique sont ternes.

Dans l'alun à quatorze facettes, les faces de l'octaèdre sont éclatantes, et celles du cube sont ternes.

L'alun se présente encore sous d'autres modifications.

a Alun en stalactites. Il se trouve dans l'île de Milo.

b Alun de plumes, alun fibreux.

> *Trichite* du Dioscoride.
>
> *Halotrichite.*

C'est de l'alun natif qui se présente sous forme de filets capillaires, affectant jusqu'à un certain point la forme des barbes de plume.

c Alun natif granuleux.

Il se présente quelquefois sous forme d'une poussière blanchâtre et en grains.

C'est de l'alun natif effleuri.

Scheèle avoit soupçonné que l'alun contenoit toujours de la potasse, lorsqu'il étoit cristallisé.

Vauquelin a confirmé ce soupçon de Scheèle, et il a fait voir que l'alun ne cristallisoit jamais que par l'intermède de la potasse ou de l'ammoniaque. Il a retiré de l'alun du commerce,

Alumine sulfatée...................... 49
Potasse sulfatée...................... 7
Eau de cristallisation................ 44

Klaproth a retiré de l'alun fibreux de Saxe,

Alumine.............................. 15.25
Fer oxidé........................... 7.50
Potasse............................. 0.25
Acide sulfurique et eau............. 77

Roard et Thenard ont donné une nouvelle analyse de l'alun du commerce (*Annales de Chimie*, tom. LIX, pag. 72), ils en ont retiré,

Alumine 12.53
Acide sulfurique.................... 26.04
Potasse............................. 10.02
Eau 51.41

SECONDE ESPÈCE.

De l'Aluminite.

Alauminite de Delamétherie (1).
Pierre alumineuse de la Tolfa.
Alunstein de Werner.

COULEUR, blanchâtre.

ECLAT, 50.

PESANTEUR, 26800.

DURETÉ, 100.

ELECTRICITÉ, anélectrique.

FUSIBILITÉ, 3000.

VERRE, incolore.

CASSURE, terreuse.

MOLÉCULE, indéterminée.

FORME, indéterminée.

Cette pierre ne cristallise point.

____

(1) *Théorie de la Terre*, tome 2.

Un des aluminites les plus connus est celui de la Tolfa auprès de Rome.

Sa couleur est blanche, ou d'un gris blanc. Quelquefois elle a une teinte rougeâtre due à des oxides de fer. Son grain est fin.

Elle est en masses compactes qui ne sont point feuilletées, ni déposées par couches.

Ces masses sont traversées de haut en bas par des petites veines ou filons d'un quartz gris blanc presque perpendiculaire, et qui ont trois et quatre pouces environ d'épaisseur.

Elle ressemble à une argile blanchâtre endurcie.

Dans son état naturel elle n'a point de saveur.

On la porte dans des fours où on la fait calciner.

Elle acquiert pour lors la saveur alumineuse.

On la lessive, et on extrait l'alun par les évaporations et cristallisations.

Plusieurs naturalistes pensent que cet aluminite de la Tolfa est une lave décomposée, et altérée par l'acide sulfurique.

Monnet croit que c'est une argile combinée avec le soufre.

C'est aussi le sentiment de Bergman, qui dit en avoir retiré,

Soufre 43
Argile. 35
Silice 22
Potasse.
Fer oxidé.
Baryte.

Dans ce cas la calcination changeroit le soufre en acide sulfurique, lequel se combine avec l'alumine.

D'autres pensent que l'aluminite de la Tolfa est une combinaison de la terre alumineuse avec l'acide sulfurique, de manière qu'il y a excès de base ; ce qui le rend insoluble. La calcination en brise l'agrégation, et facilite l'accès de l'eau.

Vauquelin a retiré de l'aluminite de la Tolfa (*Annales de Chimie*, n° LX),

Alumine......................... 43.92
Acide sulfurique.................... 25
Potasse......................... 3.40
Silice.......................... 24.08
Eau 3.60

Vauquelin pense que l'acide sulfurique, combiné avec l'alumine et la silice, forme un sel insoluble ; c'est pourquoi l'aluminite de la Tolfa qui n'a pas été calciné ne se dissout point dans l'eau.

Klaproth a aussi analysé l'aluminite de la Tolfa ; il en a retiré (*Journal de Physique*, tom. 71, pag. 412),

Silice.......................... 55.5
Alumine........................ 19
Acide sulfurique.................. 16.5
Potasse......................... 4
Eau 3

Aluminite artificiel (1).

Cureaudeau a fait l'aluminite artificiel avec

____

(1) *Journal de Physique*, tom. LXVIII, pag. 409.

Acide sulfurique 0.16.7
Alumine ou argile cuite pulvérisée .. 0.33.3
Eau 0.50

Vingt-cinq à trente quintaux de ce mélange dans l'eau chaude acquièrent la dureté du marbre.

> *Alaunite* de Delamétherie. (*Voyez* ci-devant, pag. 182.)
> *Aluminite pyriteux, schisteux,*
> *Alaunschiefer* de Werner.

Tous les aluminites ne ressemblent pas à celui de la Tolfa. La plupart des schistes mélangés avec des pyrites, peuvent devenir des aluminites si les pyrites se décomposent. L'acide sulfurique qui se dégage se combine avec l'argile et forme de l'alun ; mais pour les faire cristalliser il faut y ajouter de la potasse.

On forme en beaucoup d'endroits de l'alun, en favorisant la décomposition spontanée des pyrites, en les exposant à l'air et les humectant, ou en les calcinant.

> *Aluminite Pyrito-bitumineux.*
> *Alaunerde* de Werner.

Ce sont des schistes pyrito-bitumineux, qui se traitent comme les aluminites pyriteux.

> *Aluminite volcanique* (alaunstein.)

On trouve à la Solfatare et auprès de plusieurs autres lieux volcaniques une terre alumineuse blanchâtre ; ce sont des argiles pures, ou mélangées, exposées aux vapeurs de l'acide sulfureux qui se dégage en quantité. Cet acide se change en sulfurique, et, se combinant avec la terre argileuse, forme de l'alun, qu'on obtient en lessivant seulement cette terre.

Klaproth a retiré d'une lave altérée aluminifère (t. iv, pag. 252),

Silice 56.50
Alumine 19
Acide sulfurique 16.50
Potasse 4
Eau 3

QUATRIÈME GENRE.

De l'Alumine combinée avec l'acide fluorique.

PREMIÈRE ESPÈCE.

De la Chriolite.

Chriolite de Albigaard (1).
Alumine fluatée alkaline de Haüy (2).

COULEUR , blanc laiteux.
TRANSPARENCE, 100.
ECLAT, 400.
PESANTEUR, 2949.
DURETÉ, 500.
FUSIBILITÉ , 150.
VERRE, bulleux.
CASSURE , lamelleuse.
MOLÉCULE, indéterminée.
FORME, indéterminée.

PREMIÈRE VARIÉTÉ. Cristallisation confuse.

Cette substance n'a point encore été trouvée cristallisée régulièrement. On apperçoit néanmoins dans sa

---

(1) *Journal de Physique*, tom. li , pag. 245.
(2) Cette dénomination n'est pas un nom, mais une définition.

cassure des lames rectangulaires qui indiquent un commencement de cristallisation régulière.

Sa couleur est blanchâtre.

Elle a une demi-transparence qui augmente lorsqu'on la met dans l'eau.

Sa dureté est assez considérable pour rayer le gypse, mais elle est rayée par le calcaire.

Exposée à la plus foible chaleur, elle coule avec la même liquidité qu'un morceau de glace fondu (1); d'où *Albigaard* a tiré son nom.

Cette substance fut apportée à Copenhague par un missionnaire qui l'avoit trouvée au Groënland.

Albigaard l'examina au bout de plusieurs années, et reconnut qu'elle contenoit,

Chaux,
Acide fluorique.

Klaproth a retiré de la chriolite (tom. III, pag. 214),

Alumine 24
Natron. 36
Acide fluorique et eau 40

Vauquelin a retiré de la même substance,

Alumine. 21
Natron 32
Acide fluorique et eau 47

---

(1) Κρυος, froid, glace; λιδος, pierre, pierre de glace.

SECONDE ESPÈCE.

De la Topaze.

Τοπαζειον, *topazeion* des Grecs.
Topazium des Latins (1).
Topas des Allemands, des Suédois, des Anglais.
Alumine fluatée silicée de Haüy.

COULEUR, de plusieurs couleurs.
TRANSPARENCE, 800.
ECLAT, 5000.
DURETÉ, 4800.
PESANTEUR, 35365.
ELECTRICITÉ, pyroélectrique.
RÉFRACTION, double.
FUSIBILITÉ, 3200.
VERRE, bulleux.
CASSURE, lamelleuse.
MOLÉCULE, indéterminée.
FORME, octaèdre rhomboïdale.
PREMIÈRE VARIÉTÉ. Octaèdre rhomboïdal.

Ces cristaux octaèdres sont toujours très-petits. Je les ai trouvés dans des variétés de la topaze de Saxe. On en trouve également dans celle de Sibérie.

IIème VAR. La variété précédente qui se présente comme un prisme rhomboïdal qui devient octogone avec des sommets dièdres qui deviennent hexaèdres.

Les deux faces du sommet qui représentent les deux faces de la variété précédente, se réunissent sous un angle de 91° 30′.

____

(1) Il paroît que notre topaze est le chrysolite des Anciens, et que leur chrysolite est notre topaze; car ils appeloient topaze toutes les pierres dont la couleur étoit d'un jaune verdâtre.

Le prisme devient octogone par quatre nouvelles faces qui tronquent ses arètes.

Les sommets acquièrent quatre nouvelles faces triangulaires qui naissent sur l'angle solide de chacune des nouvelles faces du prisme. Ainsi ils ont six faces.

Cette variété est très-commune dans les topazes de Sibérie et de Saxe.

IIIème var. La variété précédente dont l'arête du sommet est tronquée par une face perpendiculaire à l'axe.

IVème var. La variété précédente dont le prisme a douze côtés.

Vème var. La variété troisième qui a deux nouvelles facettes triangulaires qui naissent au bas de chacune des deux grandes faces de la pyramide, lesquelles deviennent hexagones.

VIème var. La variété précédente qui a quatre nouvelles faces à la pyramide, lesquelles naissent sur les quatre petites faces de la pyramide, et font un double rang au-dessus d'elles.

La pyramide à treize faces.

a La face du sommet manque quelquefois.

VIIème var. La variété quatrième qui a les quatre nouvelles faces de la variété sixième, à la pyramide.

Et de plus, quatre nouvelles faces qui séparent les grandes faces de la pyramide des huit petites.

La pyramide a quinze faces.

VIIIème var. La variété précédente qui. au bas de chacune des grandes faces de la pyramide, a deux nouvelles faces triangulaires qui naissent sur l'arête du prisme, comme dans la variété cinquième.

La pyramide a dix-sept faces.

IXème VAR. La variété précédente qui a quatre petites nouvelles facettes au-dessus du double rang de la variété sixième, ensorte qu'il y a un triple rang de facettes.

Chaque pyramide a par conséquent vingt-une faces.

Xème VAR. Prisme rhomboïdal.

$$\text{Angle obtus} \dots\dots\dots\dots\dots\dots 124°\ 30'$$
$$\text{Angle aigu} \dots\dots\dots\dots\dots\dots 55°\ 30'$$

Pyramides à faces triangulaires qui naissent sur les faces du prisme.

C'est la variété seconde dont les quatre nouvelles faces du prisme ont fait disparoître les faces primitives, et les quatre petites faces de la pyramide ont fait disparoître les deux grandes.

XIème VAR. La variété précédente dont les arêtes de la pyramide sont tronquées.

XIIème VAR. La variété dixième dont la pyramide est devenue hexagone par deux facettes qui naissent au sommet de l'arête aiguë du prisme.

XIIIème VAR. La variété précédente avec deux nouvelles faces qui naissent sur les arêtes aiguës du prisme, au bas des deux faces nouvelles de la variété précédente.

XIVème VAR. La variété précédente avec quatre nouvelles faces triangulaires qui naissent au sommet de la pyramide sur les faces primitives de la pyramide, lesquelles deviennent trapézoïdales.

La pyramide a par conséquent deux rangs de facettes qui se trouvent au nombre de huit.

Ces cinq dernières variétés appartiennent à la topaze de Saxe.

Nous

Nous connoissons trois principales variétés de topaze.

1°. Celles de Sibérie, qui se trouvent dans les monts Ourals à quelques lieues d'Eckatherinbourg, et dans les montagnes de la Daourie appelées *Odontchelon*, proche le fleuve Amoer : quelques-unes sont d'une assez belle eau, d'autres ont leur sommet ferrugineux et opaque.

2°. Celles de Saxe se trouvent dans un seul endroit à Schnéekenstein, dans une roche particulière que Werner appelle *topazefels*. Elle est composée de quartz et de la matière de la topaze. Sa couleur est d'un jaune léger.

Ces deux variétés de topaze présentent les neuf premières variétés de cristallisation.

3°. La topaze du Brésil est d'un jaune de miel. Exposée dans un bain de sable, à une chaleur capable de la faire rougir, elle acquiert une couleur rougeâtre, et prend alors le nom de *rubasse*.

La topaze de Saxe dans la même expérience devient blanche.

On a depuis peu des topazes du Brésil, qui sont entièrement incolores.

La topaze du Brésil présente dans ses formes les variétés dixième, onzième, douzième, treizième et quatorzième.

On ignore le lieu du Brésil où se trouvent les topazes.

Les topazes de Sibérie et du Brésil sont pyro-électriques.

Celles de Saxe le sont à un moindre degré.

La topaze a la double réfraction.

Klaproth a retiré de la topaze du Brésil,

Alumine 75.50
Silice 18
Chaux 6
Fer oxidé 1.50
Acide fluorique x

Vauquelin a retiré de la topaze de Saxe (1),

Alumine 49
Silice 29
Acide fluorique 20

Il a retiré de la topaze de Sibérie,

Alumine 48
Silice 30
Fer oxidé 2
Acide fluorique 18

Il a retiré de la topaze du Brésil colorée,

Alumine 47
Silice 28
Fer oxidé 4
Acide fluorique 17

Il a retiré de la topaze du Brésil incolore,

Alumine 50
Silice 29
Acide florique 19
Et point de fer.

Roches mélangées de la substance de la Topaze.

Roche topazienne.

Topaz-fels de Werner.

Les gangues des topazes en contiennent souvent des quantités plus ou moins considérables qui s'y sont intimement mélangées ; ce qui forme une roche particulière.

La gangue de la topaze de Saxe offre une roche de

____

(1) *Annales de Chimie*, tom. LII, pag. 303.

cette nature que Werner a appelée *roche de topaze*, *to-paz-fels*. Elle est composée de quartz et de topaze.

J'ai des topazes de Sibérie, dont la substance est intimement mêlée avec un quartz noirâtre; c'est un *topaz-fels*, ou une roche topazienne.

TROISIÈME ESPÈCE.

De la Leucolite.

Leucolite de Delamétherie (1).
Berilschorl de Werner.
Stangenstein de Karsten.
Picnite (2) de Haüy.

Couleur, blanchâtre.
Transparence, 400.
Eclat, 1600, gras.
Pesanteur, 35300.
Dureté, 2600.
Électricité, anélectrique.
Cassure, lamelleuse.
Molécule, indéterminée.
Forme, prisme alongé strié.

Première variété. Prisme alongé, strié longitudinalement.

On ne peut en déterminer la forme.
Je n'y ai jamais aperçu de pyramide.
Le leucolite se trouve à Altenberg en Saxe. Il est en bandes alternatives avec du mica gris.

---

(1) *Théorie de la Terre.*

(2) *Pycnite*, c'est-à-dire, *dense, compacte.* Un grand nombre de pierres ont plus de compacité.

Les nouvelles analyses de cette substance ont prouvé qu'elle contient de l'acide fluorique.

Bucholz a retiré de cette substance (1),

Acide fluorique...................... 5.8

Vauquelin ayant recherché d'après Bucholz l'acide de cette substance, en a retiré,

Silice............................. 36.8
Alumine........................... 5o
Chaux 3.3
Acide fluorique................... 5.8
Eau 1.6

Klaproth a retiré de cette substance (*Journal de Physique*, tom. LXXI, pag. 441),

Silice............................. 43
Alumine 49.5o
Fer oxidé 1
Acide fluorique................... 5
Eau 1
Perte 1.5o

Ces analyses et les caractères de cette substance font voir qu'elle est une espèce différente de la topaze.

QUATRIÈME ESPÈCE.

Du Dipyre.

Dipyre (2) Haüy.
Leucolite de Delamétherie. (Variété.)
Schmelztein de Werner.

---

(1) Ouvrage de Lucas, pag. 283.
(2) *Dipyre*, c'est-à-dire, *doublement susceptible de l'action du feu.*

Couleur, blanche, incolore.

Transparence, 400.

Eclat, 1600.

Dureté, 2000.

Electricité, anélectrique.

Pesanteur, 26305.

Fusibilité, 1000.

Verre, blanchâtre.

Phosphorescence, 100.

Cassure, ondulée et brillante.

Molécule, indéterminée.

Forme, prisme hexagone strié droit.

Première variété. Prisme alongé, strié longitudinalement, hexagone.

La couleur de cette pierre, qu'on n'a jamais trouvé cristallisée régulièrement, est blanchâtre comme la leucolite;
c'est pourquoi j'en avois fait une variété de leucolite.

Mais Haüy y a remarqué des qualités particulières.
Celle-ci fond facilement.

Sa cassure est ondulée.

Vauquelin en a retiré,

Silice 60
Alumine 24
Chaux 10
Eau 2
Perte 4

On peut supposer que cette perte est de l'acide fluorique;
mais il faut que l'analyse ait prononcé.

Cette substance a été trouvée par Gillet-Laumont à
Mauléon dans les Pyrénées.

CINQUIÈME GENRE.

Alumine combinée avec l'Acide chromique.

PREMIÈRE ESPÈCE.

Du Rubis.

Escarboucle des Grecs.
Rubinus des Latins.
Carbonealus Plinii.
Rubir des Allemands, des Suédois.
Ruby des Anglais.
Spinel de Werner.

COULEUR, incolore, rouge.
TRANSPARENCE, 8500.
ÉCLAT, 6000.
PESANTEUR, 37600.
DURETÉ, 5000.
ELECTRICITÉ, idioélectrique.
RÉFRACTION, simple.
FUSIBILITÉ, 15000.
VERRE, incolore sans bulles.
CASSURE, vitreuse.
MOLÉCULE, indéterminée.
FORME, octaèdre régulier.

PREMIÈRE VARIÉTÉ. Octaèdre régulier.

a Cet octaèdre est quelquefois cunéiforme, c'est-à-dire, qu'il se présente comme un prisme rhomboïdal avec deux sommets dièdres.

IIème VAR. Octaèdre aplati.

Il a deux grandes faces hexagones ou octaèdres, et les autres sont trapézoïdales.

IIIème var. Octaèdre tronqué sur ses douze arêtes par des plans linéaires.

Le cristal à vingt facettes.

a Cette variété est quelquefois cunéiforme, et se présente comme un prisme rhomboïdal devenu hexaèdre, et terminé par deux faces triangulaires dont les arêtes et le sommet sont tronqués par des faces linéaires.

IVème var. Octaèdre tronqué sur chacun de ses six angles solides par quatre facettes.

Le cristal à trente-deux facettes.

Vème var. Octaèdre tronqué sur ses six angles solides.

VIème var. Dodécaèdre à plans rhombes.

VIIème var. Octaèdre double aplati.

Ce sont deux octaèdres aplatis qui sont unis de manière qu'ils présentent trois angles rentrans et trois angles saillans.

Bournon (1) rapporte plusieurs autres variétés de formes du rubis.

a Le tétraèdre régulier.

b Le tétraèdre tronqué sur ses angles solides par des facettes triangulaires.

c Un rhomboïde dont les angles sont 120° et 60°.

d Ce même rhomboïde tronqué aux deux sommets.

e Le dodécaèdre rhomboïdal.

f Le même, tronqué sur huit de ses angles solides qui appartenoient à l'octaèdre. Ces troncatures sont triangulaires.

g Le prisme triangulaire séparant les deux pyramides de la forme primitive.

____

(1) *Journal des Mines*, tom. XIV, pag. 97.

Le rubis prend différens noms, suivant les teintes de ses couleurs.

1. Rubis spinel est le rubis de rouge-écarlate.
2. Rubis balais est de couleur rouge-rose.
3. Rubis violet.
4. Rubis bleu.
5. Rubis jaunâtre s'appelle *rubicelle* ou *rubacelle*.
6. Rubis incolore.

Les rubis nous viennent de l'Orient. On en trouve à Ceylan, séparés de leurs gangues.

Bournon (*ibidem*) dit que les rubis apportés des Indes avoient différentes gangues; 1° un spath calcaire à gros grains lamelleux. Ce spath renfermoit des prismes de mica. 2°. La seconde gangue de ces rubis étoit une espèce de pyrite de couleur grise avec une teinte de rouge.

Klaproth a retiré d'un rubis,

Alumine	75.35
Silice	15.68
Chaux	1.28
Fer oxidé	2.63

Mais Vauquelin a eu des produits différens (*Journal des Mines*, tom. VII, pag. 89),

Alumine	82.47
Magnésie	8.78
Acide chromique	6.18
Perte	2.57

C'est d'après cette analyse du rubis que je le regarde comme une alumine chromatée (*Journal de Physique*, tom. LXII, pag. 360.)

Le rubis est moins dur que le diamant et le saphir, et a par conséquent moins d'éclat; cependant son jeu est très-vif.

SECONDE ESPÈCE.

De l'Automalite.

Automalite de Eckeberg.
Variété de spinelle (Spinelle zincifère) de Haüy.
Gahnite de Moll.

COULEUR, verte.
ECLAT, 1500.
PESANTEUR, 4261.
DURETÉ, 2000.
CASSURE, vitreuse.
MOLÉCULE, indéterminée.
FORME, octaèdre.

PREMIÈRE VARIÉTÉ. Octaèdre régulier.
Leur couleur est verdâtre.

Ils se trouvent dans une roche talqueuse, ou une espèce de serpentine dans les mines de falhun.

Hisinger et Berzelius en ont retiré (*Journal de Physique*, tom. LXI),

Alumine............................ 60
Silice.............................. 4
Zinc oxidé.......................... 24
Fer oxidé........................... 7

Vauquelin en a retiré (*Annales du Museum*, tom. VI, cahier XXXIIIᵉ, pag. 161),

Alumine............................ 42
Zinc oxidé.......................... 28
Fer oxidé........................... 5
Silice.............................. 4
Manganèse..........................
Soufre et perte..................... 17
Partie non-attaquée................. 4

SIXIÈME GENRE.

De l'Alumine combinée avec l'Acide mellique.

PREMIÈRE ESPÈCE.

Du Mellite.

Alumine mellatée de Delamétherie.

Mellite de Haüy.

Honigstein de Werner.

COULEUR, jaune de miel.

TRANSPARENCE, 300.

RÉFRACTION, double.

ÉCLAT, 500.

PESANTEUR, 16000.

DURETÉ, 500.

ÉLECTRICITÉ, idioélectrique, résineuse.

CASSURE, lamelleuse.

MOLÉCULE, indéterminée.

FORME, octaèdre rectangulaire.

PREMIÈRE VARIÉTÉ. Octaèdre rectangulaire.

Incidence d'une des faces de l'octaèdre sur la face voisine, 118° 4′.

Incidence d'une des faces des pyramides sur la face de l'autre pyramide au sommet, 93° 22′.

IIème VAR. Octaèdre tronqué sur ses six angles solides par des faces plus ou moins curvilignes.

IIIème VAR. Dodécaèdre à plans rhomboïdaux, mais qui diffère du dodécaèdre ordinaire, en ce que dans ce dernier toutes les incidences des faces voisines sont de 120°, au lieu que dans celui du mellite, les unes sont de 120° 58′ et les autres de 118° 4′.

---

(1) *Tableau des Minéraux* (*Journal de Physique*, t. LXII, p. 360.)

Cette substance a été trouvée à Antern en Thuringe, au milieu des couches du bois bitumineux. On l'a trouvée également en Suisse et dans d'autres endroits.

Le mellite exposé sur un charbon ardent n'y brûle pas, mais y blanchit sans donner d'odeur.

Son électricité est résineuse.

Sa réfraction est double.

Klaproth a analysé cette substance et en a retiré,

> Alumine. 16
> Acide particulier analogue aux acides
>   végétaux. 46
> Eau 38

Vauquelin a eu des résultats analogues. Il croit que cet acide du mellite a beaucoup de rapports avec l'acide oxalique.

SEPTIÈME GENRE.

De l'Alumine combinée avec l'Acide carbonique.

L'existence du carbonate d'alumine est encore très-douteuse, disent les auteurs du *Nouveau Dictionnaire de Chimie* (1). Richter précipita une dissolution d'alun par le carbonate de potasse. Il fit rougir le précipité, et ensuite dissoudre par l'acide muriatique, et précipita de nouveau par le carbonate de potasse. Il obtint un carbonate d'alumine qui, suivant lui et suivant Rose, contient,

> Alumine 54.2
> Acide carbonique. 30.33
> Eau. 15.7

------

(1) Tom. II, pag. 30.

Mais ce carbonate d'alumine existe-t-il dans le règne minéral? il est vraisemblable; mais aucune expérience directe ne le prouve encore.

Schurer avoit regardé la terre de Hall, comme de l'alumine carbonatée. Mais les analyses postérieures ont démontré qu'il s'étoit trompé.

HUITIÈME GENRE.

De l'Alumine combinée avec l'Eau.

PREMIÈRE ESPÈCE.

Hydrargilite de Humphry Davy.

Wavelite (1).

COULEUR, blanche, quelquefois grise, verte ou jaune.

ECLAT, soyeux.

PESANTEUR, 2700.

DURETÉ, 1800.

CASSURE, terreuse.

MOLÉCULE, indéterminée.

FORME, petits groupes sphériques.

Cette substance a été trouvée par le docteur Wavelle (2), près Barnstaple dans le Devonshire. Elle se trouve en petits groupes sphériques sur un schiste : quelquefois ces groupes présentent des prismes irrégulièrement disposés.

Son éclat est soyeux.

Peu dure en masse, mais ses éclats raient l'agathe.

Davy en a retiré,

---

(1) *Annales de Chimie*, tom. LX, pag. 298.

(2) D'où vient son nom de *Wavelite*.

Alumine 7o
Chaux 1.o4
Liquide. 26.o2
Perte 2.o4

Klaproth a retiré de la wavelite en Devonshire (1),

Alumine 71.5o
Fer oxidé o.5o
Eau 28

Le même chimiste a retiré de la wavelite de Hual-
gayac, que Humbold a apportée de l'Amérique méri-
dionale,

Alumine 68
Silice. 4.5o
Fer oxidé 1
Eau. 26.5o

Ces analyses font voir que cette substance est un hydrate.

SECONDE ESPÈCE.

Hydrargilite de Schemnitz.

Alumine native de Schemnitz (2).

Dans la mine de Stéphanie en Hongrie, on rencontre
une terre blanche, légère, granuleuse.... qui paroît un
hydrate d'alumine.

Klaproth en a retiré,

Alumine 45
Silice. 14
Eau 42

---

(1) Klaproth, tom. v, édit. allemande, pag. 1o7.
(2) Klaproth, tom. 1, pag. 234.

TROISIÈME ESPÈCE.

Hallite.

Hallite de Delamétherie (1).
Alumine de Hall.

Couleur, blanc éclatant.
Pesanteur, 1400.
Dureté, très-tendre.
Cassure, terreuse.
Molécule, indéterminée.
Forme, indéterminée.

Benich, dans une fouille qu'on faisoit pour faire un jeu dans un jardin, observa sous le terreau cette substance terreuse en petits rognons ou concrétions mamelonnées.

Elle est d'un beau blanc.

Schurer l'avoit regardée comme un carbonate d'alumine mêlé de chaux carbonatée.

Mais Simon, de Berlin, fit voir qu'elle ne contenoit point d'acide carbonique, mais 0.20 d'acide sulfurique.

Fourcroy en répéta l'analyse et en a retiré,

Alumine 0.45
Chaux sulfatée 0.24
Chaux pure 0.03
Silice . . . .
Eau 0.24

Un muriate en si petite quantité, qu'il n'a pu en déterminer la nature.

____

(1) *Tableau des Minéraux*, *Journal de Physique*, t. LXII, p. 358.

Simon et Bucholz, dans de nouvelles analyses, en out retiré (1),

Alumine 3i
Acide sulfurique 20
Silice. . . . .
Chaux 2
Fer. . . . .
Eau 46

On doit donc, d'après ces analyses, regarder cette substance comme une espèce d'hydrate d'alumine, dans lequel l'acide sulfurique se trouve comme dans l'alumi-nite de la Tolfa, c'est-à-dire, qu'il n'a point contracté de combinaison avec l'alumine.

QUATRIÈME ESPÈCE.

De la Turquoise orientale ou *Turquoise alumineuse.*

Couleur, d'un bleu plus ou moins pâle.
Eclat, 1000.
Pesanteur, 2500.
Dureté, 1200.
Cassure, terreuse.
Molécule, indéterminée.
Forme, indéterminée.

Première variété. La turquoise orientale n'a jamais été trouvée cristallisée.

Elle se présente toujours en masses plus ou moins in-formes, souvent en petits rognons.

IIème var. La turquoise occidentale paroît formée d'os

(2) *Dictionnaire de Chimie* de Klaproth et Wolf, tom. 1, pag. 237.

fossiles colorés par du fer phosphaté. Nous en parlerons ailleurs.

La turquoise orientale paroît une pierre qui se rapproche du halbopale. On en trouve, suivant Chardin, au Caucase, à quatre lieues de la mer Caspienne.

On en trouve aussi au Chorasan, dans le voisinage de Bischepure; on en exploite la carrière pour le compte du roi de Perse; elle s'y trouve en petits rognons dans une roche particulière; elle a les mêmes gisemens que les opales et halbopales.

Il paroît qu'il y en a également en Egypte et en Arabie.

Lowitz a retiré d'une turquoise de Perse,

> Alumine.
> Cuivre oxidé.
> Fer oxidé.

John a retiré d'une turquoise orientale,

> Alumine 73
> Cuivre oxidé. 4.05
> Fer oxidé 4
> Eau et perte 18

Descotils a retiré d'une turquoise (*Musée de Drée*, pag. 107),

> Alumine.
> Eau.
> Cuivre phosphaté.

Il regarde cette turquoise comme un hydrate d'alumine coloré par du cuivre phosphaté.

---

(1) *Journal de Gelhem.*

Des Pierres alkalino-aluminites.

D'après les analyses de la chryolite, de l'alun.., ce sont des pierres alkalino-aluminites, c'est-à-dire des pierres alumineuses qui contiennent une grande quantité d'alkali.

QUARANTE-TROISIEME LEÇON.

TROISIÈME ORDRE.

Des Pierres magnésiennes.

Magnésilites.

La Minéralogie ne connoît point encore de pierres magnésiennes pures, c'est-à-dire de pierres où la magnésie soit seule, comme la silice dans le quartz, l'alumine dans le saphir....

Mais il existe de la terre magnésienne pure, comme nous allons le voir.

La magnésie est la terre principale dans quelques pierres, mais elle y est toujours combinée ou mélangée avec d'autres substances.

L'ordre des pierres magnésiennes, c'est-à-dire celles où la magnésie est la terre principale, présente plusieurs sous-divisions ou genres, comme les silicites, ou les aluminites, à raison des diverses substances avec lesquelles elle est combinée. On aura donc différens genres :

1°. Genre silico-magnésite ; tels sont le peridot, l'olivine.

2°. Genre calco-magnésite ; tel que le boracite.

Mais la magnésie se trouve combinée avec plusieurs acides,

Le carbonique,
Le sulfurique,
Le nitrique,
Le muriatique,
Le boracique.

PREMIER GENRE.

Du Magnésilite pur.

La magnésie à l'état caustique, est le magnésilite pur.

Giobert prétend que la magnésie de Baudissero et de Castellamonte, en sortant du sein de la terre, ne contient point d'acide carbonique; que celui qu'on en retire après qu'elle a été exposée à l'air, vient de l'air atmosphérique, parce que, ainsi que la chaux, elle a une grande affinité avec cet acide carbonique. « Il paroît donc bien démontré, dit-il (*Journal des Mines*, n° 119, pag. 4o3), que les terres de Baudissero et de Castellamonte sont une vraie magnésie native mêlée d'un peu de silice. Dans la terre de Castellamonte, il est bien démontré que l'acide carbonique est tout-à-fait étranger à son existence dans le sein de la terre, et qu'elle n'en contient que lorsque, par une longue exposition au contact de l'air, elle a pu en absorber de l'atmosphère. »

La magnésie de Baudissero, dans son état naturel dans le sein de la terre, est donc un véritable magnésilite pur, c'est-à-dire un oxide pur de magnesium.

L'ordre des pierres magnésiennes présente des sous-divisions comme les silicites et les aluminilites, à raison des autres terres avec lesquelles la magnésie peut être combinée. On aura donc différens genres.

a Genre silico-magnésite. Peridot.
b Genre calco-magnésite. Ggurofian.
c Genre carbonato-magnésite.
d Genre sulfato-magnésite.
e Nitro-magnésite.
f Muriato-magnésite.
g Borato-magnésite.
h Hydrato-magnésite.

PREMIER GENRE. DES SILICO – MAGNÉSILITES.

PREMIÈRE ESPÈCE.

Du Peridot.

Smaragdus viridi-flavescens. **Wallerius.**
Chrysolite des Allemands.
Peridot des Français.

COULEUR, vert d'herbe.
TRANSPARENCE, 6000.
ECLAT, 2500.
PESANTEUR, 33400.
DURETÉ, 2700.
ELECTRICITÉ, idioélectrique.
RÉFRACTION, double.
CASSURE, vitreuse.
MOLÉCULE, indéterminée.
FORME, prisme rectangulaire.
      Pyramide tétraèdre.

PREMIÈRE VARIÉTÉ. Prisme rectangulaire aplati.

Les deux faces larges sont striées longitudinalement et très-éclatantes.

Les deux faces étroites sont lisses et ternes.

La pyramide a quatre faces qui naissent sur les faces du prisme ; elles sont lisses et ternes.

L'angle des faces de la pyramide sur celles du prisme est de 139° 3o'.

IIème VAR. La variété précédente qui a quatre nouvelles facettes trapézoïdales, produites par la troncature des angles solides de la réunion des faces du prisme avec celles de la pyramide.

IIIème VAR. Les deux variétés précédentes dont le sommet de la pyramide est tronqué par une face rectangulaire perpendiculaire à l'axe du prisme.

La pyramide a neuf faces.

IVème VAR. Prisme octogone par la troncature des quatre arêtes du prisme : ces nouvelles faces sont éclatantes et striées.

Pyramide à neuf faces, comme dans la variété troisième.

Vème VAR. La variété précédente dont les deux faces de la pyramide, qui partent des côtés étroits du prisme, prennent de l'accroissement, deviennent hexagones, et font disparoître deux des faces de la pyramide, qui est pour lors réduite à sept faces.

VIème VAR. La variété précédente dont les faces latérales de la pyramide prennent encore plus d'accroissement, ensorte que la pyramide est réduite à cinq faces.

VIIème VAR. Les deux variétés précédentes dont les deux grandes faces latérales de la pyramide font disparoître celle du sommet.

La pyramide ne conserve que quatre ou six faces.

VIIIème VAR. La variété précédente dont les deux faces latérales font disparoître toutes les autres.

Elle a pour lors un sommet dièdre.

IXème VAR. La variété quatrième dont la pyramide qui a neuf faces, en acquiert deux nouvelles par la troncature des deux angles latéraux qui réunissent la face du sommet avec les deux inférieures.

Xème VAR. La variété précédente avec quatre nouvelles faces à la pyramide, lesquelles naissent de la troncature des angles latéraux qui réunissent les faces supérieures avec les inférieures qui correspondent aux côtés striés du prisme.

La pyramide a par conséquent quinze faces.

XIème VAR. Prisme hexagone par la disparition des côtés ternes du prisme : ces six faces du prisme sont striées et éclatantes.

La pyramide a neuf ou onze faces.

XIIème VAR. Prisme droit rectangulaire ou octogone.

La face du sommet a fait disparoître toutes les autres faces de la pyramide.

Klaproth a retiré du peridot,

Magnésie...................................... 43.5o
Silice... 39
Fer oxidé..................................... 19
Perte... o

Vauquelin en a retiré,

Magnésie...................................... 5o.o5
Silice... 38
Fer oxidé 9.o5
Perte. 2

SECONDE ESPÈCE.

De l'Olivine.

Chrysolite des volcans.
Peridot de Haüy. Variété.

COULEUR, verte, rouge.

TRANSPARENCE, 1600.

ÉCLAT, 1600.

PESANTEUR, 32500.

DURETÉ, 2700.

ÉLECTRICITÉ, idioélectrique.

RÉFRACTION, double.

CASSURE, lamelleuse.

MOLÉCULE, indéterminée.

FORME, prisme rectangulaire.

PREMIÈRE VARIÉTÉ. Prisme rectangulaire aplati.

Pyramide à quatre faces qui naissent sur celles du prisme.

Bort en a apporté de l'Isle-de-France des cristaux bien prononcés.

On regarde aujourd'hui l'olivine comme une variété du peridot, et il en présente la plupart des formes de cristallisation.

L'olivine se trouve toujours dans les pierres volcaniques. Nous en avons de deux espèces, les verdâtres et les rougeâtres.

Klaproth a retiré de l'olivine de Karlsberg près de Cassel,

Silice........................... 52
Magnésie........................ 37.75
Chaux........................... 0.25
Fer oxidé....................... 10.75

L'olivine de Unkel lui a donné,

Silice...................................... 48
Magnésie.................................. 37
Chaux 2
Fer oxidé................................ 12.50

Cette analyse est assez différente de celle du peridot, pour dire que ces deux substances ne sont pas entièrement semblables.

Pierres mêlées d'Olivine.

Les laves qui contiennent l'olivine en sont pénétrées.

SECOND GENRE.

De la Magnésie combinée avec des acides.

Magnésie carbonatée.

PREMIÈRE ESPÈCE.

Roubschite.

Roubschite de Delamétherie (1).
Magnésie aérée de Bergman.
Carbonate de Magnésie.
Magnésie carbonatée.

Couleur, incolore, blanche.
Transparence, 1000 à 0.
Eclat, 500.
Pesanteur, 25500.
Dureté, 100.
Electricité, anélectrique.
Cassure, lamelleuse.

---

(1) *Tableau des Minéraux, Journal de Physique.*

Molécule, indéterminée.

Forme, prisme hexagone droit.

Première variété. Prisme hexagone droit.

C'est la forme de magnésie carbonatée que les chimistes obtiennent de ce sel cristallisé par l'art.

IIème var. Cristallisation confuse.

Le docteur Mitchell a découvert en Moravie, à Roubs-chitz, de la magnésie carbonatée en masse.

Sa couleur est d'un gris jaunâtre, tacheté de noir.

Sa cassure est conchoïde.

Sa dureté est peu considérable.

Ce sel pur contient, suivant Bergman,

Magnésie......................... 45
Acide carbonique.................. 25
Eau............................... 30

Fourcroy en a retiré,

Magnésie......................... 25
Acide carbonique.................. 50
Eau............................... 25

Butini prétend que l'eau froide dissout une plus grande quantité de ce sel que l'eau chaude.

Mitchell a retiré du roubschitz,

Magnésie......................... 50
Acide carbonique.................. 50

Klaproth a retiré d'une magnésie carbonatée de Styrie (*Journal de Physique*, tom. LXXI, pag. 443),

Magnésie......................... 48
Acide carbonique.................. 49
Eau............................... 3

SECONDE ESPÈCE.

De la Baudisserite.

Baudisserite de Delamétherie (1).
Terre du Baudissero.
Magnésie de Baudissero de Giobert.

COULEUR, blanche.

TRANSPARENCE, o.

ÉCLAT, 500.

CASSURE, terreuse, demi-conchoïde.

MOLÉCULE, indéterminée.

FORME, indéterminée.

PREMIÈRE VARIÉTÉ. Cristallisation confuse.

Cette terre se trouve à Baudissero dans le Piémont, et à Castelmonte, où elle est connue sous le nom de terre à porcelaine, parce qu'elle y est employée dans les manufactures de porcelaine (2). On la regarde comme un produit de la décomposition de certaines serpentines.

Sa couleur est blanche.
Sa cassure est demi-conchoïde.
Sa dureté est peu considérable.

Giobert pense que cette terre, en sortant de la carrière, ne contient point d'acide carbonique; mais exposée à l'air, elle attire l'acide carbonique. Néanmoins on en a toujours retiré de l'acide carbonique.

Le docteur Giobert a retiré de cette substance,

____

(1) Tableau minéralogique.
(2) *Mémoires de l'Académie de Turin*, 1802.
   Journal des mines, n° CXVIII, pag 20.

Magnésie 68
Acide carbonique.................... 12
Silice............................... 15.6o
Gypse. 1.6o
Eau 3

De la Terre de Gurofian.

Karsten avoit ainsi nommé une carbonate de magnésie qui venoit de Gurofian.

Klaproth en a retiré (*Journal de Physique*, tom. LXXI, pag. 443),

Chaux carbonatée.................. 70.5o
Magnésie carbonatée............... 29.5o

TROISIÈME GENRE.

Magnésie sulfatée.

PREMIÈRE ESPÈCE.

Epsonite.

Epsonite de Delamétherie (1).
Sel d'Epsom.
Vitriol de magnésie.
Magnésie sulfatée.

COULEUR, incolore.
TRANSPARENCE, 1000.
ÉCLAT, 5oo.
PESANTEUR, 25500.
DURETÉ, 100.
ÉLECTRICITÉ, anélectrique.
RÉFRACTION, double.

---

(1) *Tableau des Minéraux.*

Cassure, vitreuse.

Molécule, indéterminée.

Forme, prisme rectangulaire.

      Sommet dièdre.

Première variété. Prisme rectangulaire.

Sommet dièdre dont les faces naissent sur celles du prisme, et sont rectangulaires.

Chacune de ces faces fait avec celles du prisme un angle de 129°.

Les deux pyramides alternent avec les faces du prisme, c'est-à-dire que les deux faces d'un des sommets naissent sur deux des faces du prisme, et les faces du second sommet naissent sur les autres faces du prisme.

IIème var. Une des arêtes du prisme est tronquée par une facette linéaire longitudinale, quelquefois par deux.

a D'autres fois il y a deux des arêtes opposées du prisme qui sont tronquées de cette manière.

IIIème var. Prisme rectangulaire.

Pyramide tétraèdre à faces triangulaires qui naissent sur les faces du prisme.

IVème var. Prisme rectangulaire.

Pyramide octogone.

C'est la variété précédente dont la pyramide a quatre nouvelles faces qui naissent sur les arêtes du prisme.

Vème var. Prisme hexagone.

Pyramide hexagone.

Le prisme est tronqué sur deux de ses arêtes opposées.

La troncature s'étend sur l'arête correspondante de la pyramide tétraèdre.

L'epsonite est très-abondant dans la nature, mais il y

est rarement cristallisé. On le trouve dans les eaux de plusieurs fontaines, à Epsom en Angleterre, à Sedlitz, à Scheydchuz....

On le trouve en masses solides à Montmartre, dans le Rouergue.

L'epsonite pur contient, suivant Bergman,

Magnésie......................... 19
Acide sulfurique.................. 33
Eau 48

Une partie de ce sel se dissout dans une partie d'eau à la température de 15°,

Et dans deux tiers d'une partie d'eau bouillante.

QUATRIÈME GENRE.

Magnésie nitratée.

PREMIÈRE ESPÈCE.

Nitre de magnésie.

PREMIÈRE VARIÉTÉ. Prisme rhomboïdal.

Ce sel, très-déliquescent, cristallise difficilement. On ne l'a pas encore trouvé dans la nature cristallisé; mais il est si abondant dans les eaux mères du nitre, qu'il existe certainement dans les terres qui contiennent du nitre.

Bergman dit que ce sel contient,

Magnésie......................... 27
Acide nitrique.................... 43
Eau de cristallisation 30

CINQUIÈME GENRE.

Magnésie muriatée.

PREMIÈRE ESPÈCE.

Magnésie muriatée.

PREMIÈRE VARIÉTÉ. Prisme rectangulaire.

La pyramide n'a pas encore été déterminée.

Ce sel cristallise très-difficilement, parce qu'il est déliquescent; mais il est si abondant dans les eaux mères du nitre, qu'il doit se trouver dans les terres qui contiennent du nitre.

Il se trouve également dans les eaux de la mer.

Bergman dit que ce sel contient,

Magnésie........................... 41
Acide muriatique ,................. 34
Eau de cristallisation.............. 25

SIXIÈME GENRE.

Magnésie boratée.

PREMIÈRE ESPÈCE.

Du Boracit.

Boracit de Delamétherie (1).
Spath boracique de Lassius.

COULEUR, incolore.
TRANSPARENCE, 1500 à 0.
ECLAT, 1000.
PESANTEUR, 25600.

_____

(1) *Tableau des Minéraux.*

Dureté, 1200.

Electricité, pyro-électrique.

Réfraction.

Fusibilité, 1400.

Verre, laiteux, opaque, bulleux.

Cassure, vitreuse.

Molécule, indéterminée.

Forme, cube.

Première variété. Le cube tronqué sur ses douze bords par un plan linéaire.

Quatre des angles solides opposés sont tronqués chacun par une facette, qui est triangulaire lorsqu'elle est petite, et hexagone lorsqu'elle est plus étendue.

Le cristal a vingt-deux faces.

IIème var. La variété précédente dont les faces cubiques deviennent extrêmement petites par l'accroissement des autres.

IIIème var. Le dodécaèdre à plans rhombes.

C'est la variété précédente dont les douze troncatures des bords ont fait disparoître toutes les autres faces.

On apperçoit quelquefois des restes des faces du cube.

IVème var. Le cube tronqué sur ses douze bords, comme dans la variété première.

Quatre des angles solides opposés sont également tronqués chacun par une facette plus ou moins étendue.

Les quatre autres angles solides sont tronqués chacun par quatre facettes, savoir, trois linéaires sur leurs trois arêtes, et une petite triangulaire à l'extrémité de l'angle.

Le cristal a par conséquent trente-huit faces.

Vème var. Cristallisation confuse.

Ces cristaux ont été trouvés d'abord à Kalkeberg, proche Lunebourg, pays de Brunswick, cristallisés au milieu d'un gypse d'un blanc rougeâtre dans des terrains secondaires. Cette découverte est due à Lassius.

On vient de la trouver également dans le Holstein.

Le boracite est pyroélectrique, c'est-à-dire électrique par la chaleur; mais il présente à cet égard des phénomènes assez particuliers. Les quatre angles tronqués par une facette triangulaire (1re variété), donnent des signes d'électricité positive, tandis que les quatre angles opposés donnent une électricité négative. Ces phénomènes ont été observés par Haüy.

J'ai brisé un de ces cubes, et j'ai observé deux lignes noirâtres diagonales qui, se croisant au milieu, vont d'un de ces angles à l'autre. C'est sans doute le long de ces lignes que se communiquent ces deux électricités différentes.

Quelques-uns de ces cristaux sont transparens;
Les autres sont opaques.
Westrumb a analysé un de ces cristaux opaques; il en a retiré,

Magnésie........................... 13
Chaux 11
Silice.............................. 2
Alumine 1
Fer oxidé 1
Acide boracique 68

Vauquelin a analysé un de ces cristaux transparens; il n'en a obtenu que de la magnésie et de l'acide boracique.

Magnésie.
Acide boracique.

De la Magnésie hydratée (1).

Curh magnésien.

COULEUR, blanche ou d'un gris blanchâtre.

ECLAT, perlé.

PESANTEUR, 2.13.

TRANSPARENCE, demi-transparente.

DURETÉ, tendre.

RACLURE, blanche.

CASSURE, feuilletée.

FORME, indéterminée.

Bruce a donné la description d'une magnésie hydratée qu'il a observée dans l'Etat de New-Jersey aux Etats-Unis.

Cette substance forme des veines depuis quelques lignes jusqu'à un pouce d'épaisseur, dans une roche de serpentine : ces veines parcourent la roche dans toutes les directions.

Bruce a fait l'analyse de cette substance, et en a retiré,

Magnésie. 70
Eau 30

Des alkalino-magnésites.

Les alkalino-magnésites seroient des pierres magné-siennes pures qui contiendroient des alkalis. L'analyse n'en a encore point découvert.

Mais nous avons vu que les pierres magnesio-silicites, telles que les stéatites, les talcs....., contiennent une grande quantité d'alkali.

---

(1) *Journal des Mines*, n° CLXXV, vol. XXX, pag. 78.

QUARANTE-QUATRIÈME

QUARANTE-QUATRIÈME LEÇON.

QUATRIÈME ORDRE.

Des Calcilites.

La Minéralogie ne connoît point de calcilites purs, c'est-à-dire, de pierres où la chaux pure soit la terre principale, comme la silice dans le quartz, l'alumine dans le saphir. Mais il y a des terres qui sont des calcilites purs, telles que la chaux vive qui se trouve dans le règne minéral, qu'on peut regarder comme un calcilite pur. Mais elle a une si grande affinité avec l'acide carbonique, qu'elle l'attire de l'air, se combine avec lui, et passe aussitôt à l'état de calcaire, ou *chaux carbonatée.*

Dans les autres ordres de pierres, les siliceuses, les alumineuses, les magnésiennes, la chaux s'y trouve quelquefois combinée avec d'autres terres, comme dans des feldspaths, des grenats, des zéolites, des augites....; mais elle n'y est jamais la terre principale.

Mais la chaux pure se trouve combinée avec un grand nombre d'acides; ce qui forme différens genres de pierres très-abondans dans le règne minéral.

PREMIER GENRE.

Du Calcilite pur.

De la Chaux vive.

J'appelle *calcilite pur* la chaux vive qu'on trouve dans le règne minéral. Wallerius rapporte qu'on en retire du fond de la mer sur les côtes de Barbarie. Il est vrai-

semblable que cette chaux est le produit des feux souterrains.

On dit aussi avoir trouvé de la chaux auprès des volcans.

Mais la chaux que l'analyse retire de différentes pierres,
comme des feldspaths, des grenats....., est à l'état
caustique.

Cette chaux est donc un oxide pur du calcium.

L'art n'est pas encore parvenu à faire cristalliser la
chaux vive ; mais sans doute on y parviendra, comme
Berthollet a fait cristalliser la potasse et la soude caustique.

SECOND GENRE.

Du Calcilite.

PREMIÈRE ESPÈCE.

Du Calcaire.

Calcaire.
Spath calcaire, pierre calcaire.
Chaux carbonatée.
Carbonate de chaux.

COULEUR, incolore, de toutes couleurs.
TRANSPARENCE, 5000 à 0.
ECLAT, 1000.
PESANTEUR, 27500 à 16,000.
DURETÉ, 700.
ELECTRICITÉ, idioélectrique.
RÉFRACTION, double.
FUSIBILITÉ, 10,000.
VERRE, blanc un peu laiteux.
PHOSPHORESCENCE, par le frottement.
CASSURE, lamelleuse.
MOLÉCULE, indéterminée.
FORME, rhomboïdale.

Du Calcaire primitif.

PREMIÈRE VARIÉTÉ. Prisme rhomboïdal oblique.

Les molécules du cristal sont juxta-posées parallèlement à ses faces.

La valeur des angles du rhombe primitif du calcaire n'est pas encore déterminée.

Huyghens et Newton l'ont cru de... 101° 52′
Romé-de-Lisle 102 30
Bergman........................ 101 30
Wollaston et Malus.............. 101 55

Malus a déterminé les autres angles de ce rhomboïde de la manière suivante (*Théorie de la double Réfraction*, pag. 125),

Angle entre les faces du rhomboïde.. 105° 5′
Angle entre les arêtes............ 101 55
Angle entre les faces et l'axe....... 45 23
Angle entre les arêtes et l'axe...... 66 44
Angle entre les arêtes et les faces... 119 8

Le premier de ces angles, ajoute-t-il, qui est donné directement par l'expérience, et duquel dérivent les autres, n'est susceptible d'exactitude qu'à environ dix secondes près à cause des erreurs d'observation.

Haüy qui avoit fixé, d'après Lahire, l'angle du rhombe à 101° 32′ admet ces mesures de Malus, et il ajoute (*Tableau comparatif*, pag 122):

« Si l'on part du même rapport, l'angle de 105° 5′ entre les faces du rhomboïde, pour calculer les angles des variétés secondaires, on trouve que dans le rhomboïde équiaxe la plus grande inclinaison respective des faces est de 134° 57′ au lieu de 134° 25′.

Dans le rhomboïde inverse, elle est de 101° 9′ au lieu de 101° 32′.

Dans la variété contrastante, elle est de 114° 10′ au lieu de 114° 18′.

Dans la variété métatastatique, les deux incidences mutuelles des faces situées vers un même sommet, sont, l'une de 144° 24′, et l'autre de 104° 38′ au lieu de 144° 20′, et de 104° 28′.

Dans le dodécaèdre qui a pour signe $\mathrm{D}^{\frac{3}{2}}$, l'une est de 134° 26′ et l'autre de 109° au lieu de 134° 25′ et de 108° 56′.

. . . .

On doit conclure de tous ces faits, 1° que la valeur de tous ces angles n'est point déterminée, 2° que tous ces noms de *métastatique*, de *contrastante*, d'*inverse*, d'*équiaxe*... sont des noms impropres.

Nous avons dit ci-devant (*Introduction*, pag. liij), que la forme de la molécule du calcaire est également indéterminée. Romé-de-Lisle, Bergman... l'ont cru rhomboïdale, semblable au prisme dont nous venons de parler.

D'autres, tels que moi, Bournon, Prechtl.... la regardons comme triangulaire.

Haüy regarde le rhomboïde qu'on tire du grenat, comme composé de six tétraèdres. Celui du calcaire pourroit également être composé de tétraèdres.

On ne peut donc pas assigner les lois de décroissement qui donnent les différentes formes du calcaire. Aussi Bergman a bien vu que ces *formes provenoient de différentes lois de décroissement ;* mais il a bien senti qu'on ne sauroit déterminer ces lois, tant que la forme de la molécule seroit incertaine.

IIème var. La variété précédente dont chacun des deux angles obtus est tronqué par une face triangulaire plus ou moins étendue.

C'est la *basée* de Haüy.

IIIème var. L'*épointé*. C'est encore la variété première tronquée au sommet de chacun de ces deux angles aigus par une facette triangulaire.

IVème var. La variété première avec un prisme hexagone dont les faces naissent sur les six bords du primitif ; la pyramide est composée des trois mêmes faces rhomboïdales.

C'est la *prismée* de Haüy.

Vème var. La variété première avec un prisme hexagone dont les faces naissent sur chacun des six angles solides latéraux du rhombe.

Les trois faces de la pyramide deviennent pentagones.
C'est l'*imitable* de Haüy.

VIème var. La variété précédente dont chacune des trois arêtes de la pyramide est tronquée par une facette pentagone. La pyramide a par conséquent six faces.

VIIème var. La variété précédente dont le sommet de la pyramide est tronqué par une facette hexagone. La pyramide a sept faces.

C'est la *triforme* de Haüy.

Du Calcaire lenticulaire de Romé-de-Lisle (1).

VIIIème var. Rhomboïdal obtus.

Ce cristal est composé de six rhombes aplatis, égaux.

---

(1) Romé-de-Lisle l'appelle *lenticulaire*, parce que sa forme se rapproche de celle d'une lentille. (tom. 1 , pag. 506.)

Haüy l'appelle *équiaxe*. Mais nous avons vu que ce nom ne lui convient pas, d'après la valeur des angles du calcaire primitif assignée par Malus.

Angle obtus, suivant Romé-de-Lisle. 115°
Angle aigu...................... 65°
Angle obtus, suivant Haüy, t. II, p. 133,
   de........................ 114° 18′ 56″
Angle aigu...................... 65° 41 4″

Mais nous avons vu que, suivant Malus, cette mesure est inexacte Ainsi nous nous en tiendrons à celle de Romé-de Lisle.

Ce cristal ne peut se diviser que sur les arêtes; d'où l'on conclut que les lames qui le composent sont superposées sur les arêtes du rhombe primitif. Leur distance les unes des autres est égale à leur épaisseur; ce que Haüy appelle *décroissement* par une rangée.

C'est l'*équiaxe* de Haüy.

IXème VAR. La variété précédente avec un prisme hexagone intermédiaire entre les deux pyramides qui ne changent pas.

C'est la *bisunitaire* de Haüy.

Xème VAR. La variété précédente dont chacun des six angles solides aigus qui terminent les deux pyramides est onqué par une facette triangulaire parallèle à l'axe du cristal.

Les faces de la pyramide deviennent pentagones.

On a appelé cette variété *tête de clou.*

C'est le *dodécaèdre raccourci* de Haüy.

a Dodécaèdre à douze faces pentagones.

La variété précédente dont les six petites faces triangulaires s'alongent, et forment un prisme dont les faces sont pentagones.

C'est le *dodécaèdre prismatique* de Haüy.

b Lorsque les faces du prisme n'ont pas plus de longueur

que les faces de la pyramide, le cristal paroît un do-décaèdre à faces pentagones.

c Quelquefois le prisme paroît ennéagone, ou dodé-cagone par la troncature de trois de ses arêtes, ou de six.

d Tête de mort. Cette variété qui vient du Hartz, con-tient une pyrite dans le centre du cristal. En regardant perpendiculairement la pyramide, on apperçoit cette pyrite à travers chacune de ces trois faces. Elle paroît triple; ce qui a l'apparence des trois points principaux de la tête de mort, les deux orbites et le nez.

e Deux de ces cristaux sont quelquefois réunis latéra-lement, et le cristal prend alors la forme d'un *cœur*.

f On a trouvé en Dauphiné une variété de ce cristal dont les faces sont curvilignes.

XIème VAR. La variété précédente dont le sommet de la pyramide est tronqué par une facette.

C'est l'*équivalent* de Haüy.

a Lorsque cette facette est peu profonde, elle est triangulaire.

b Lorsqu'elle est plus profonde, elle est hexagone.

c Si la troncature est encore plus profonde, la facette occupe presque tout le sommet du prisme, et il ne reste plus qu'une petite facette linéaire trapézoïdale sur chacune des trois arêtes alternes du prisme.

XIIème VAR. Le prismatique hexagone droit.

C'est la variété précédente dont la facette supérieure encore plus profonde fait disparoître toutes les faces de la pyramide.

a Quelquefois ce prisme hexagone a si peu d'épaisseur qu'il ne paroît que comme une lame hexagone.

b Quelquefois ce prisme est tronqué sur toutes ses arêtes, ce qui le fait paroître dodécagone.

XIIIème VAR. La variété précédente, c'est-à-dire, le prismatique hexagone qui a une pyramide hexagone très-surbaissée à faces triangulaires.

XIVème VAR. La variété précédente tronquée par une facette hexagone à chaque sommet des pyramides. Le cristal se présente comme un prisme hexagone aplati avec deux pyramides à sept faces.

XVème VAR. La prismatique dont les sommets des arêtes du prisme qui touchent la pyramide, sont tronqués chacun par une facette triangulaire très-alongée.

C'est l'*acutangle* de Haüy.

XVIème VAR. Le dodécaèdre dont les faces du prisme sont plus larges à une des extrémités qu'à l'autre.

a Quelquefois la face la plus large du prisme correspond à l'arête des faces de la pyramide.

C'est la *contractée* de Haüy, var. 19.

XVIIème VAR. D'autres fois cette face plus large du prisme correspond à la face large de la pyramide.

C'est la *dilatée* de Haüy, var. 20.

XVIIIème VAR. La variété dilatée tronquée par une petite facette trapézoïdale qui naît sur chaque sommet du côté large du prisme intermédiaire entre la face large de la pyramide; ce qui fait trois faces nouvelles à la pyramide, qui par conséquent a six faces.

C'est la *rétrograde* de Haüy.

XIXème VAR. C'est la variété prismatique, dont chaque base est tronquée par six faces obliques.

C'est l'*octoduodécimale* de Haüy.

Le très-obtus.

XXème var. Rhomboïde composé, comme le lenticulaire, de six faces rhomboïdales, mais plus obtuses.

    Angle obtus, environ............... 125°
    Angle aigu..................... 55

XXIème var. Variété précédente avec un prisme hexagone qui naît sur les bords.

Les faces du rhomboïde ne changent pas.

Du Muriatique de Romé-de-Lisle (1).

XXIIème var. Rhomboïde aigu.
Il est composé de six rhombes égaux.

Angle obtus, suivant Romé-de-Lisle.
  (*Minéralogie*, t. 1, p. 520)....... 105°
Angle aigu..................... 75
Angle obtus, suivant Haüy (*Minéra-*
  logie, tom. 11, pag. 133), de...... 104° 28′ 40″
Angle aigu..................... 75 31 20

Mais nous avons vu que, suivant Malus, cette dernière
mesure est inexacte. On doit donc s'en tenir à celle de
Romé-de-Lisle, d'autant plus qu'avec le goniomètre on
ne peut pas répondre d'une erreur d'un demi-degré.

Il faut distinguer dans ce cristal douze arêtes, huit
angles solides dont deux sont aigus, c'est-à-dire, composés de trois angles aigus du rhombe, et les six autres
sont obtus.

---

(1) Romé-de-Lisle avoit donné le nom de *muriatique* à ce cristal, parce
qu'il se trouve souvent dans des coquilles.

Haüy lui a donné le nom d'*inverse*, parce qu'il le suppose l'inverse du
primitif. Mais Malus a prouvé que cette supposition n'est pas fondée.

Les lames dont est composé ce cristal ne se clivent que sur chacune des trois arêtes qui aboutissent aux angles aigus; d'où l'on conclut qu'elles sont posées sur ces trois arêtes.

La distance d'une lame à l'autre sur ces angles est égale à l'épaisseur des lames.

XXIIIème VAR La variété précédente dont chacune des trois arêtes qui aboutissent à chacun des deux angles aigus, est tronquée par un plan linéaire pentagone qui s'étend sur toute l'arête ; ce qui ajoute au cristal six faces pentagones.

Les six faces primitives rhomboïdales deviennent également pentagones.

C'est l'*unitaire* de Haüy, var. 9.

XXIVème VAR. La variété première tronquée sur chacune des six autres arêtes intermédiaires par une facette linéaire trapézoïdale.

A chaque extrémité de chacune de ces facettes il y a une petite facette triangulaire.

C'est la *zonaire* de Haüy, var. 36.

XXVème VAR. La variété précédente dont la facette trapézoïdale est tronquée à chaque extrémité par deux facettes triangulaires; ce qui fait trois facettes à chacune des arêtes du muriatique, lequel a par conséquent vingt-quatre faces.

C'est le *complexe* de Haüy, var. 40.

XXVIème VAR. L'octaèdre.

Cet octaèdre est composé de huit triangles isocèles.

Cette jolie variété paroît une modification du muriatique qu'il faut supposer tronqué suivant ses diagonales.

a Cet octaèdre est tronqué sur ses angles solides.

b Il est également tronqué sur ses arêtes.

XXVIIème var. Prisme hexagone.

Trois des faces alternes du prisme sont tronquées par une facette trapézoïdale à un de ses sommets; chaque face du prisme devient par conséquent pentagone.

Chaque sommet du prisme est triangulaire.

C'est la *persistante* de Haüy.

Du Cynodonte (1), ou *Calcaire à dent de cochon.*

XXVIIIème var. Dodécaèdre à douze faces triangulaires, engagées les unes dans les autres, composant deux pyramides hexaèdres.

Les angles plans de chacune de ces faces triangulaires sont, suivant Haüy,

    Angle obtus.................. 101° 32′ 13″
    Angle du sommet .... 24° 0 17″
    Le troisième angle.......... 54° 27′ 30″

Mais nous avons vu que, suivant Malus, ces valeurs sont inexactes.

Bergman a fait voir que cette forme singulière provient de certaines lois de décroissement qu'il n'a point déterminées.

Il paroît qu'il y a d'une lame à l'autre, sur l'arête, une distance double de l'épaisseur de cette lame; ce que Haüy a appelé *décroissement par deux rangées.*

C'est le *métastatique* de Haüy, var. 4.

---

(1) Romé-de-Lisle (*Cristallographie,* tom. 1, pag. 530). Mais il s'est trompé dans la détermination des angles. Ce cristal calcaire est connu en France sous le nom de *dent de cochon,* et de *dent de chien,* en Angleterre, c'est pourquoi je lui ai donné le nom de *cynodonte, dent de chien.*

Haüy l'appelle *métatastique,* parce qu'il supposoit une espèce de *métastase* ou de transport des angles du noyau sur le cristal secondaire (*Minéralogie,* tom. II, pag. 135). Mais nous avons vu que d'après les valeurs des angles du calcaire primitif par Malus, cette dénomination devient inexacte.

a L'arête aiguë d'une des faces de la pyramide correspond ordinairement à l'arête obtuse de l'autre pyramide.

b D'autres fois cette arête aiguë d'une des pyramides
correspond à l'arête aiguë de l'autre ; ce qui suppose
qu'une des pyramides a fait un sixième de conversion par
rapport à l'autre.

c J'ai des cristaux de cette variété dont les faces sont
curvilignes.

XXIXème VAR. La variété précédente tronquée sur
chacune de ses six arêtes aiguës par une facette linéaire.

C'est l'*émoussée* de Haüy, var. 37.

a Quelquefois chaque arête aiguë est tronquée par une
double facette linéaire.

Ce sera la double émoussée.

XXXème VAR. Chaque angle solide qui réunit les
bases des pyramides est tronqué par une facette trapézoïdale.

C'est la *bisalterne* de Haüy, var. 22.

a Cette facette est quelquefois très-petite.

b Quelquefois elle s'étend au point que les six facettes
se touchent.

c Ces six facettes s'étendent d'autres fois au point de
devenir prismatiques.

d Ces nouvelles faces sont quelquefois tronquées par
des facettes linéaires, qui sont des prolongemens des
facettes linéaires qui tronquent les arêtes aiguës de la
variété émoussée.

Le Cynodonte avec une pyramide à trois faces rhomboïdales semblables à celles de la forme primitive.

XXXIème VAR. Le cynodonte dont les deux sommets sont tronqués chacun par trois faces rhomboïdales semblables aux faces du primitif variété première, et qui naissent sur les arêtes obtuses du cynodonte.

Les faces triangulaires deviennent trapézoïdales.

C'est le *binaire* de Haüy, variété 11.

XXXIIème VAR. La variété précédente dont les angles solides qui réunissent les deux pyramides peuvent être tronqués par des facettes plus ou moins étendues, comme dans la variété vingt-unième.

C'est la *bibinaire* de Haüy, var. 24.

XXXIIIème VAR. Les deux variétés précédentes dont les arêtes aiguës des deux pyramides primitives sont tronquées par des facettes linéaires plus ou moins étendues, comme dans la variété vingtième.

Ce seront le binaire et le bibinaire émoussés.

Le Cynodonte avec une pyramide à trois faces rhomboïdales semblables à celles de la forme du lenticulaire.

XXXIVème VAR. Le cynodonte dont le sommet de chaque pyramide est tronqué par trois facettes trapézoïdales.

Les faces primitives de chaque pyramide deviennent également trapézoïdales.

L'angle du sommet de chacune des trois nouvelles

faces trapézoïdales est le même que celui du lenticulaire; savoir, de 115°.

Ce cristal est composé de dix-huit faces trapézoïdales. C'est l'*analogique* de Haüy, var. 32.

XXXVème VAR. La variété précédente dont chacun des six angles solides qui réunissent les bases des pyramides est tronqué par une facette trapézoïdale, comme dans la variété vingt-unième.

Le Cynodonte avec une pyramide à six faces triangulaires.

XXXVIème VAR. La variété précédente dont le sommet de chaque pyramide hexagone du cynodonte primitif est tronqué par une facette triangulaire, ce qui ajoute à la pyramide du cynodonte primitif six nouvelles facettes triangulaires.

C'est la *soustractive* de Haüy, var. 34.

XXXVIIème VAR. La variété précédente avec trois nouvelles facettes hexagones sur les arêtes des faces triangulaires, qui sont des prolongemens des arêtes aiguës des grandes faces.

C'est la *continue* de Haüy, var. 45.

XXXVIIIème VAR. La variété précédente dont les trois petites faces hexagones se prolongent sur toute l'arête aiguë correspondante des grandes faces.

C'est la *surcomposée* de Haüy, var. 47.

XXXIXème VAR. Cette variété est formée d'un prisme hexagone dont les faces sont hexagones,

De six faces triangulaires,

Et de six autres faces triangulaires qui naissent sur

les angles solides du sommet des faces du prisme avec les faces de la pyramide.

C'est la *disjointe* de Haüy, var. 35.

XLème **VAR.** Cynodonte obtus.

J'ai dans une coquille un calcaire cristallisé comme le cynodonte, mais beaucoup plus obtus.

Je n'ai pu en mesurer les angles.

XLIème **VAR.** Cynodonte très-aigu, composé de deux pyramides hexagones à faces triangulaires, engagées l'une dans l'autre.

> Angle du sommet de la face triangulaire. 14° 37′
> Angle obtus........................107° 53′
> L'autre angle...................... 37° 9′

C'est le *sexduodécimal* de Haüy, var. 21.

XLIIème **VAR.** Ce cristal est composé de deux pyramides hexagones à faces triangulaires, engagées comme le cynodonte.

Les arêtes aiguës sont tronquées par deux facettes.

Le sommet de chaque pyramide est tronqué par trois facettes hexagones qui naissent sur l'arête obtuse.

C'est la *paradoxale* de Haüy, var. 39.

Le Rhomboïde aigu, ou contrastant.

XLIIIème **VAR.** Ce cristal est composé de six faces rhomboïdales égales, dont les angles sont, suivant Haüy,

> Angle obtus de ces faces.......134° 25′ 38″
> Angle aigu................... 45° 34′ 22″

Mais nous avons vu que, suivant Malus, ces valeurs sont inexactes. Le nom de *contrastant*, c'est-à-dire qui contraste avec le primitif, le lenticulaire et le muriatique, ne convient par conséquent point à ce cristal.

XLIVème VAR. La variété précédente dont chaque sommet du rhombe est tronqué par une face triangulaire perpendiculaire à l'axe.

C'est l'*uniternaire* de Haüy, var. 16.

XLVme VAR. La variété quarante-unième dont chacune des trois arêtes qui forment chacun des deux angles solides aigus, est tronquée par une double facette linéaire trapézoïdale.

Ce qui ajoute au cristal douze facettes trapézoïdales.

Les faces du rhombe deviennent hexagones.

C'est le *binoternaire* de Haüy, var. 23.

XLVIème VAR. La précédente dont les arêtes sont tronquées par trois facettes, au lieu de deux.

C'est la *progressive* de Haüy, var. 38.

XLVIIème VAR. La variété précédente dont chacun des deux sommets est tronqué par trois facettes pentagones qui naissent sur les arêtes.

C'est la *doublante* de Haüy.

XLVIIIème VAR. Le rhomboïde de la variété quarantième dont chaque angle solide latéral est intercepté par une facette verticale, et chaque sommet par six facettes très-surbaissées.

C'est l'*ascendante* de Haüy, var. 41.

Rhomboïde très-aigu, ou *mixte.*

XLIXème VAR. Calcaire très-aigu.

Ce cristal est composé de six rhombes égaux très-aigus, dont les angles sont, suivant Haüy (*Minéral.*, tom. II, pag. 138),

Angle

Angle obtus.....................142° 28′ 56″
Angle aigu....................... 37° 31′ 4″

Haüy suppose que les molécules qui composent ce cristal font, sur les bords ou arêtes du cristal, des retraites par trois rangées en largeur et deux en hauteur.

C'est le *mixte* de Haüy.

L^ème VAR. La variété précédente tronquée à chacun de ses deux sommets par trois faces rhomboïdales qui dérivent du primitif.

C'est le *birhomboïdal* de Haüy, var. 13.

LIème VAR. Cristal composé de trois rhomboïdes, le primitif, le mixte et le contrastant.

C'est le *trirhomboïdal* de Haüy, var. 25.

Du Cuboïde.

LIIème VAR. Cuboïde de Macie.

Ce cristal est composé de six rhombes égaux.

Angle obtus.................... 92° 17′ 30″
Angle aigu.................... 87° 42′ 30″

Macie suppose que les molécules qui composent ce cristal font une retraite sur ses arêtes, de quatre rangées d'un côté et de cinq rangées de l'autre. (*Journal de Physique*, tom. XLII, pag. 472.)

C'est le *cuboïde* de Haüy, variété 7.

LIIIème VAR. La variété précédente dont chacun des deux angles opposés obtus est tronqué par une facette triangulaire.

C'est l'*apophane* de Haüy, var. 15.

LIVème VAR. La variété première dont chacune des

douze arêtes est tronquée par une facette linéaire.

Le cristal a dix-huit facettes.

LVème var.

J'ai un beau cristal calcaire dont la forme paroit cuboïde, tronquée sur chaque arête du cuboïde par deux facettes trapézoïdales.

Il y a un grand nombre d'autres variétés de cristallisation du calcaire. Bournon en a déjà décrit 614 variétés, et on en trouve chaque jour de nouvelles.

Mais le calcaire présente souvent des cristallisations irrégulières.

Première variété. Calcaire en pyramides octaèdres.

Ce cristal est composé de petits rhombes du calcaire lenticulaire, accumulés sous forme de pyramides octaèdres.

IIème var. Calcaire sous forme de pyramide triangulaire arrondie intérieurement comme une lame d'épée. Cette pyramide paroît composée de petits rhombes du contrastant.

IIIème var. Forme arrondie.

La cristallisation du calcaire présente assez souvent des formes arrondies. J'en ai, à formes arrondies, des variétés dodécaèdres, cynodontes....

IVème var. Forme fibreuse.

On trouve du calcaire sous forme fibreuse, comme la belle variété du Derbishire, qui a un aspect soyeux. Il y en a beaucoup aux environs de la Claitte.

J'en ai une variété composée de longs prismes rhomboïdaux réunis, où on n'observe point de pyramide.

Vème var. Forme écailleuse.

Les marbres de Paros présentent dans leur intérieur de petites molécules en forme d'écailles.

Observations sur les Cristaux calcaires.

Nous venons de décrire plus de cinquante variétés de cristaux calcaires, mais le nombre en est beaucoup plus considérable.

Je me suis servi, comme Romé-de-Lisle, de l'expression, première variété, deuxième variété .... plutôt qu'aucun des mots de contrastant, de paradoxal..., employés par Haüy.

Ces cristaux sont très-favorables à l'étude de la cristallographie, parce qu'ils se divisent avec une grande facilité et d'une manière très-régulière.

Gahn et Bergman ayant brisé un beau cristal de *cynodonte*, observèrent que les morceaux étoient entièrement semblables au cristal dit *spath d'Islande;* d'où ils conclurent que *cette forme étoit celle des lames de cristaux calcaires, et qui, par certaines lois de décroissement, qu'ils n'assignèrent pas, donnoient toutes les formes des cristaux calcaires.*

Mais postérieurement on a observé des cristaux calcaires qui se divisent en lames triangulaires ; ce qui a fait naître des doutes sur l'opinion de Bergman.

J'ai fait voir dans la Sciagraphie, année 1792, tom. II, qu'une molécule rhomboïdale peut se diviser, suivant une de ses diagonales, ou suivant les deux, en lames triangulaires. J'ai divisé des calcaires en prismes triangulaires obliques, et j'en possède plusieurs.

Bournon a également observé un cristal d'Arandal en Norwège, sur lequel il apperçut trois joints différens (*Minéralogie*, tom. II, pag. 386); 1° suivant une direction qui passoit par les grandes diagonales, et partageoit le rhomboïde en deux parties égales; 2° suivant une autre direction, passant également par les grandes diagonales ; 3° suivant une dernière direction, passant par les petites diagonales.

La conclusion qu'il tire (*ibid.*, pag. 3g6) de ces faits et de beaucoup d'autres, est que *les véritables formes des molécules intégrantes sont encore à déterminer dans le plus grand nombre des substances minérales. Je ne crois pas, dit-il, qu'aucune des molécules intégrantes de ces substances appartienne, soit au* RHOMBOÏDE, *soit à l'*OC-TAÈDRE, *soit même au* CUBE.

Prechtel dit également que le rhomboïde du calcaire peut se diviser en deux prismes triangulaires. (*Journal de Physique*, tom. LXXIII, pag. 3o2, ligne 7.) « On est au-» torisé, dit-il, à considérer le rhomboëdre comme étant » la réunion de deux prismes égaux à bases triangulaires » isocèles, et le parallélipipède oblique, comme com-» posé de même de deux prismes triangulaires. »

Haüy suppose que les petits rhombes dont Bergman croyoit le grenat composé, sont formés de six tétraèdres à faces triangulaires isocèles. Ces rhombes du grenat sont presque semblables à ceux du calcaire ; ainsi ceux-ci pourraient donc être également composés de tétraèdres....

Enfin on connoît tout ce que Berthollet a dit (*Statique chimique*, tom. I, pag. 347) sur cette molécule.

CES FAITS PROUVENT QUE LA FORME DES LAMES QUI COMPOSENT LE CRISTAL CALCAIRE EST ENCORE INDÉTER-MINÉE, comme je l'ai dit.

Les valeurs de tous les angles que j'ai assignées d'après les divers cristallographes, et celles que j'ai assignées moi-même, ne doivent être regardées également que comme des approximations.

Mais la forme de la molécule du calcaire étant indéterminée, peut-on assigner les lois de décroissement de ces molécules, qui donnent telles ou telles variétés de cristallisation ? Cela ne paroît pas. Haüy lui-même convient (*Minéralogie*, tom. II, pag. 15) qu'*on peut substituer hypothétiquement des formes* SECONDAIRES *des cristaux aux véritables formes* PRIMITIVES, *de manière à obtenir encore des résultats conformes aux lois de la structure.*

Ainsi, ajoute-t-il (pag. 20), le (*calcaire*) rhomboïde inverse qui provient de la loi exprimée par $E_1 \cdot {}_1 E$, pourroit également résulter de celle dont le signe est e^1.

Il dit encore (tom. II, pag. 155) que dans la variété calcaire 39, qu'il appelle *paradoxale*, on peut substituer un noyau fictif au réel. « Si nous rétablissons, dit-il, » le cristal dans son ensemble, nous trouvons que la » substitution d'un noyau fictif au noyau réel est en quel- » que sorte aidée par l'aspect des facettes $f \cdot f$, qui appar- » tiennent à l'inverse. »

Il donne (*Minéralogie*, tom. II, pag. 560) pour caractère essentiel de l'amphigène (grenat blanc des volcans, leucite), d'être divisible parallèlement aux faces d'un cube, et en même temps à celle d'un dodécaèdre rhomboïdal.

C'est de cette double division mécanique, ajoute-t-il en note, qu'a été donné le nom d'amphigène (de deux natures).

Ces faits, et plusieurs autres, prouvent que dans la structure des cristaux calcaires les lois de décroissement ne sont pas plus déterminées que la forme de la molécule.

On doit donc regarder comme de simples hypothèses

plus ou moins vraisemblables tout ce qu'on a dit à cet égard.

Nous avons différentes analyses du calcaire.

Bergman disoit en avoir retiré,

Chaux 51
Acide carbonique. 36
Eau de cristallisation 13

Mais la chimie actuelle en a retiré des principes absolument différens; savoir,

Chaux 57
Acide carbonique 43

QUARANTE-CINQUIÈME LEÇON.

Du Calcaire cristallisé confusément.

Ce calcaire présente un grand nombre de variétés, soit à raison du mode de cristallisation, soit à raison de sa couleur et de ses autres qualités.

Du Marbre.

Le marbre (1) est le calcaire cristallisé confusément dont la cristallisation est la plus compacte.

Sa pesanteur va jusqu'à 27000.

Sa dureté est 700.

---

(1) Μαρμαρος, *marmaron* des Grecs.

Marmaron signifie blanc. Les premiers marbres qu'ils employoient étoient blancs.

Μαρμαρεος, *marmareos* signifie éclatant, resplendissant, à cause du beau poli que reçoit le marbre.

Son éclat, lorsqu'il est poli, est 1000.

Sa transparence va de 200 à 0.

Sa cassure présente des lames écailleuses presque rhomboïdales dans les marbres de Paros, dans les marbres appelés *salins ;* dans les autres, elle est grenue, terreuse.

Les marbres sont toujours cristallisés confusément ; ils diffèrent des pierres calcaires communes par leur pesanteur, leur dureté...., qui leur permettent de recevoir un beau poli.

On distingue un grand nombre de variétés de marbres. Je vais en indiquer quelques-unes des plus connues.

a Marbre de Paros. Il est d'un blanc de lait demi-transparent, composé de grandes écailles.

b Marbre d'Athènes. Il ressemble à celui de Paros ; il est plus transparent, et ses écailles ne sont pas aussi grandes.

c Marbre de Carare, dans le pays de Gênes. Son grain est plus fin.

d Marbre blanc, à grains fins, avec des veines d'un gris plus ou moins cendré. *Marmor polombino* des Italiens.

e Marbre gris. *Biggio* des Italiens. C'est un marbre gris antique.

f Marbre noir. *Nero antico* des Italiens. Il est entièrement noir.

Le *paragone* des Italiens est un marbre noir dont le grain est terreux.

g Marbre noir veiné de blanc. *Nero è bianco* des Italiens.

h Marbre jaune. *Giallo* des Italiens.

i Marbre couleur de paille. *Giallo pagliocco* des Italiens.

k Marbre couleur de canelle. *Canello* des Italiens.

l Marbre rouge foncé. *Rosso* des Italiens.

m Marbre griote. Rouge foncé, tacheté, comme s'il contenoit des griotes.

n Marbre bleu turquin. *Turchino* des Italiens. Il est d'un bleu très-clair.

o Marbre violet. *Cipolazzo* des Italiens. Il est d'un bleu violet.

p Marbre couleur de fleurs de pêcher. *Persichino*, ou *fior di persicho* des Italiens. Le fond est gris, avec des taches d'un rouge fleur de pêcher, plus ou moins foncé.

q Marbre *pavanazzo* des Italiens. Blanc, avec des raies rouges.

r Marbre *pecorello* des Italiens. A grandes raies rouges et blanches.

s Marbre africain. Il est de couleur de pourpre, taché de blanc et de noir.

Le *seravezzo* et le *rosato* sont des variétés de l'africain.

t Le brocatelle d'Espagne est mêlé de jaune et de rouge.

Des Lumachelles.

Les marbres lumachelles sont ceux qui contiennent des coquilles.

Lumachelle d'Astracan, a le fond canelé, avec des coquilles d'un jaune doré.

Lumachelle de Bleyberg en Carinthie. Le fond de la pâte est ordinairement gris, mais elle est remplie de coquilles qui offrent les plus belles couleurs en chatoiement, presque comme l'opale : ces couleurs sont, 1° un rouge de feu ; 2° un vert brillant ; 3° un bleu vif.

Lumachelle grise. La pâte est d'un fond gris, et les coquilles ont à peu près les mêmes couleurs.

Marbres communs coquillier.

On a ensuite des marbres *brèches*,

Des marbres composés, comme le cypolin, qui est composé de calcaire et de mica stéatiteux.

De l'Albâtre.

L'albâtre (1) est une pierre calcaire formée ordinairement par dépôts, comme les stalactites. La pâte en est très-pure, ce qui lui donne une demi-transparence plus grande que celle du marbre. Son grain est également plus fin ; il reçoit un poli vif, à cause de sa dureté considérable, ensorte que son jeu approche de celui de l'agathe. Le plus beau, celui qui est œillé, s'appelle *oriental*.

Sa pesanteur spécifique va jusqu'à 27900.

Sa dureté est 750.

Il y a plusieurs variétés d'albâtre.

a Albâtre blanc, plus ou moins transparent.

b Albâtre presqu'incolore et transparent. J'en ai un beau morceau.

c Albâtre jaunâtre, d'un jaune plus ou moins clair, plus ou moins foncé : c'est la couleur qu'on rencontre le plus communément dans l'albâtre.

Des Stalactites.

Les stalactites (1) sont des dépôts de pierres calcaires dissoutes par des eaux surchargées d'acide carbonique. Ces eaux transudent à travers des couches calcaires, arrivent aux parois supérieures des grottes souterraines, et laissent échapper une partie de leur acide carbonique aussitôt qu'elles sont à l'air. La pierre calcaire cessant

---

(1) A privatif, λαμϐαρω, *lambano*, prendre, albâtre, imprénable. On faisoit avec cette pierre des vases si minces qu'on craignoit de les casser en les prenant.

(1) Σταλαω, *stalao*, découler; pierres formées par la stillation.

d'être tenue en dissolution, cristallise et se dépose sous forme mamelonnée alongée. Toutes les parties supérieures des grottes calcaires sont tapissées de parcelles stalactites qui augmentent journellement, et finissent par obstruer une portion de ces chambres souterraines; elles sont souvent cristallisées en rayons divergens, qu'on apperçoit lorsqu'on les brise. Leur extrémité est ordinairement creuse, parce qu'elle se trouve occupée par une goutte d'eau.

Les stalactites sont ordinairement colorées par les oxides de fer en un jaune plus ou moins foncé ; quelques-unes sont colorées en brun par le manganèse.

Des Stalagmites.

On appelle *stalagmite* la même substance des stalactites qui, du haut des voûtes souterraines est tombée sur leur plafond, où elle forme également des concrétions qu'on compare assez volontiers à des choux-fleurs, parce que leur forme en approche jusqu'à un certain point.

Du Marbre élastique.

Il y a au palais Borghèse, à Rome, une pierre élastique, ou plutôt flexible. C'est un marbre blanc qui, réduit en petites lames, devient flexible, plie et se restitue dans son premier état.

On ignoroit quelle étoit la nature de cette pierre, mais Fleuriau-Bellevue a fait voir (1) qu'on pouvoit produire le même phénomène sur la plupart des marbres. Il est parvenu à rendre flexibles et élastiques tous les marbres à

____

(1) *Journal de Physique.*

gros grains, et même certains quartz. Il les chauffe jusqu'au rouge, et soutient ainsi le feu pendant trente minutes. Ces pierres ne perdent pas sensiblement de leur poids.

De la Pierre calcaire commune.

Elles diffèrent des albâtres, des marbres, en ce que leur cristallisation s'est opérée d'une manière encore plus confuse. Les parties en sont moins rapprochées ; en conséquence elles ont moins de pesanteur, moins de dureté, ne reçoivent pas un beau poli.... On en distingue de deux espèces, les compactes et les poreuses.

Ces pierres présentent un si grand nombre de variétés, qu'il est impossible de les toutes connoître. Nous allons parler de quelques-unes des plus connues.

a Pierre calcaire primitive. On trouve dans les terrains primitifs des pierres calcaires pures ; leur cristallisation présente ordinairement un grain assez gros, c'est pourquoi on l'appelle *salin*. Elles rentrent toutes dans le genre des marbres. Leur couleur varie.

b Pierre calcaire des montagnes secondaires, les plus anciennes, qui ne contiennent point de coquilles.

Cette pierre est dure ; son grain est fin et serré. Sa cassure est quelquefois conchoïde.

c Pierre de liais. Elle est dure et a le grain fin.

d Pierre calcaire coquillière. Cette pierre forme la masse principale des terrains calcaires coquilliers.

e Pierre calcaire madréporite. Elle est assez commune.

Les pierres calcaires coquillières, et les madréporites sont assez souvent cristallisées en lamelles plus ou moins étendues.

f Pierre calcaire grenue ou terreuse.

Cette espèce ne présente point de lames, mais seulement un grain terreux.

g Pierre calcaire tofacée. Elle a l'apparence d'un tuf terreux ; telle est la pierre de Saint-Leu proche Paris : elle est très-poreuse.

h Tuf d'Anjou. Elle est encore plus poreuse.

i Pierre calcaire feuilletée.

On trouve en plusieurs endroits de la Bourgogne, et ailleurs, une pierre calcaire qui se divise en tables plus ou moins épaisses, comme l'ardoise. On en couvre les maisons.

Les pierres calcaires communes varient par leur dureté, leur pesanteur, leur éclat...., qui sont en général moins considérables que ceux du marbre.

Elles sont en général jaunâtres ou d'un gris ardoisé plus ou moins foncé.

Les pierres calcaires compactes ont une assez grande pesanteur, qui va jusqu'à 28000 ; tandis que la pesanteur des pierres calcaires poreuses ne va quelquefois que jusqu'à 16900.

Leur dureté varie par les mêmes causes : celle des pierres calcaires compactes est beaucoup plus considérable que celle des pierres calcaires poreuses.

De la Pierre à chaux.

Toutes les pierres calcaires pures, telles que les marbres, peuvent faire de la chaux.

Mais celles qui sont mélangées d'une trop grande quantité d'autres terres, comme silice, alumine, magnésie, fer oxidé, ne peuvent faire de la chaux, ou en font de la mauvaise.

Bergman prétend que les meilleures contiennent toujours une portion d'oxide de manganèse.

De la Pierre calcaire spongieuse, ou du lait de montagne, ou agaric minéral.

Agaricus mineralis Wallerii.
Moëlle de pierre.
Bergmilch des Allemands.

Le lait de montagne est de la craie ou pierre calcairo spongieuse d'un beau blanc, et qui est quelquefois sous forme liquide, parce qu'il est pénétré par l'eau.

C'est peut-être un hydrate calcaire.

De la Craie.

Creta des Latins.
Kritta des Suédois.
Kreide. Weisse-kreide des Allemands.

La craie se présente sous forme terreuse ; elle se réduit en poussière lorsqu'on la touche. Ses molécules sont dures et en parcelles assez grosses ; elle est le plus souvent mélangée de parties sablonneuses ; souvent elle contient une portion d'argile, ce qui la fait passer à l'état de marne.

Lorsqu'on observe la craie attentivement avec une loupe, on y apperçoit des commencemens de cristallisation ; ainsi on doit la regarder comme une pierre qui n'a pas encore acquis assez de consistance.

Il y a plusieurs variétés de craie, quant à la couleur.

a Craie blanche.

b Craie jaunâtre, colorée par l'oxide jaunâtre de fer.

c Craie rougeâtre, colorée par l'oxide rouge de fer.

La craie forme des couches immenses, comme la pierre calcaire ; elle ne paroît en différer que par sa dureté, qui est peu considérable.

Les craies de Champagne font des bancs qui s'étendent jusqu'en Angleterre.

La craie est rarement pure ; celle de Meudon contient,

Chaux carbonatée 79
Silice. 9
Magnésie 11

Du Tuf calcaire ou de l'Ostéocolle.

Tophus des Latins.
Sedimentum aquarum fluentium. Wallerius.
Ostéocolle.
Tuf calcaire.

Le tuf calcaire est une pierre légère, poreuse, ayant peu de consistance, et dont la forme est très-variée.

Il est le produit du dépôt d'eaux tenant en dissolution de la pierre calcaire, qu'elle dépose sur toutes sortes de substances. Ces dépôts se font ordinairement dans les marais, sur les plantes qui s'y trouvent, et ils en prennent l'empreinte ; d'autres fois ils se font sur des coquilles ou autres débris d'animaux.

Lorsque le dépôt se fait lentement, il cristallise en partie. J'en ai dans lesquels on apperçoit la forme à *tête de clou*, ou spath calcaire lenticulaire. Mais le plus souvent les dépôts se font brusquement par la dissipation d'une partie de l'acide carbonique, et ne cristallisent point régulièrement. Ils ont pour lors une apparence terreuse.

Dépôts de la fontaine St.-Allyre, à Clermont.

Il y a dans les faubourgs de Clermont une fontaine appelée *Saint-Allyre*, qui fait des dépôts calcaires si abondans qu'ils recouvrent en vingt-quatre heures les substances qu'on y expose.

Dépôt des eaux d'Arcueil à Paris.

Ces eaux obstruent, par leurs dépôts, leurs conduits.

Dépôt des eaux des bains de St.-Philippe en Italie.

Les eaux des bains de St.-Philippe sont tellement surchargées de calcaire en dissolution, qu'elles en incrustent les corps qu'on y expose.

On les fait tomber d'un endroit élevé sur des bois, qui les font rejaillir contre les parois d'une espèce de caisse; on expose contre ces parois des camées en creux de bustes de grands hommes; le calcaire s'y dépose en quantité, et on a des bas-reliefs très-exacts de ces bustes.

De la Pisolite.

Ce sont des petites pierres calcaires arrondies et réunies par une pâte calcaire. Ces grains sont formés de couches concentriques.

Dragées de Tivoli. C'est une pisolite composée de trèspetits grains calcaires arrondis; c'est pourquoi on leur a donné le nom de *dragées :* elles sont d'un blanc jaunâtre.

Pisolite de Carlsbad en Bohême.

Chacun des grains de pisolite a pour noyau un grain de sable, autour duquel sont venues se déposer des parties calcaires formant des couches concentriques. Elles se trouvent auprès des eaux chaudes de Carlsbad.

De l'Oolite.

Oolithus. Waller.

L'oolite se présente comme une réunion de petits globules ronds dans une pâte commune.

Les grains et la pâte sont calcaires.

La couleur varie depuis le gris jaunâtre jusqu'au brun rougeâtre.

On avoit regardé les oolites comme une réunion d'œufs de poissons pétrifiés, mais aujourd'hui on pense plutôt que ce sont de petites pierres arrondies réunies par une pâte quelconque.

Les oolites se trouvent en France, en Suède, en Suisse, en Thuringe....; elles forment des couches considérables au milieu des montagnes de pierre calcaire ou de gypse.

La pisolite diffère de l'oolite, en ce qu'elle a pour noyau un grain de sable; ce qui n'a pas lieu dans l'oolite.

Des Priapolites.

Ce sont des concrétions calcaires qui tirent leur nom de la forme qu'elles affectent. On en trouve près de Castres, dans une colline qu'on appelle la *Côte des bijoux*.

Des Ludus.

Ludus Helmontii.
Jeux de Vanhelmont.

On a donné ce nom à des pierres grises argilo-calcaires qui, en se desséchant, se divisent en petits prismes irréguliers; il demeure entre ces prismes des espaces vides plus ou moins considérables; un suc calcaire spathique remplit souvent ces vides, ce qui forme des espèces de compartimens.

Du Calcaire dentritique.

Je donne ce nom à des pierres calcaires sur lesquelles on observe de très-belles dentrites.

De la Pierre calcaire puante.

Stinkstein des Allemands.

Ces pierres ont quelquefois la dureté du marbre, et peuvent recevoir le même poli.

Elles

Elles ont une espèce d'odeur fétide qui peut être due à deux causes.

a Pierre calcaire puante hépatique.

Ce sont des pierres calcaires qui contiennent des sulfures ou foies de soufre.

b Pierre calcaire puante bitumineuse.

Ce sont des pierres calcaires qui contiennent du bitume.

Des Pierres calcaires mélangées.

Chaque espèce de pierre peut être mélangée avec une ou plusieurs terres étrangères, qui ne lui seront unies que mécaniquement et sans aucune combinaison. C'est ce que j'appelle *pierre mélangée*.

La plus grande partie des pierres calcaires que nous venons de voir, rentrent dans cet ordre ; car, excepté les spaths calcaires cristallisés et quelques marbres blancs, toutes les autres pierres calcaires contiennent d'autres principes que la chaux et l'acide carbonique. Il n'en est peut-être point où il ne se trouve de l'oxide de fer. La terre argileuse, la siliceuse..... y sont aussi très-fréquemment ; mais ces substances étrangères, lorsqu'elles y sont en petite quantité, altèrent peu la nature de la pierre.

Je ne placerai donc parmi les pierres calcaires mélangées que celles qui contiennent une certaine quantité de substances étrangères, et j'en ferai cinq classes, à raison des cinq terres qui peuvent être mélangées avec la calcaire ; savoir, la quartzeuse, l'argileuse, la magnésienne, la strontiane pesante et la ferrugineuse.

Des Pierres quartzo - calcaires.

Un très-grand nombre de pierres calcaires contient une quantité plus ou moins considérable de terre quartzeuse ; quelques-unes même font feu avec le briquet.

Grès de Fontainebleau.

C'est du spath calcaire qui a coulé au milieu d'un sable quartzeux qu'il a agglutiné.

Souvent il cristallise comme le calcaire muriatique.

Des Pierres argilo-calcaires.

Les pierres argilo-calcaires sont extrêmement communes. Plusieurs marbres sont de cette nature. La plus grande partie des pierres à chaux contiennent aussi de l'argile. Toutes les pierres qu'on appelle *schistes calcaires*, rentrent dans cette classe. Lorsqu'on verse sur ces pierres un acide quelconque, il y a une vive effervescence ; la partie calcaire est dissoute , et la partie argileuse demeure intacte.

Le marbre vert de Campan est composé , suivant Bayen ,

Chaux carbonatée 65
Argile 32
Fer oxidé........................ 3

Bergman fait mention d'une espèce de marbre des montagnes d'Ostrogothie, qui contient une si grande quantité d'argile qu'il durcit au feu.

Des Pierres magnesio-calcaires.

Les pierres magnesio-calcaires ne sont pas rares, puisque Lorgna a prouvé que les animaux marins contiennent beaucoup de magnésie. Il y a plusieurs de ces pierres.

a Spath calcaire composé de Woulfe.

C'est une espèce de spath perlé , demi-transparent, de différentes couleurs , blanchâtre , jaune doré , jaune de cuivre, brun...., cristallisé en rhombe. Il contient , suivant lui ,

Chaux carbonatée................... 60
Magnésie carbonatée............... 35
Fer oxidé......................... 3

b Pierre de Creutzwald, de Bayen.
Elle contient, suivant lui,

Chaux carbonatée.................. 75
Magnésie carbonatée.............. 12
Fer oxidé 13

c Bitter-Spath. Nous verrons qu'il contient beaucoup de magnésie,

d Ainsi que la dolomie.

e Marbre *magnésien grec.*

Cubières a prouvé que ce beau marbre contient beaucoup de magnésie.

Des Pierres strontiano-calcaires.

J'appelle *strontiano-calcaires* des pierres qui contiennent une portion plus ou moins considérable de terre strontiane ; telles sont les strontianes sulfatées des environs de Paris.

Il peut aussi y avoir des baryto-calcaires.

Des Pierres ferrugino-calcaires.

La plus grande partie des pierres calcaires contiennent des oxides métalliques, et particulièrement ceux de fer et de manganèse, qui les colorent. Mais j'appelle particulièrement pierres *ferrugino-calcaires,* celles où les oxides de fer sont très-abondans ; tels sont la plupart des marbres et des calcaires, colorés en rouge, en jaune, en brun, en vert...

On distingue les calcaires à raison du lieu de leur formation.

Werner en distingue quatre formations particulières.

I. Formation primitive.

C'est la pierre calcaire formée avec les pierres primitives, et qui se trouve dans les montagnes primitives ; telles sont :

a Pierre calcaire à gros grains, plus ou moins lamelleux.

b Pierre calcaire à petits grains, telles que les marbres de Carare.

c Dolomie.

d Pierre calcaire avec mica.

. . . .

Ces pierres ne forment pas ordinairement de couches.

II. Pierre calcaire des terrains de transition.

Ce sont les pierres calcaires des montagnes de transition ; telles sont les pierres calcaires suivantes :

Pierre calcaire mêlée de schistes argileux ou magnésiens, telle que les marbres de Campan.

III. Pierres calcaires stratiformes.

Ce sont les pierres calcaires des terrains secondaires ; elles contiennent des coquilles, madrépores... ; telles sont,

a Les marbres lumachelles,

b Toutes les pierres calcaires des terrains secondaires. Elles sont déposées par couches.

IV. Les pierres calcaires d'alluvion.

Ce sont les pierres calcaires formées par des dépôts qui ont succédé aux alluvions ; telles sont :

a Tuf calcaire qui contient des feuilles d'arbres ou autres débris de végétaux déposés à la suite d'alluvions.

b Pierre calcaire mêlée de sable roulé.

Observations sur les Pierres calcaires.

La nature des pierres calcaires varie beaucoup, comme nous venons de le voir ; il y en a deux causes.

1°. Elles sont rarement pures ; elles contiennent toujours une plus ou moins grande quantité de substances étrangères, telles que terre argileuse, terre quartzeuse, magnésie, fer oxidé, manganèse oxidé, sable, coquilles...

2°. Leur cristallisation est plus ou moins parfaite, leurs parties sont plus ou moins rapprochées.

Leur dureté, leur pesanteur et leurs autres qualités varient en conséquence de leurs différentes natures.

La pesanteur spécifique des pierres calcaires se tient dans une grande latitude. Voici celle que donne Brisson :

Pierre de Saint-Leu auprès de Paris	16593
Pierre d'Ivri	19581
Pierre de liais	20778
Pierre de Tonnerre	23340
Pierre du château Saint-Ange, à Rome	24437
Marbre lumachelle antique	26732
Marbre jaune de Sienne	26778
Marbre de Carare	27168
Marbre de Paros	28376
Albâtre brèche violette	28578
Albâtre oriental œillé	27906

Les tufs d'Anjou sont encore plus légers que la pierre de Saint-Leu.

Ces différences de pesanteur ne viennent point seulement des substances étrangères, mais de la cristallisation. La pierre de Saint-Leu est très-poreuse, les parties n'en sont point rapprochées ; on diroit que la cristallisation est grenue : au lieu que dans les marbres, les albâtres, la cristallisation est très-serrée. Les pierres de liais et de Tonnerre tiennent le milieu entre celles de Saint-Leu et les marbres, aussi la pesanteur varie-t-elle presque de moitié.

Mais il y a peu de pierres calcaires pures ; la plupart contiennent d'autres terres et des oxides de fer et de manganèse.

Plusieurs pierres calcaires, telles que la Dolomie, sont phosphorescentes ; d'autres ne le sont pas, quoiqu'on n'apperçoive point de différence entre elles. On ignore encore quelle est la cause de cette phosphorescence.

Les pierres calcaires transparentes sont idioélectriques, c'est-à-dire électriques par le frottement ; et celles qui sont opaques, sont anélectriques, c'est-à-dire électriques par communication : elles déchargent foiblement la bouteille de Leyde, et causent de l'agitation aux feuilles de clinquant qui y sont renfermées. Nous n'avons pas encore assez d'expériences pour calculer les différens degrés de cette électricité.

L'usage des pierres calcaires est immense dans les arts.

Un grand nombre de pierres calcaires rentre dans d'autres genres ; ainsi la plupart doivent être placées parmi les pierres calcaires mélangées, d'autres parmi les pierres calcaires composées ; enfin, de troisièmes seront rangées parmi les pierres calcaires agrégées : telles sont les brèches calcaires.

QUARANTE-SIXIÈME LEÇON.

PREMIÈRE ESPÈCE.

De l'Aragonite.

Aragonite de Werner (1).
Igloïte de Esmark (2).

COULEUR, incolore, de toutes couleurs.
TRANSPARENCE, 3000.
RÉFRACTION, double.
ÉCLAT, 1500.
PESANTEUR, 29267.
DURETÉ, 900.
PHOSPHORESCENCE, par la chaleur.
CASSURE, vitreuse.
MOLÉCULE, indéterminée.
FORME, dodécaèdre à faces triangulaires isocèles.

PREMIÈRE VARIÉTÉ. Dodécaèdre à faces triangulaires isocèles, composé de deux pyramides hexagones à faces triangulaires très-alongées, jointes base à base.

Cette substance a été l'objet de grandes discussions entre les minéralogistes et les chimistes.

Les chimistes en ont retiré les mêmes principes que du spath calcaire, d'où ils ont conclu que ces deux substances étoient une seule espèce.

Les minéralogistes y ont trouvé une pesanteur, une du-

---

(1) Celle-ci vient d'Aragon.
(2) D'*Iglo* en Hongrie où on en trouve.

reté, une forme cristalline.... différentes de celles du calcaire ; d'où ils ont conclu que ces deux substances étoient
deux espèces différentes.

J'ai cherché à concilier ces deux opinions (*Journal de
Physique*, tom. LXIII, pag. 70), en faisant voir que des
mêmes principes chimiques pouvoient former des substances différentes.

La seconde difficulté que présente cette substance est
de déterminer la forme cristalline qu'elle affecte, ainsi
que celle de sa molécule intégrante.

Haüy donne pour caractère essentiel de l'aragonite,
*d'être divisible par des plans qui font entre eux des angles
d'environ* 116° *et* 64°.

Il donne pour forme de l'aragonite un prisme hexaèdre,
qui, *ramené à sa structure la plus simple, peut être regardé comme un assemblage de quatre prismes droits rhomboïdaux de* 116° *et* 64°. (*Minéralogie*, tom. IV, p. 357.)

Mais quatre prismes semblables assemblés ne pourroient
former un prisme hexaèdre. L'auteur a donc été obligé de
faire des suppositions qui sont contraires aux lois ordinaires de la cristallographie.

Bournon dit (*Minéralogie*, tom. II, pag. 120) que *rien
n'a pu le conduire à la détermination de la molécule intégrante de l'aragonite,*

Et que le cristal primitif est *un prisme tétraèdre rhomboïdal dont les plans se rencontrent entre eux sous deux
angles de* 117° 2', *sous deux autres de* 62° 58'.

Ne pouvant point entrer ici dans toutes ces discussions,
je me contenterai d'exposer les faits, comme j'ai fait dans
tout le cours de cet Ouvrage.

J'ai décrit (*Théorie de la Terre*, tom. II, pag. 46) un
cristal d'aragonite que je possède, dont la forme est

Un dodécaèdre à plans triangulaires isocèles.

L'angle du sommet de chaque triangle m'avoit paru être à peu près de 22°.

J'ai depuis acquis d'autres variétés de cette substance où cet angle paroît plus petit.

J'ai une variété d'aragonite en cristaux bien prononcés, avec du fer oxigéné au *minimum*, de la Styrie.

IIème VAR. La variété précédente dont les deux pyramides sont séparées par un prisme hexagone.

IIIème VAR. La variété première dont le sommet de la pyramide est tronqué par quatre facettes; mais toutes ces faces sont si petites, qu'on a peine à les déterminer.

J'ai un grand nombre d'autres variétés.

Bournon a décrit dans les Transactions philosophiques, et Journal des Mines de France, n° 103, tom. XVIII, plusieurs variétés de cette forme.

IVème VAR. Prisme hexaèdre droit.

Il se trouve dans la variété qui vient d'Aragon.

Vème VAR. Prisme hexaèdre dont les sommets sont composés de plusieurs facettes dièdres.

On distingue très-bien que ce prisme hexaèdre est formé par la réunion de plusieurs prismes rhomboïdaux à sommets dièdres, sans qu'on puisse en assigner le nombre.

Je n'ai pu également déterminer les angles de ces sommets dièdres, ni ceux du prisme rhomboïdal, qui en général paroît de 117°.

Je n'ai jamais vu de ces prismes rhomboïdaux isolés.

Ces dernières variétés se trouvent particulièrement en Aragon, en France....

VIème VAR. Prisme hexagone, pyramide composée de

plusieurs facettes dont on ne peut assigner la figure ni le nombre.

VIIème VAR. Cristallisation confuse.

L'aragonite se trouve en grandes masses cristallisées confusément.

Elle a souvent un tissu fibreux.

Ces faits me font présumer qu'il faut distinguer en général deux variétés d'aragonite.

1°. Les variétés qui cristallisent en prismes hexaèdres, composés de prismes rhomboïdaux, et qui se trouvent en Aragon et ailleurs.

2°. Et les premières variétés qui cristallisent en dodécaèdre à faces triangulaires isocèles, alongées, et qui se trouvent dans les mines de fer de Styrie.... Bournon en donne une histoire assez détaillée.

Mais il faut attendre que l'analyse confirme cette distinction.

L'aragonite se trouve en plusieurs endroits, comme nous l'avons rapporté.

On en trouve encore dans les terrains volcaniques, comme en Auvergne, au Vésuve.... Les unes sont cristallisées en prismes hexaèdres, avec des pyramides, comme la variété sixième.

Les autres forment des masses, comme la variété septième.

L'aragonite a été analysée par différens chimistes. Thénard et Biot en ont retiré (*Bulletin de la Société Philomatique*, année   , pag. 34),

Chaux........................ 0.56.230
Acide carbonique.............. 0.43.280
Eau de cristallisation........ 0.00.038

Ce sont les mêmes produits que ceux du calcaire ordinaire.

Néanmoins toutes les qualités de l'aragonite sont différentes de celles du calcaire. Elle est plus pesante, plus dure. Sa cassure est vitreuse.

Pulvérisée et jetée sur une plaque de fer, elle est phosphorescente.

On ne peut en obtenir de molécule intégrante par le clivage.

Enfin ses formes sont différentes.

J'en fais donc, avec le plus grand nombre des minéralogistes, une espèce différente du calcaire.

J'ai prouvé (*Journal de Physique*, tom. LXIII, pag. 70) qu'en admettant que

Les molécules de ces deux substances, composées des mêmes principes chimiques, mais arrangées géométriquement d'une manière différente, on satisfaisoit également le chimiste, le minéralogiste et le cristallographe, parce qu'alors les figures et les autres qualités de ces deux substances ne peuvent plus être les mêmes. (*Voir* ci-devant, Introduction, pag. lxiij.)

Ainsi la molécule rhomboïdale du calcaire, posée sur les faces, donne la forme primitive ; posée sur les arêtes, donne le muriatique ou inverse....

Du Flos ferri.

La substance connue sous le nom impropre de *flos ferri*, est aujourd'hui regardée comme une variété d'aragonite ; elle en a tous les caractères.

Du Spath perlé.

PREMIÈRE VARIÉTÉ. Prisme rhomboïdal oblique, composé de six rhombes égaux, semblables à ceux du spath
calcaire primitif.

Angle obtus...................... 101° 55'
Angle aigu........................ 78° 5'

IIème VAR. Spath perlé, écailleux.

C'est la variété précédente dont les faces des rhombes
sont convexes; plusieurs sont réunis et groupés, ce qui
leur donne une apparence écailleuse.

Le spath perlé se trouve ordinairement dans l'intérieur
des filons. Il y en a beaucoup à Ste.-Marie, au Hartz.

Sa pesanteur est 2837,8.

L'analyse du spath perlé a donné,

Chaux........................... 50
Acide carbonique................. 34
Manganèse oxidé.................. 2
Fer oxidé........................ 1
Eau............................. 13

Cette analyse a été faite dans un temps où l'art des analyses n'étoit pas si avancé qu'aujourd'hui ; il faut donc la
répéter.

SECONDE ESPÈCE.

Du Braunspath.

Braunspath des Allemands.
Spath brunissant.
Chaux carbonatée ferrifère. Haüy.

COULEUR, blanc jaunâtre, rougeâtre.
TRANSPARENCE, 100.

Eclat, 1000.

Pesanteur, 28370.

Dureté, 850.

Electricité, anélectrique.

Phosphorescence.

Cassure, lamelleuse.

Molécule, indéterminée.

Forme, rhomboïdale.

Il cristallise comme le spath calcaire.

Sa couleur est ordinairement d'un blanc jaunâtre, et ensuite elle brunit lorsqu'on l'expose à l'air ; ce qu'on attribue à l'oxide de manganèse.

Klaproth a retiré d'un braunspath en barres (stanglichen) de Guanaxuato au Mexique (*Journal de Physique*, tom. LXXI, pag. 139),

Chaux carbonatée 51.50
Magnésie carbonatée 32
Fer carbonaté 7.5
Manganèse carbonatée 2
Eau 5

TROISIÈME ESPÈCE.

De la Picrite.

Picrite. Blumenbach.
Spath magnésien.
Bitterspath de Werner.

Couleur, de toutes couleurs.

Transparence, 100.

Eclat, 600.

Pesanteur, 700.

Cassure, lamelleuse.
Molécule, indéterminée.
Forme, rhomboïdale.

Première variété. Rhomboïde composé de six faces rhomboïdales, comme le calcaire primitif.

Cette substance qui se trouve dans des talcs et autres pierres magnésiennes du Tirol, paroit être un calcaire mélangé de magnésie carbonatée, et souvent d'oxide de fer et de manganèse.

L'analyse de cette substance n'a pas toujours donné les mêmes principes.

Klaproth a retiré d'une espèce de bitterspath de Hall dans le Tyrol (*Journal de Physique*, t. LXXI, p. 140),

Chaux carbonatée..................... 68
Magnésie carbonatée.................. 25.5
Fer carbonaté........................ 1
Eau................................. 2.75
Argile mélangée.....................

Bucholz en a retiré,

Chaux 28
Magnésie............................ 20.5
Acide carbonique.................... 48
Fer oxidé........................... 1.5
Perte............................... 2

QUATRIÈME ESPÈCE.

De la Miémite.

Miémite de Thomson.
Spath magnésien.

Couleur, vert tendre.

Transparence, 200.

Éclat, gras.

Pesanteur, 2700.

Cassure, lamelleuse.

Molécule, indéterminée.

Forme, rhomboïdale.

Première variété. Rhomboïde composé de six faces rhomboïdales, comme le spath calcaire primitif.

IIème var. Cristallisation confuse mamelonnée.

La miémite paroît affecter les mêmes formes que le spath calcaire.

Sa couleur est verdâtre.

Son éclat est nacré.

Sa pesanteur est 27.

Cette substance a été trouvée par Thomson à Miamo en Toscane, au milieu de masses d'albâtre.

Klaproth en a retiré,

    Chaux carbonatée..................... 53
    Magnésie carbonatée.................. 42.5
    Fer et manganèse oxidés............. 3

CINQUIÈME ESPÈCE.

De l'Aphrit ou du Schiefferspath.

Aphrit de Karsten. Variété.

Schiefferspath d'Emmerling.

Argentine de Kirwan.

Spath schisteux de Struve.

Couleur, blanc grisâtre, rougeâtre, verdâtre.

Transparence, 100.

Éclat, 500.

Pesanteur, 26300.

Dureté, 5oo.

Electricité, anélectrique.

Cassure, lamelleuse à lames courbes.

Molécule, indéterminée.

Forme, indéterminée.

Première variété. Cristallisation confuse.

Cette substance se trouve ordinairement cristallisée confusément. Elle se présente sous une forme lamelleuse à lames courbes et ondulées.

Sa couleur est ordinairement blanchâtre, nacrée.

Sa dureté est peu considérable.

Elle est translucide sur les bords.

Elle fait une effervescence assez vive avec les acides, mais elle ne dure pas long-temps.

On la trouve à Bermsgrün près de Schwarzenberg en Saxe, dans une couche de pierre calcaire où elle est accompagnée de galène et de blende brune. On en trouve aussi à Konsberg en Norwège, et en Sardaigne dans la mine d'Iglesias.

Bucholz en a retiré,

<pre>
Chaux. 55
Acide carbonique. 41.66
Manganèse oxidés. 3
</pre>

SIXIÈME ESPÈCE.

De l'Ecume de terre, ou de la Schaumerde.

Aphrit de Karstein. Variété.

Couleur, blanc d'argent, jaunâtre, verdâtre.

Transparence, o.

Eclat, 3oo.

Cassure, écailleuse, ou grenue.

Molécule

MOLÉCULE, indéterminée.

FORME, indéterminée.

L'écume de terre ne cristallise point.

Elle se présente souvent sous forme écailleuse, d'autres fois sa cassure est grenue.

Elle est très-tendre.

Son éclat est nacré.

Elle est douce au toucher, soyeuse et tache les doigts.

Elle est très-légère.

Elle fait effervescence avec les acides et s'y dissout.

Suivant Bucholz, elle est composée de

Chaux 51
Acide carbonique 39
Silice 5.70
Fer oxidé 3.20
Eau 1

Elle se trouve dans les montagnes calcaires de Gera en Misnie, et de Eisleben en Thuringe.

SEPTIÈME ESPÈCE.

De la Dolomie.

Saussure fils a donné ce nom à une pierre calcaire qui ne fait presque point d'effervescence avec les acides, ou une effervescence très-lente.

Sa couleur varie. Il y en a de blanche, de grise, de rougeâtre...

Sa dureté, sa pesanteur sont les mêmes que celles de la pierre calcaire ordinaire.

Elle est très-phosphorescente par le frottement.

Fleuriau-Bellevue a trouvé dans les Alpes une variété de cette pierre qui est très-flexible.

Saussure fils a retiré de la dolomie ;

Chaux 44.29
Alumine. 5.86
Magnésie 1.04
Fer oxidé. 0.74
Acide carbonique. 46

Mais Tennant a donné une autre analyse de cette pierre. Il la dit composée de deux portions de magnésie, et de trois de chaux carbonatée.

Chaux carbonatée. 60
Magnésie carbonatée. 40

Il a observé qu'elles étoient contraires à la végétation, lorsqu'on les calcinoit et qu'on les employoit comme engrais ; tandis que la chaux ordinaire y est très-favorable. (*Journal de Physique*, thermidor an VIII.)

Klaproth a retiré de la dolomie du Saint-Gothard (*Journal de Physique*, tom. LXXI, pag. 139),

Chaux carbonatée 52
Magnésie carbonatée. 46.50
Fer oxidé. 0.50
Manganèse oxidé. 0.25
Perte 0.75

HUITIÈME ESPÈCE.

Du Madreporite.

Madrepor-stein des Allemands.

COULEUR, noirâtre.
TRANSPARENCE, 0.

Eclat, 200.

Pesanteur, 26000.

Cassure, terreuse.

Molécule, indéterminée.

Forme, indéterminée.

Première variété. Cristallisation confuse.

Cette pierre n'a pas été trouvée cristallisée.

Le baron de Moll l'a trouvée dans la vallée de Rüs-
bach, pays de Salzbourg.

Quelques minéralogistes l'ont appelée *madreporite*
parce qu'on a cru y reconnoître les vestiges de madrepores.
Mais en l'examinant plus attentivement, on voit que c'est
une espèce de pierre calcaire mélangée d'alumine et
de silice, colorée en noir par l'oxide de fer.

Klaproth en a retiré,

Chaux carbonatée...................... 90
Partie bitumineuse.................... 3
Silice................................ 6
Fer oxidé............................. 1

NEUVIÈME ESPÈCE.

Du Florentite.

Du Marbre de Florence.

C'est un marbre jaunâtre sur lequel on observe des
dendrites d'un brun plus ou moins foncé. Ces dendrites
sont très-variées, et représentent principalement des ruines
de grands édifices.

Dolomieu a fait voir que cette pierre est un schiste
calcaire fendillé, contenant une grande quantité de matière calcaire, et d'oxide de fer jaune et brun. L'eau
en s'insinuant dans ses fentes dissout, par le moyen de

24..

l'acide carbonique une portion de ces oxides de fer, et les dépose çà et là. Ce sont ces oxides bruns de fer qu'on peut soupçonner contenir une portion d'oxide de manganèse, qui forment toutes ces ruines apparentes.

Ces marbres se trouvent aux environs de Florence.

Ces marbres contiennent, suivant Bayen,

Chaux carbonatée.................... 64
Terre argileuse..................... 28
Fer oxidé........................... 8

DIXIÈME ESPÈCE.

De l'Emeraudine.

Emeraudine (1) de Delamétherie.

Dioprase (2) de Haüy.

Kupfer smaragd. **Emeraude cuivreuse** de Werner.

COULEUR, verte.

TRANSPARENCE, 500.

ECLAT, 1000.

PESANTEUR, 33000.

DURETÉ, 1200.

ELECTRICITÉ, idioélectrique.

RÉFRACTION.

FUSIBILITÉ, 1500.

VERRE, noirâtre.

PHOSPHORESCENCE.

CASSURE, lamelleuse.

MOLÉCULE, rhomboïdale supposée.

FORME, rhomboïdale.

---

(1) A cause de sa ressemblance avec l'émeraude. (*Journal de Physique,* tom. XLII, pag. 154.)

(2) *Dioptase,* c'est-à-dire *visible au travers.*

Première variété. Prisme hexagone.

Pyramide trièdre composée de trois faces rhomboïdales.
Angle du sommet de ces faces rhomboïdales, 93° 22′.

Haüy suppose (1) que la forme primitive est un rhomboïde obtus dont l'angle placé au sommet de ce rhomboïde est 111°.

Cette substance est conductrice de l'électricité, et acquiert l'électricité résineuse par le frottement.

Haüy l'appelle *dioptase*, parce que les joints naturels sont visibles à travers le cristal.

Cette substance se trouve sur des mines de malachite en Sibérie.

Je l'ai décrite (*Journal de Physique*, tome XLII, page 154), comme la forme primitive de l'émeraude; mais l'analyse ayant fait voir que ce n'étoit point une émeraude, je lui ai ensuite donné le nom d'*émeraudine*. (*Théorie de la Terre*, tom. II, pag. 230.)

Vauquelin a retiré de l'émeraudine (2),

Silice............................... 28.57
Cuivre oxidé........................ 28.57
Chaux carbonatée.................... 42.85

---

(1) *Journal Philomatique*, n° 13, et *Journal des Mines*, tom. 7, pag. 274.

(2) *Journal Philomatique*, n° 13.

QUARANTE-SEPTIÈME LEÇON.

SECOND GENRE.

De la Chaux combinée avec l'acide nitrique.

PREMIÈRE ESPÈCE.

Nitrate calcaire.

La chaux nitratée, ou nitrate calcaire ne se trouve jamais pure dans le règne minéral, elle est toujours mélangée avec la craie ou d'autres substances. La craie des environs de la Roche-Guyon et d'autres endroits contient une plus ou moins grande quantité de chaux nitratée. On en trouve également dans les eaux-mères du nitre.

On est obligé de purifier ce nitrate pour l'avoir pur et cristallisé.

PREMIÈRE VARIÉTÉ. Prisme hexagone.

Pyramide hexagone à faces triangulaires.

Ce sel est très-déliquescent, et cristallise assez difficilement.

Il se dissout dans deux fois son poids d'eau froide, et dans une fois son poids d'eau bouillante.

La chaux nitratée contient, suivant Bergman,

Chaux 32
Acide nitrique 43
Eau de cristallisation 25

TROISIÈME GENRE.

De la Chaux combinée avec l'acide muriatique.

PREMIÈRE ESPÈCE.

Muriate calcaire.

La chaux muriatée, ou muriate calcaire, ne se trouve jamais pure dans le règne minéral. Elle est toujours mélangée avec d'autres substances. Elle est mélangée avec la plupart des sels gemmes dans les eaux des fontaines salées; l'art pour l'avoir pure est obligé de la faire cristalliser.

PREMIÈRE VARIÉTÉ. Prisme hexagone.

Pyramide indéterminée.

Ce sel est très-déliquescent, et on a de la peine a l'avoir cristallisé.

Il se dissout dans deux fois son poids d'eau.

Il contient, suivant Bergman,

Chaux 44
Acide muriatique. 31
Eau de cristallisation. 25

QUATRIÈME GENRE.

De la chaux combinée avec l'Acide sulfurique.

PREMIÈRE ESPÈCE.

Du Gypse.

Γυψος, *gupsos.*

Gypsum des Latins.

Fraveneis des Allemands.

Gypsum des Anglais.

Gyesso des Italiens.

Yesso des Espagnols.

Gypse des Français.

Couleur, incolore, de toutes couleurs.
Éclat, 500.
Transparence, 500 à 0.
Pesanteur, 23060.
Dureté, 50 à 300.
Électricité, idioélectrique.
Réfraction, double.
Fusibilité, 100.
Verre, blanc.
Phosphorescence, par la chaleur.
Cassure, lamelleuse.
Molécule, indéterminée.
Forme, décaèdre rhomboïdal.

Première variété. Ce cristal peut être considéré comme un octaèdre obliquangle dont les deux pyramides seroient tronquées assez près des bases.

Ce décaèdre est composé de deux parallélogrammes obliquangles dont les faces sont éclatantes. Ce sont les faces des bases des pyramides tronquées.

$$\text{Angle obtus de ces faces.......... } 127°$$
$$\text{Angle aigu...................... } 53°$$

Les molécules composant ces deux trapèzes décroissent par deux rangées, suivant Haüy.

Celles composant les grands trapèzes décroissent par une seule rangée.

Les molécules du gypse paroissent être des lames rhomboïdales dont les angles sont 113° et 67°.

On a trouvé néanmoins au Puy des gypses dont la cassure paroît rectangulaire.

On peut concevoir ce cristal comme un prisme hexagone avec deux sommets dièdres. Chaque sommet est formé de deux petites faces trapézoïdales.

a La variété précédente dont les deux faces trapézoïdales peuvent se trouver plus courtes que les quatre petites.

b La variété précédente hémitrope.

Ce sont deux cristaux renversés et accolés. Ils forment à une de leurs extrémités un angle saillant de 106°, et l'autre un angle rentrant égal.

c La variété première dont les deux faces larges parallélogrammatiques sont devenues extrêmement étroites. Le cristal paroît rhomboïdal prismatique avec deux sommets dièdres à faces triangulaires.

IIème VAR. La variété première dont chaque sommet dièdre a deux nouvelles faces trapézoïdales, formées par la troncature des angles aigus des faces primitives. Le cristal se présente comme un prisme hexaèdre avec deux pyramides tétraèdres.

IIIème VAR. Prisme octogone.

Pyramide tétraèdre dont une des extrémités forme un angle saillant, et l'autre un angle rentrant; leur angle est de 139°.

Ce cristal est hémitrope. Il se trouve en Sicile.

IVème VAR. La variété première dont les angles aigus de chaque sommet sont arrondis par des facettes curvilignes plus ou moins étendues.

Vème VAR. Prisme hexagone droit.

C'est la variété première dont les faces du sommet ont presque entièrement disparu; et le prisme paroît droit au sommet, et il est un peu arrondi à ce sommet.

VIème VAR. Le lenticulaire.

Ce cristal a la véritable forme d'une lentille.

C'est la variété quatrième dont les faces curvilignes se sont élargies.

Deux lentilles se groupent souvent ensemble sous des angles différens.

En les brisant, on obtient des fractures auxquelles on a cru trouver quelque ressemblance avec le fer d'une lance.

VIIème VAR. Cristallisation contournée.

On trouve dans les soufres de Sicile de longs cristaux de gypse qui ont jusqu'à cinq à six pouces de longueur, et qui sont courbes. Quelques-uns forment des courbes à doubles courbures.

J'ai des cristaux de gypse contournés comme des cornes de bélier.

VIIIème VAR. Cristallisation confuse.

Le gypse se trouve, comme toutes les autres pierres, ordinairement en grandes masses formant des cristallisations confuses, et il se présente sous plusieurs formes.

a En masses compactes à grains fins, et opaques.

On en trouve de cette espèce à Chamouni, qui est d'un très-beau blanc.

Il y en a en Bourgogne, d'un beau rose.

b Alabastrite, ou gypse compacte à grains fins, un peu écailleux, comme le marbre salin, et demi-transparente.

On en trouve à Lagni. On peut bien l'employer comme le marbre. Il y en avoit à Montmorenci une statue d'un des connétables de ce nom.

Ces alabastrites sont très-communs en Italie, on en fait de très-beaux vases.

c Gypse lamelleux.

Cette variété se présente en grandes lames demi-transparentes.

d Gypse fibreux ou soyeux.

Ce gypse se présente en longues fibres très-fines qui ont l'éclat du satin.

e Ecailleux.

Il se présente en petites écailles qui ont l'éclat de l'acide boracique. Il forme de grosses masses peu dures. On lui a donné le nom de *niviforme.*

Le gypse se trouve le plus souvent dans les terrains secondaires où il forme des couches plus ou moins étendues.

Mais il y en a également dans les terrains primitifs, on en a trouvé au val Canarina, à Ayrol, au St.-Gothard.

Le gypse cristallisé est ordinairement incolore; mais il y en a de blancs, de roses, de rouges, de violacés, de jaunâtres...

Bergman a retiré d'un gypse très-pur,

Chaux............................... 32
Acide sulfurique.................... 46
Eau 22

Les nouvelles analyses ont donné à peu près les mêmes résultats. Vauquelin en a retiré,

Chaux 31.2
Acide sulfurique.................... 46.8
Eau 22

SECONDE ESPÈCE.

Montmartrite.

Montmartrite de Delamétherie (1).
Gypse de Montmartre.

J'ai donné ce nom au plâtre de Montmartre.

PREMIÈRE VARIÉTÉ. Le montmartrite ne cristallise point. Il se présente toujours en masse confuse.

Sa couleur est jaunâtre.

Sa dureté est peu considérable.

Il fait effervescence avec l'acide nitrique.

Le montmartrite est composé de gypse et de calcaire. Ce calcaire se réduit en chaux dans la cuisson, et fait une espèce de mortier; c'est pourquoi ce plâtre peut servir aux constructions exposées à l'air; tandis que le gypse pur ne peut y résister parce que la pluie le dissout.

On tâche d'imiter le montmartrite en ajoutant de la chaux au gypse pur.

Le montmartrite contient à peu près,

Chaux sulfatée...................... 83
Chaux carbonatée.................. 17

TROISIÈME ESPÈCE.

Enhydrite.

Enhydrite de Werner.
Chaux sulfatée enhydre de Haüy.

COULEUR, incolore.
TRANSPARENCE, 400.
ECLAT, 600.

---

(1) *Tableau des Minéraux.*

PESANTEUR, 29500.

DURETÉ, 900.

ÉLECTRICITÉ.

RÉFRACTION.

FUSIBILITÉ, 500.

VERRE, blanc.

PHOSPHORESCENCE.

CASSURE, lamelleuse, cubique.

MOLÉCULE, indéterminée.

FORME, indéterminée.

PREMIÈRE VARIÉTÉ. Cristallisation confuse.

Cette substance n'a pas été trouvée jusqu'ici cristallisée régulièrement.

Cette substance est ordinairement incolore et demitransparente.

Son éclat est assez vif.

Sa cassure est lamelleuse, et sa molécule paroît cubique.

Sa pesanteur va à 2.90.

Elle a plus de dureté que le gypse.

Toutes ses autres qualités la rapprochent néanmoins du gypse.

Vauquelin en a entrepris l'analyse pour savoir en quoi elle différoit du gypse. Il vit qu'elle ne contenoit pas d'eau.

L'analyse de l'enhydrite a donné à Vauquelin,

Chaux. 40
Acide sulfurique. 60

Quand on dit que l'enhydrite ne contient pas d'eau, il faut entendre qu'elle n'en contient pas de quantité qu'on ait pu apprécier.

Klaproth a retiré de l'enhydrite de Hall dans le Tyrol (*Journal de Physique*, tom. LXXI, pag. 140),

> Chaux 41.76
> Acide sulfurique 55
> Natron muriaté 1

Cette substance se trouve en plusieurs endroits.

Elle se présente quelquefois avec des modifications particulières, telles que les variétés suivantes :

Enhydre bleue de Sulz sur la Necke, dit *muriacite*. Sa pesanteur est 29.40

C'est mal-à-propos qu'on lui a donné le nom de muriacite.

Klaproth en a retiré (*Journal de Physique*, tom. LXXI, pag. 140),

> Chaux 42
> Acide sulfurique 57
> Fer oxidé 0.10
> Silice 0.25

Pierres de tripes. Enhydrite compacte des salines de Bochnia en Pologne.

Klaproth en a retiré (*Journal de Physique*, tom. LXXI, pag. 140),

> Chaux 40
> Acide sulfurique 56.50
> Natron muriaté . . . .
> Sel marin 0.25

QUATRIÈME ESPÈCE.

Muriacite.

Muriacite de l'abbé Poda.

Muriate de chaux.

Chaux sulfatée enhydre muriatifère.

COULEUR, incolore.

Transparence, demi-transparente.

Éclat, 600.

Pesanteur, 25000.

Dureté, 4000.

Cassure, lamelleuse.

Molécule, indéterminée.

Forme, indéterminée.

Première variété. Cristallisation confuse.

Quoique cette substance présente dans sa cassure une molécule cubique, on ne l'a point encore trouvée cristallisée régulièrement.

On l'a trouvée d'abord dans les mines de sel de Hall du Tyrol, et l'abbé Poda lui donna le nom de *muriacite*.

Elle est également dans les mines de sel de Bex en Suisse, et sans doute on la retrouvera en beaucoup d'autres endroits.

Ses qualités se rapprochent beaucoup de l'enhydrite; elle en a la dureté, la cassure, la molécule, mais elle en a de particulières.

L'analyse du muriacite prouve la même chose.

Klaproth a retiré de 300 parties de muriacite de Hall (tom. 1, pag. 280),

Gypse	137
Chaux carbonatée	26
Sel marin	74.02
Résidu de sable	26.05

« L'existence du muriacite, dit Klaproth, se trouve donc annullée par cette analyse, et par conséquent le nom de *muriacite*.

Mais il existe un enhydrite contenant du sel marin.

CINQUIÈME ESPÈCE.

Vulpinite.

Vulpinite de Delamétherie. (*Tableaux.*)
Marbre bardiglio de Bergame.

COULEUR, grise.
TRANSPARENCE, 100.
ÉCLAT, 1000.
PESANTEUR, 28787.
DURETÉ, 800.
CASSURE, en petites lames brillantes.
MOLÉCULE, indéterminée.
FORME, indéterminée.

PREMIÈRE VARIÉTÉ. La vulpinite est une pierre qui se trouve à Vulpino, proche Bergame en Italie.

Sa couleur est d'un gris agréable.

Sa dureté est assez considérable; elle égale celle du marbre.

Elle a un éclat assez vif; on la taille comme le marbre, et on l'emploie au même usage à Milan.

Elle a une demi-transparence.

Fleuriau-Bellevue en a donné la description (1).

Vauquelin en a retiré (*ibid.*),

Gypse 92
Silice 8
Eau de cristallisation 0

---

(1) *Journal de Physique*, tom. XLVII, pag. 100.

QUARANTE

QUARANTE-HUITIÈME LEÇON.

CINQUIÈME GENRE. DES CALCILITES.

De la Chaux combinée avec l'Acide fluorique.

PREMIÈRE ESPÈCE.

Du Fluor.

Flusspath des Allemands, des Suédois.
Fluor des Anglais, des Italiens, des Espagnols.
Spath fluor.
Fluate calcaire.
Chaux fluatée.
Fluor.

COULEUR, de diverses couleurs.
TRANSPARENCE, 4000.
ECLAT, 1500.
PESANTEUR, 31500.
DURETÉ, 850.
ELECTRICITÉ, idioélectrique.
RÉFRACTION, simple.
FUSIBILITÉ, 1500.
VERRE, incolore.
PHOSPHORESCENCE, par la chaleur.
CASSURE, lamelleuse.
MOLÉCULE, indéterminée.
FORME, octaèdre.

PREMIÈRE VARIÉTÉ. Octaèdre régulier.
IIème VAR. Octaèdre tronqué sur le sommet de deux de

2.   25

ses angles solides opposés, par une facette rectangulaire, perpendiculaire à l'axe du prisme.

On trouve cette variété en Espagne, du côté de Valence. Elle y est appelée *fausse émeraude*, à cause de sa couleur verte.

IIIème VAR. Octaèdre tronqué sur ses douze bords par une facette linéaire hexagone.

IVème VAR. Dodécaèdre à plans rhombes.

C'est la variété précédente dont les faces de l'octaèdre ont disparu.

Vème VAR. Octaèdre tronqué plus ou moins profondément sur chacun de ses six angles.

Le cristal a quatorze facettes.

VIème VAR. Octaèdre tronqué sur ses six angles et sur ses douze bords.

Le cristal a vingt-six facettes.

VIIème VAR. Le cube.

C'est la forme sous laquelle le fluor se présente le plus souvent.

VIIIème VAR. Le cube tronqué sur ses douze bords par une facette linéaire hexagone.

IXème VAR. Le cube dont chacun des douze bords est tronqué par deux facettes linéaires trapézoïdales.

Chacune de ces nouvelles faces fait sur la face du cube un angle d'environ 157°.

Le cristal a trente facettes.

a Quelquefois ces nouvelles faces sont très-grandes.

Xème VAR. Le fluor a vingt-quatre facettes triangulaires.

C'est la variété précédente dont les faces du cube ont disparu.

XIème var. Le cube dont chacun des huit angles solides est tronqué par trois facettes triangulaires.

Le cristal a trente facettes.

XIIème var. Le cube dont chacun des huit angles solides est tronqué par six facettes qui naissent sur les arêtes du cube.

Le cristal a cinquante-quatre facettes.

XIIIème var. Les deux variétés précédentes dont chacun des douze bords est tronqué par une facette linéaire.

La variété onzième a par conséquent quarante-deux facettes.

Et la variété douzième en a soixante-six.

XIVème var. Les variétés onzième et douzième dont chacun des douze bords du cube est tronqué par une double facette, comme dans la variété neuvième.

La variété onzième a cinquante-quatre facettes.

Et la variété douzième en a soixante-dix-huit.

Ces jolies variétés, douzième, treizième, quatorzième, se trouvent sur des petits cubes de spath violet du Derbishire.

XVème var. Clorophane.

On a donné ce nom à un fluor violet qui vient de Sibérie ; il acquiert, en le chauffant, une belle couleur bleu céladon, et devient entièrement transparent en passant au vert.

XVIème var. Fluor cristallisé confusément. Il se trouve en grande quantité.

Il y en a une espèce à Freyberg au Hartz..., d'un gris tirant un peu sur le violet.

25,

Sa cassure est presque semblable à celle du petro-silex. Mais les autres fluors cristallisés confusément, tels que ceux du Derbishire, ont la cassure lamelleuse et quelquefois striée.

Les fluors affectent toutes les couleurs, le jaune, le vert, le violet, le bleu, le rouge....

Ils sont d'une assez belle eau pour qu'on leur ait donné le nom de fausses gemmes : le jaune s'appelle *fausse topaze*, le violet, *fausse améthiste....*

Les fluors mis en poudre et jetés sur une pelle un peu chauffée, donnent une lumière phosphorescente très-vive.

Ils se décolorent par la chaleur, et cessent d'être phosporescens, ce qui doit faire supposer qu'ils perdent quelques principes. Les fluors incolores ne sont point phosphorescens.

La forme qu'affectent le plus souvent les fluors est le cube ; cependant ce cube n'est point la primitive, car ce cube se brise facilement sur ses angles par des fractures parallèles à la position des lames. Il acquiert quatorze facettes.

Si on continue toujours la division, on parvient à l'octaèdre.

Sa molécule me paroît être triangulaire.

Le fluor se trouve ordinairement dans les filons métalliques ; il est quelquefois mélangé avec les granits.

Mais on en rencontre ailleurs.

Au Derbishire, il se trouve en assez grandes masses, déposées quelquefois par zônes, d'autres fois en rayons divergens ; ces zônes ont différentes couleurs, qui font un assez bel effet. On en taille de jolis vases.

L'analyse du fluor a donné à Klaproth (*Journal de Physique*, tom. LXXI, pag. 415),

Chaux.............................. 67.75
Acide fluorique 32.15
Fer oxidé, une trace.

On prétend qu'il y a des fluors qui contiennent du cobalt.

Schcèle a prouvé que le fluor contient toujours une portion d'acide muriatique. (*Journal de Physique*, avril 1783.)

Le fluor se dissout très-difficilement dans l'eau. On ignore la quantité d'eau nécessaire pour tenir en dissolution une portion de fluor.

SECONDE ESPÈCE.

Fluor quartzeux de Kobolo-Bajana, dans le comtat de Marmaros en Hongrie.

Chaux phosphatée terreuse, blanche de Deborn.

Il paroît que cette substance, que je n'ai point vue, ne cristallise point régulièrement; elle se présente ordinairement sous forme terreuse.

Sa phosphorescence est d'un jaune pâle.

Pelletier en a retiré (tom. 1 de ses OEuvres, p. 374);

Chaux 21
Silice.............................. 31
Alumine 15.50
Fer oxidé 1
Acide fluorique..................... 28
Acide phosphorique................. 1.50
Acide muriatique................... 1
Eau 1

SIXIÈME GENRE.

De la Chaux combinée avec l'acide phosphorique.

PREMIÈRE ESPÈCE.

De la Chrysolite.

Κρυσωλιτος. *Chrysolitos* des Grecs.
Topazius de Pline.
Chrysolite de Romé-de-Lisle.

COULEUR, d'un jaune verdâtre.
TRANSPARENCE, 5500.
ÉCLAT, 3500.
RÉFRACTION, double.
PESANTEUR, 31280.
DURETÉ, 1800.
ÉLECTRICITÉ, idioélectrique.
FUSIBILITÉ, 2000.
VERRE, transparent.
PHOSPHORESCENCE, sur les charbons ardens.
CASSURE, lamelleuse.
MOLÉCULE, indéterminée.
FORME, prisme hexagone.
      Pyramide hexagone à faces triangulaires.

PREMIÈRE VARIÉTÉ. Prisme hexagone.

Pyramide hexaèdre à faces triangulaires qui naissent sur les faces du prisme.

    Angle du sommet du triangle, à peu près... 48°
    Chacun des deux autres................ 66°
    Angle que fait la face de la pyramide sur
      la face du prisme, à peu près........129°

IIème var. Le prisme est quelquefois dodécagone.
Les faces de la pyramide deviennent pentagonales.

IIIème var. Les variétés précédentes dont trois faces alternes de la pyramide sont très-larges, et les autres très-étroites.

La couleur de la chrysolite est ordinairement d'un jaune verdâtre.

Sa dureté peut être estimée 1500.

Son éclat n'est pas vif.

Sa réfraction est double.

La chrysolite se trouve en beaucoup d'endroits, à Jumilla en Espagne, en Saxe, en Bohême, au Brésil...

Klaproth a retiré de cette substance,

Chaux 55
Acide phosphorique. 45

Proust a toujours obtenu de la chrysolite d'Espagne une portion d'acide fluorique.

Chaux.
Acide phosphorique.
Acide fluorique.

De la Moroxite.

La moroxite de Karsten est une chrysolite de couleur bleue, qui se trouve en Norwège.

Du Spargelstein.

Le spargelstein (pierre couleur d'asperge) de Werner, paroît être une chrysolite verte.

De l'Appatit.

Appatit de Werner.

Couleur, de diverses couleurs.
Transparence, 5000.
Eclat, 3000.
Pesanteur, 31000.
Dureté, 1800.
Electricité, idioélectrique.
Fusibilité, 2500.
Verre, transparent.
Cassure, lamelleuse.
Molécule, indéterminée.
Forme, prisme hexagone droit.

Première variété. Prisme hexagone droit.
IIème var. Prisme dodécagone droit.
C'est la variété première tronquée par des facettes linéaires sur chacune de ses arêtes.

IIIème var. Prisme hexagone.
Pyramide à sept faces.
C'est la variété première tronquée au sommet des faces du prisme, sur les faces de la pyramide, par des facettes linéaires.

IVème var. Prisme dodécagone.
Pyramide à sept faces.
C'est la variété seconde et la troisième réunies.
Vème var. Prisme dodécagone.
Pyramide à treize faces.
Le sommet du prisme est tronqué sur ses six faces et ses six arêtes, ce qui fait douze faces; et celle du sommet du prisme est la treizième.

VIème VAR. La variété précédente dont les arêtes des troncatures des six arêtes du prisme sont tronquées elles-mêmes ; ce qui fait douze nouvelles facettes lorsque le cristal est complet.

L'appatit est une variété de la chaux phosphatée. Klaproth en a retiré ,

    Chaux........................... 55
    Acide phosphorique............... 45

Sa couleur varie ; elle est quelquefois incolore , d'autres fois blanchâtre, quelquefois bleuâtre , violette....

Sa transparence n'est jamais bien nette.

L'appatit diffère de la chrysolite , en ce que celle-ci cristallise toujours en prisme hexagone, avec une pyramide hexagone à faces triangulaires ; et l'appatit cristallise en prisme droit , avec les modifications dont nous venons de parler.

L'appatit se trouve ordinairement à Schlagenwaldt en Bohême, et à Ehrenfriederichsdorf en Saxe, dans les mines d'étain et dans les terrains primitifs ; ce qui indique que l'acide phosphorique existe dans les terrains primitifs.

De l'Appatit de Saxe, ou *du Béril de Saxe.*

> *Béril* de Saxe.
> *Agustine* de Tromsdorff.
> *Variété d'appatit.*

On trouve en Saxe, aux environs de Johangeorgenstadt, une espèce de porphyre qui contient des cristaux hexagones droits d'une substance verdâtre. Tromsdorff avoit cru reconnoître dans ces cristaux une substance particulière , à laquelle il donna le nom d'*Agustine.*

Mais Klaproth fit voir que ce prétendu béril n'étoit que de l'appatit ou chaux phosphatée.

SECONDE ESPÈCE.

De l'Estramadurite, ou de la Chaux phosphatée d'Estramadure.

Estramadurite de Delamétherie (1).
Chaux phosphatée de Proust.

COULEUR, blanchâtre, rougeâtre.
ECLAT, 100.
PESANTEUR, 28249.
DURETÉ, 500 à 2000.
ELECTRICITÉ, anélectrique.
FUSIBILITÉ, 1500.
VERRE, blanc, demi-transparent.
PHOSPHORESCENCE, par la chaleur.
CASSURE, terreuse.
MOLÉCULE, indéterminée.
FORME, indéterminée.

Cette pierre n'a pas été trouvée cristallisée, mais elle présente souvent une cassure striée ou rayonnée.

Sa cristallisation est ordinairement confuse.

Son grain est fin et terreux.

Proust a trouvé cette substance à Logrosan, près Truxillo, dans les montagnes secondaires de l'Estramadure, où elle forme des bancs considérables. Il en a retiré l'acide phosphorique, mais il n'eut pas le temps d'en faire une analyse complète.

Pelletier et Donadei ont fait cette analyse; ils en ont retiré,

____

(1) *Tableau des Minéraux.*

Chaux 59
Silice. 2
Fer oxidé. 1
Acide phosphorique. 34
Acide fluorique. 2.05
Acide muriatique. . . . . , ... 0.05
Acide carbonique 1

Chaux phosphatée d'Arandal.

On nous a apporté d'Arandal en Norwège une chaux phosphatée particulière.

Sa couleur est grisâtre.

Sa contexture est en lames à pièces séparées.

Elle a une demi-transparence.

D'ailleurs elle a tous les caractères des chaux phosphatées.

SEPTIÈME GENRE.

De la Chaux combinée avec l'Acide, ou l'Oxide de Tungstène.

PREMIÈRE ESPÈCE.

Du Tungstite.

Tungstate calcaire de Deborn.
Spath tungstique. Théorie de la Terre.
Schwerstein, Emmerling.

COULEUR, d'un blanc jaunâtre, brun rougeâtre,
TRANSPARENCE, translucide sur les bords.
ECLAT, 1200, gras.
PESANTEUR, 60600.
DURETÉ, 800.
ELECTRICITÉ, anélectrique.

Cassure, lamelleuse.

Molécule, indéterminée.

Forme, octaèdre rectangulaire aigu.

Première variété. Octaèdre aigu à base carrée.
Angle du sommet de chaque face triangulaire, à peu près 44°.

Chacun des deux autres angles est de 67°.

L'angle mesuré au sommet sur deux faces opposées est de 64°.

IIème var. La variété précédente tronquée sur ses huit arêtes par des plans linéaires.

IIIème var. La variété précédente dont les huit nouvelles faces ont fait disparoître les huit faces primitives.

On a un nouvel octaèdre qui rapproche plus de l'octaèdre régulier.

L'angle du sommet de chaque face triangulaire est de 56°.

Chacun des deux autres angles est de 62°.

Cet octaèdre se trouve plus fréquemment dans le tungstite que celui de la variété première.

IVème var. La variété seconde tronquée au sommet des pyramides par une face perpendiculaire à l'axe du cristal.

Cette substance, qui a été quelquefois confondue avec les cristaux d'étain blanc, se trouve à Marienberg et à Altenberg en Saxe, à Schonfeldt en Bohême, à Riddarhyttan en Suède....

On a encore à Schlagenwald et à Zinnwalde en Bohême, des petits cristaux bruns de cette substance, qui sont ordinairement cristallisés comme les variétés première et seconde.

Les caractères de cette substance sont une grande pesanteur.

Sa couleur est d'un jaune blanchâtre, quelquefois d'un brun rougeâtre.

Elle a un coup-d'œil gras.

Les chimistes Delhuyar ont fait l'analyse du tungstite de Slackenwalde en Bohême, et en ont retiré (1),

Chaux 3o
Acide tungstique 68

HUITIÈME GENRE.

De la Chaux combinée avec l'Acide arsenique.

PREMIÈRE ESPÈCE.

De la Pharmacolite.

Pharmacolite de Karsten.

Chaux arseniatée.

COULEUR, blanc de neige.

TRANSPARENCE, 3oo.

ECLAT, 5oo.

PESANTEUR.

DURETÉ, 200.

CASSURE, fibreuse.

MOLÉCULE, indéterminée.

FORME, fibreuse.

PREMIÈRE VARIÉTÉ. Capillaire. Elle se présente comme de petits prismes dont on n'a pu déterminer la figure.

IIème VAR. Mamelonnée.

(1) *Mémoires de l'Académie de Toulouse*, tom. XII, pag. 152, dans 'année 1784.

La pharmacolite n'a pas encore été trouvée cristallisée régulièrement ; elle se présente toujours en petits prismes entassés irrégulièrement, ou formant des mamelons, c'est-à-dire de petits faisceaux. Ces prismes ont sans doute une figure déterminée.

En les regardant avec une forte loupe, j'ai cru y appercevoir des prismes rectangulaires aplatis, alongés et droits.

Cette substance a peu de dureté.

Elle a un coup-d'œil soyeux et nacré.

Selb retira de cette substance de la chaux et de l'acide arsenique, dont il ne détermina pas les proportions.

Klaproth en a retiré (tom. III, pag. 281),

    Chaux 23
    Silice mêlée d'alumine. 6
    Cobalt oxidé. 0.50
    Acide arsenique. 46.50
    Eau 22.50

La pharmacolite se trouve à Wittichen, dans le duché de Furstemberg. Elle est souvent mélangée avec de l'oxide de cobalt qui la colore en rose.

Sa gangue est une espèce de granit ; il s'y trouve souvent du barytite et du gypse.

NEUVIÈME GENRE.

De la Chaux combinée avec l'Acide boracique.

PREMIÈRE ESPÈCE.

De la Datholite.

Datholite d'Esmark.

Couleur, d'un blanc verdâtre.

Transparence, 200.

Eclat, 300.

Pesanteur, 29800.

Dureté, 1100.

Cassure, conchoïde.

Molécule, indéterminée.

Forme, prisme rhomboïdal.

Première variété. Prisme rectangulaire.

Pyramide formée par quatre facettes rhomboïdales qui naissent sur les arêtes du prisme.

Cette substance a été trouvée à Arandal en Norvège, et décrite par Esmark.

Sa couleur est d'un blanc mêlé de vert.

Son éclat est foible.

Sa dureté est moins considérable que celle du feldspath.

Elle est facilement attaquée par les acides, même étendus d'eau, qui la convertissent en une masse gélatineuse, transparente.

Klaproth a retiré de la datholite (*Journal de Physique*, tom. LXXI, pag. 415),

Silice	36.05
Chaux	35.05
Acide boracique	24
Eau	4

Fer et manganèse oxidés, un léger indice.

Vauquelin en a retiré (1),

Silice	37.66
Chaux	34
Acide boracique	21.67
Eau	5.50
Perte	1.17

(1) *Annales du Muséum d'Histoire Naturelle*, cahier LXII.

SECONDE ESPÈCE.

De la Botryolite.

COULEUR, blanc, rosacé.

TRANSPARENCE, 50.

ÉCLAT, 200.

PESANTEUR, 3000.

DURETÉ, 1000.

CASSURE, écailleuse.

MOLÉCULE, indéterminée.

FORME, indéterminée.

PREMIÈRE VARIÉTÉ. Cristallisation confuse, mamelonnée, uniforme, ressemblant à une grappe de raisin, d'ou lui vient le nom de *botryolite*.

Dunin-Borkowski en a donné la description (*Journal de Physique*, tom. LXIX, pag. 159).

Elle ne raie que peu le verre.

Sa couleur varie du rouge sale au gris de cendre, au jaune pâle.

Sa cassure est à fibres minces, divergentes, et devient écailleuse.

Elle est translucide.

Elle fond en verre boursoufflé.

Cette substance se trouve dans la mine de Kienlic, près d'Arandal en Norwège.

Klaproth en a retiré (*Journal de Physique*, tom. LXXI, pag. 445),

Chaux	39.05
Silice	36
Fer oxidé	1
Acide boracique	13.05
Eau	6.05

QUARANTE

QUARANTE-NEUVIÈME LEÇON.

CINQUIÈME ORDRE.

Des Pierres Barytiques.

Barytilites.

La Minéralogie ne connoît point encore de pierres barytiques pures, c'est-à-dire de pierres qui ne contiennent que de la baryte.

Cependant l'art est parvenu à en former ; il fait cristalliser très-régulièrement la baryte pure à l'état caustique.

La baryte existe dans quelques pierres combinées avec d'autres terres, comme dans l'andréolite, mais elle n'y est point la terre principale.

Dans les pierres où elle est la terre principale, on ne la trouve dans le règne minéral que combinée avec des acides, le carbonique et le sulfurique.

PREMIER GENRE.

Du Barytite pur.

La baryte pure ou caustique, renfermée dans un bocal plein d'eau chaude et bien bouché, cristallise à mesure que l'eau se refroidit, et forme des cristaux solides dont la figure est prismatique.

Ces cristaux solides sont un barytite pur, ou une pierre formée de baryte pure et d'eau de cristallisation.

Ils sont un oxide pur de barytium.

SECOND GENRE.

Baryte carbonatée.

PREMIÈRE ESPÈCE.

Witherite.

Witherite de Werner.
Spath pesant aéré de Withering.
Carbonate de baryte.
Baryte carbonatée.

COULEUR, incolore, jaunâtre.
TRANSPARENCE, 1500.
ECLAT, 1000.
PESANTEUR, 4330.
DURETÉ, 700.
PHOSPHORESCENCE, par la chaleur.
CASSURE, lamelleuse et fibreuse.
MOLÉCULE, indéterminée.
FORME, prisme hexaèdre.
      Pyramide hexaèdre à faces triangulaires.

PREMIÈRE VARIÉTÉ. Prisme hexagone.

Pyramide hexagone à faces triangulaires qui naissent sur les faces du prisme.

Angle d'une face de la pyramide sur une de celles du prisme, environ 146°.

IIème VAR. Cristallisation confuse.

Elle est composée de fibres, et se présente ordinairement sous une forme rayonnée.

Elle a une demi-transparence.

Sa couleur est jaunâtre, quelquefois blanchâtre.

IIIème VAR. Witherite terreuse.

Estner dit qu'elle se trouve en Styrie, et qu'elle est le produit de la décomposition de celle qui est cristallisée confusément, et dont elle remplit les cavités.

Cette pierre a été premièrement trouvée par le docteur Withering à Alston-More dans le duché de Cumberland, et à Anglezorik dans le comté de Lancastre. Elle s'y rencontre avec du barytite, de la blende, de la calamine.... dans des couches de grès, quelquefois dans du charbon de terre.

On l'a postérieurement trouvée dans la Haute-Styrie à Neuberg, et en Sibérie à Sclangenberg. Cette dernière a l'aspect de la calcédoine, et l'autre est en masses cellulaires et cariées. C'est dans ces cavités que se trouve la terreuse.

Werner a donné à cette substance le nom de Witherite, nom du docteur Withering, qui l'a découverte.

Cette substance est un poison violent pour les animaux.

Withering a retiré de cette substance,

Baryte 78.06
Acide carbonique 20.08
Eau de cristallisation   1
Barytite, un atome. . . . .

Vauquelin en a retiré,

Baryte 74.05
Acide carbonique 25.05

Klaproth a retiré d'une espèce de witherite,

Baryte carbonatée 98.246
Strontiane carbonatée 1.703
Alumine ferrugineuse 0.043
Cuivre carbonaté 0.008
                                        26. . .

La dissolution de la baryte dans l'acide nitrique donne à la flamme du papier qu'on y a trempé, la couleur jaune.

La dissolution de la strontiane dans le même acide, donne à la flamme du même papier qu'on y a trempé, la couleur purpurine.

TROISIÈME GENRE.

Baryte sulfatée.

PREMIÈRE ESPÈCE.

Barytite.

Marmor metallicum de Cronstedt.
Gypsum spathosum de Wallerius.
Spath pesant de Gahn.
Spath pesant ou *séléniteux* de Romé-de-Lisle.
Schwerspath des Allemands.

COULEUR, incolore, de plusieurs couleurs.
TRANSPARENCE, 2000.
ECLAT, 1000.
PESANTEUR, 44400.
DURETÉ, 450.
ÉLECTRICITÉ, idioélectrique.
RÉFRACTION, double.
CASSURE, lamelleuse.
MOLÉCULE, indéterminée.
FORME, prisme rhomboïdal droit.

PREMIÈRE VARIÉTÉ. Prisme rhomboïdal droit, aplati.
Deux faces rhomboïdales larges.

Angle obtus, environ................. 102°
Angle aigu........................... 78°

Quatre faces rectangulaires étroites qui font les côtés du prisme.

C'est aussi la forme supposée de la molécule primitive, qui paroît une lame rhomboïdale droite dont les angles sont environ de 102° et 78°.

IIème VAR. La variété précédente tronquée sur les huit arêtes des larges faces rhomboïdales par des facettes linéaires trapézoïdales.

IIIème VAR. La variété première, qui devient prisme hexagone droit par la troncature des angles obtus du rhombe.

IVème VAR. La variété primitive, qui devient un prisme hexagone droit par la troncature des angles aigus du rhombe.

Vème VAR. La variété primitive dont chacun des deux angles obtus est tronqué par deux facettes triangulaires qui naissent sur chacune des faces larges du rhombe primitif.

Le cristal a dix faces.

VIème VAR. La variété précédente dont les quatre nouvelles faces se sont agrandies ; elles ont fait disparoître les deux larges faces du rhombe primitif.

Le cristal se présente comme un prisme rhomboïdal avec deux sommets dièdres ,

Ou comme un octaèdre alongé.

L'angle du sommet où se réunissent les deux faces est de 78°.

Les angles du prisme sont 103° et 77°.

VIIème VAR. La variété précédente dont les arêtes du prisme sont tronquées : le prisme devient hexagone.

Les faces des sommets deviennent trapézoïdales.

VIIIème var. La variété précédente dont chaque sommet a deux nouvelles faces triangulaires qui naissent sur les larges côtés du prisme.

La pyramide est tétraèdre.

IXème var. La variété sixième dont le prisme est tronqué par des facettes peu étendues, ce qui le rend décaèdre à sommets dièdres.

Xème var. La variété précédente dont la face du sommet est tronquée quelquefois assez profondément pour faire disparoître une partie des autres.

XIème var. Prisme octogone.
Sommet tétraèdre.
C'est la variété septième dont le prisme est devenu octogone par la troncature des arêtes aiguës.

XIIème var. La variété précédente qui a deux nouvelles facettes trapézoïdales à chaque pyramide : ces facettes naissent sur les faces du prisme qui ont tronqué les arêtes aiguës.

XIIIème var. Prisme octogone.
Pyramide octogone dont chaque face naît sur la face correspondante du prisme.
Cette pyramide est tronquée au sommet.

XIVème var. Prisme octogone aplati.
Pyramide à quinze faces.
C'est la variété précédente dont ses six faces correspondantes aux six côtés étroits du prisme sont tronquées chacune par une nouvelle facette.

XVème var. Les deux variétés précédentes dont la troncature du sommet a fait disparoître toutes les autres faces de la pyramide.

Le cristal se présente comme un prisme octogone droit.

XVIème VAR. Barytite en crête.

C'est une modification de la variété sixième, dont les angles paroissent un peu arrondis.

XVIIème VAR. Cristallisation confuse.

Cette substance se trouve en masses cristallisées confusément.

XVIIIème VAR. Barytite en barres. Stangen-spath...

Le spath pesant en barres est d'un blanc de neige; quelquefois sa couleur tire sur le vert.

Il est formé par plusieurs prismes irréguliers, striés longitudinalement, et qui se croisent en différens sens.

Ils ont un éclat gras, nacré, qui les fait quelquefois confondre avec le plomb blanc carbonaté.

On les trouve au Derbishire et à Freyberg.

Le barytite, ou spath pesant, présente un grand nombre d'autres variétés de cristallisation. On en trouve plusieurs en Auvergne.

Les barytites se trouve^r particulièrement dans les filons métalliques; cependant il y en a dans d'autres terrains. La pierre de Boulogne est dans une espèce de marne.

Cronstedt qui a décrit le premier cette substance, lui donna le nom de *marmor metallicum*, marbre métallique, parce que sa pesanteur lui fit croire qu'elle contenoit quelque substance métallique. C'étoit également l'opinion de Bergman ; mais les chimistes n'avoient pu en rien retirer de métallique jusqu'aux expériences de Davy.

La couleur du barytite varie beaucoup.

a Incolore.

b Jaunâtre en Auvergne.

c Brun de Hongrie, coloré par l'antimoine.

d Rouge d'Idria, coloré par le cinabre.

e Bleu de Hongrie, coloré par le cuivre oxidé.

Withering a retiré d'un barytite pur,

Baryte 67.02
Acide sulfurique 32.08

Klaproth a retiré du barytite terreux de Peggau en Styrie (tom. II, pag. 72),

Baryte 60
Acide sulfurique 30
Silice 10

Berthier, ingénieur des mines, a retiré du barytite,

Baryte 66
Acide sulfurique 34

Les Chinois emploient quelquefois dans leur porcelaine une variété du barytite qu'ils appellent *chekao*. On dit qu'elle ressemble à la pierre de Boulogne.

Des Barytilites composés, ou des Pierres barytiques composées.

Ces pierres sont composées de plusieurs terres combinées, parmi lesquelles la baryte domine, comme nous allons le voir dans les variétés suivantes.

SECONDE ESPÈCE.

Du Lithéosphore.

Lithéosphore de Targioni.

Pierre de Boulogne.

Cette pierre a toutes les qualités du barytite ; elle ne cristallise pas régulièrement, mais sa cristallisation est le plus souvent fibreuse.

Sa couleur est d'un gris-blanc.

La pesanteur spécifique est de 40100.

Ardwisson en a retiré,

Sulfate de baryte...................... 62

Silice............................. 16

Alumine......................... 14.75

Gypse 6

Fer oxidé......................... 0.25

Eau 2

Cette pierre est composée d'une grande quantité de baryte sulfatée, mélangée avec d'autres terres.

On la trouve au mont Paterno, auprès de Boulogne, dans des marnes argileuses.

On connoît sa qualité phosphorescente, qu'elle acquiert par une calcination préparée.

Du Barytite fétide.

Lapis hepaticus. Cronstedt.

Leberstein des Allemands.

Sa couleur est brune, noirâtre, quelquefois jaune.

Sa pesanteur spécifique est 43000.

En la frottant, elle donne une odeur hépatique.

Bergman en a analysé une espèce qui venoit des mines d'alun à Andrarum en Scanie. Il en a retiré,

Baryte. 29

Silice............................ 33

Alumine 5

Chaux 3

Acide sulfurique et eau.............. 20

Il paroît qu'une portion de cet acide y est sous forme

de soufre, et que, combiné avec ces différentes terres, il forme des sulfures.

Klaproth a retiré de cette substance, qu'il appelle *hépatite d'Andrarum* (*Journal de Physique*, tom. LXXI, pag. 444),

Baryte sulfatée 25.08
Chaux sulfatée 6
Fer oxidulé 5
Silice . . . .
Alumine 1
Charbon 0.50
Perte, compris l'eau et le soufre 2.25

SIXIÈME ORDRE.

Des Pierres strontianiques.

Strontianilites.

La Minéralogie ne connoît point encore de pierres strontianiques pures, c'est-à-dire de pierres qui ne contiennent que de la strontiane.

Cependant l'art est parvenu à en former; il fait cristalliser la strontiane pure à l'état caustique.

Dans les pierres où la strontiane est la terre principale, on ne la trouve que combinée avec des acides, le carbonique et le sulfurique.

PREMIER GENRE.

Du Strontianite pur.

La strontiane pure ou caustique cristallise comme la baryte, en la renfermant dans un flacon plein d'eau chaude et bien bouché. On peut donc également supposer que ces cristaux sont composés de strontiane pur.

Ces cristaux sont solides; leur figure est prismatique.

On doit donc les regarder comme un vrai strontianite pur, c'est-à-dire un oxide pur de strontium.

SECOND GENRE.

Strontiane carbonatée.

PREMIÈRE ESPÈCE.

Strontianite.

Strontianite de Delamétherie.
Strontiane carbonatée de Hope.

COULEUR, blanc verdâtre ou jaunâtre.
TRANSPARENCE, 3000.
ECLAT, 800.
PESANTEUR, 36750.
DURETÉ, 700.
ELECTRICITÉ, anélectrique.
FUSIBILITÉ, 3500.
VERRE, laiteux.
PHOSPHORESCENCE, 800.
CASSURE, lamelleuse.
MOLÉCULE, indéterminée.
FORME, prisme hexagone.

PREMIÈRE VARIÉTÉ. Prisme hexagone.
Pyramide hexagone à faces triangulaires.

IIème VAR. Cristallisation confuse.

Cette substance se présente ordinairement en masses,
composées de fibres parallèles.

Quelquefois ces fibres partent de plusieurs centres,
comme dans la zéolite : elles sont radiées.

Sa couleur est quelquefois blanchâtre,
Ou d'un blanc verdâtre,
Ou jaunâtre.

Cette substance a été trouvée en Ecosse, dans les mines de plomb de strontiane; c'est d'où elle a tiré son nom. On l'avoit d'abord confondue avec les barytites, mais Hope d'un côté, et Klaproth de l'autre, firent voir que la terre que contenoit cette substance étoit une terre particulière qui différoit de la baryte.

Cette terre n'est point vénéneuse comme la baryte.

Klaproth a retiré de cette substance (tom 1, pag. 270),

Strontiane 69.05
Acide carbonique 30
Eau 0.05

TROISIÈME GENRE.

De la Strontiane sulfatée.

PREMIÈRE ESPÈCE.

Célestine.

Célestine de Werner.
Sulfate de strontiane.
Strontiane sulfatée.

COULEUR, incolore, de toutes couleurs.
TRANSPARENCE, 5000.
ECLAT, 1200.
PESANTEUR, 38300.
DURETÉ, 700.
ELECTRICITÉ, idioélectrique.
FUSIBILITÉ, 1500.
VERRE, purpurin.

RÉFRACTION, double.

CASSURE, lamelleuse.

MOLÉCULE, indéterminée.

FORME, prisme rhomboïdal droit.

PREMIÈRE VARIÉTÉ. Prisme rhomboïdal.

Sommets dièdres à faces triangulaires qui se réunissent par leurs bases ; ils naissent sur les arêtes du prisme.

> Angle obtus du prisme, environ........ 105°
> Angle aigu du prisme................ 75°

On doit considérer cette forme comme un octaèdre alongé.

IIème VAR. La variété précédente dont le prisme est devenu hexagone par la troncature de ses arêtes aiguës.

Les faces du sommet deviennent pentagones.

IIIème VAR. Prisme hexagone, comme dans la variété précédente.

Pyramide à huit faces ; savoir, les deux primitives,

Deux nouvelles faces sur les nouvelles faces du prisme,

Et quatre intermédiaires entre celles-ci.

IVème VAR. Prisme rhomboïdal, comme dans la variété première.

Pyramide à quatre faces ; savoir, les deux primitives, et deux autres qui naissent sur les arêtes aiguës du prisme.

Vème VAR. La variété précédente dont le prisme est devenu hexagone.

VIème VAR. Prisme hexagone, comme dans la variété précédente.

Pyramide à huit faces, par quatre nouvelles faces qui

naissent sur les arêtes de la pyramide tétraèdre de la variété précédente.

VIIème var. Prisme hexagone.

Pyramide à sept faces.

Quatre faces trapézoïdales sur les arêtes terminales des faces primitives du prisme,

Deux faces hexagones sur les arêtes nouvelles du prisme,

Et une face hexagone au sommet.

VIIIème var. Prisme hexagone droit.

C'est la variété précédente dont la face du sommet a fait disparoître toutes les autres.

IXème var. Cristallisation confuse.

Cette substance se présente souvent sous forme fibreuse ou rayonnante; telle est celle de Beuvron en Lorraine, trouvée par Mathieu.

On trouve en Sicile, au val de Mazzane, de très-beaux cristaux de célestine mélangés avec du soufre. On les avoit autrefois regardés comme de la barytite.

La couleur de cette substance est ordinairement d'un blanc bleuâtre; c'est pourquoi Werner lui a donné le nom de *célestine.*

Cette substance exposée au chalumeau, donne à la flamme une couleur purpurine.

Vauquelin a retiré de la célestine de Sicile,

Strontiane 54
Acide sulfurique 46

Klaproth a retiré de la célestine fibreuse de Pensylvanie,

Strontiane 58
Acide sulfurique 42

SECONDE ESPÈCE.

Des Strontianilites composées.

De la Strontiane sulfatée de Ménilmontant.

Cette substance se trouve en masses arrondies à Mont-martre et à Ménilmontant, au milieu des argiles. On l'avoit regardée comme de la baryte sulfatée.

Sa couleur est d'un gris-blanc.

Son tissu est serré.

Sa pesanteur est 36000.

Vauquelin (1) en a retiré,

Strontiane sulfatée................... 90
Chaux carbonatée................... 10

Cette strontiane sulfatée contient,

Strontiane 54
Acide sulfurique................... 46

Il a aussi analysé une substance qui est en forme de masses ellipsoïdes, que les ouvriers appellent *miches ;* il a trouvé que c'étoit la même substance, mais contenant beaucoup moins de chaux carbonatée que la précédente.

------

(1) *Bulletin Philomatique,* n° 18.

CINQUANTIÈME LEÇON.

SEPTIÈME ORDRE.

Des Pierres zirconiennes.

Zirconilites.

La Minéralogie ne connoît point de pierres zirconiennes où la zircone soit pure ; elle est la terre principale dans le zircon, mais elle y est mélangée avec d'autres terres.

Il n'y a encore qu'un seul genre de cet ordre connu, qui doit se sous-diviser en deux variétés principales : le zircon et l'hyacinthe.

PREMIER GENRE.

Des Zirconites.

PREMIÈRE ESPÈCE.

Du Zircon.

Zircon des Allemands.

Jargon.

Couleur, incolore, de toutes couleurs.
Transparence, 8000.
Eclat, 4000.
Pesanteur, 44160.
Dureté, 4500.
Electricité, idioélectrique.
Réfraction, double.
Cassure, vitreuse.
Molécule, indéterminée.
Forme, octaèdre.

Première

Première variété. Octaèdre surbaissé, composé de huit triangles isocèles.

Angle du sommet des triangles, environ.. 74°

J'ai cette variété de zircone qui est d'un brun verdâtre.

IIème var. La variété précédente dont les six angles solides sont tronqués par des facettes rectangulaires perpendiculaires à l'axe.

J'ai une hyacinthe blanche et une couleur d'hyacinthe qui présentent cette variété.

IIIème var. Prisme rectangulaire.
Pyramide tétraèdre à faces triangulaires.

C'est la variété première *prismée*, c'est-à-dire dont les deux pyramides sont séparées par un prisme rectangulaire intermédiaire.

IVème var. La variété précédente dont chacun des quatre angles solides qui réunit le prisme à la pyramide est tronqué par deux petites facettes triangulaires ; ce qui ajoute à la pyramide huit facettes triangulaires, et rend pentagonales les faces primitives de la pyramide.

Cette jolie variété se trouve dans un granit de Norwège.

Vème var. Prisme octogone.
Pyramide tétraèdre à faces pentagonales.

C'est la variété troisième dont les arêtes du prisme sont tronquées par des facettes linéaires.
Les faces de la pyramide sont pentagonales.
Le cristal a seize faces.

VIème var. La variété précédente dont les troncatures du prisme en ont fait disparoître les faces primitives.

Le prisme est donc tétraèdre ; ses faces sont hexagones.

La pyramide est tétraèdre à faces rhomboïdales, qui sont placées sur les arêtes du prisme.

VIIème VAR. Le dodécaèdre à plans rhombes.

C'est la variété précédente dont les faces du prisme sont devenues rhomboïdales.

VIIIème VAR. Le dodécaèdre précédent dont les huit arêtes des pyramides sur le prisme sont tronquées chacune par une facette.

Le cristal a vingt-huit facettes.

IXème VAR. La variété précédente dont le prisme est devenu octogone par la troncature de ses arêtes.

Le cristal a trente-deux facettes.

Xème VAR. Prisme rectangulaire, comme dans la quatrième variété.

Quatre faces primitives triangulaires à la pyramide.

Chacun des quatre angles solides qui réunit la pyramide au prisme, tronqué par deux faces triangulaires.

L'arête de la face du prisme correspondante à la face de la pyramide tronquée.

Chaque pyramide a par conséquent seize faces,

Et le cristal entier en a trente-six.

Cette jolie variété se trouve dans un granit de Norwège.

XIème VAR. Prisme hexagone.

Pyramide trièdre à faces rhomboïdales.

Chacun des trois angles solides qui réunissent le prisme avec la pyramide, est tronqué par une facette à quatre côtés.

Il est possible que dans cette variété le prisme soit octogone, et que deux de ses faces aient disparu.

Le jargon ou zircone nous est apporté de l'Inde, ou plutôt du Ceylan, en petits cristaux qui sont le plus souvent roulés.

Sa couleur est ordinairement brune ou d'un jaune verdâtre ; il y en a néanmoins de rougeâtres et même d'incolores.

Son facies est gras.

Sa dureté est considérable.

Klaproth a retiré du jargon la nouvelle terre qu'il appelle zircone. Voici les produits qu'il en a obtenus (tom. 1, pag. 222),

Zircone 69
Silice 26.50
Fer oxidé 0.50
Perte 4

Il a retiré du zircon de Zircars dans les Indes orientales, dont la pesanteur est de 4.5,

Terre zirconienne 64.50
Silice 32.50
Fer oxidé 1.50

(*Journal de Physique*, tom. LXXI, pag. 444.)

De l'Hyacinthe (1).

L'hyacinthe est de la même nature que le zircone. Sa couleur est d'un rouge plus ou moins vermeil ; ce qui lui a fait donner le nom de *vermeille*.

On la confond souvent avec le grenat, mais on peut les distinguer par leurs caractères particuliers.

La couleur de l'hyacinthe est d'un rouge-jaune.

Son éclat est plus vif que celui du grenat.

Sa dureté est également plus considérable.

Enfin sa cristallisation est différente.

____

(1) Γακυντος des Grecs.

L'hyacinthe nous vient aussi de l'Inde.

Il y en a beaucoup dans le ruisseau d'Expalli en Vivarais. Sans doute elle provient des montagnes supérieures dégradées.

L'hyacinthe a été trouvée en Norwège dans un granit composé de feldspath et de hornblende.

On l'a aussi trouvée en Amérique aux Etats-Unis, dans un granit qui contient beaucoup de quartz.

Nous avons différentes analyses de l'hyacinthe.

Klaproth en a retiré (tom. 1, pag 231),

Zircone	70
Silice	27
Fer oxidé	0.50
Perte	4.50

Vauquelin en a retiré,

Zircone	64.05
Silice	32
Fer oxidé	1
Perte	1.05

Tout ce que nous venons de dire sur le jargon et l'hyacinthe fait voir que ces deux pierres ont les plus grands rapports. Ils se distinguent particulièrement par la *zircone*, terre particulière que Klaproth en a retirée. Néanmoins leur facies présente des différences assez grandes pour que je croie qu'on en doive faire deux variétés.

Des Zirconilites.

Les zirconilites, ou pierres zirconiennes simples, seroient des pierres composées de la terre zirconienne seule, ou unie avec un acide. Nous n'en connoissons encore aucune.

HUITIÈME ORDRE.

Des Pierres gluciniques.

Des Glucinites simples.

La Minéralogie ne connoît point de pierres de cet ordre.

Les glucinites, ou pierres gluciniques simples, seroient des pierres composées de la terre glucinique seule, ou combinée avec un acide. Nous n'en connoissons encore aucune.

La glucine ne s'est trouvée jusqu'ici que dans le béril, l'émeraude et l'euclase, dont elle ne fait qu'une très-petite portion.

NEUVIÈME ORDRE.

Des Pierres gadoliniques, ou yttriniques.

Gadolinites.

La Minéralogie ne connoît point de pierres yttriennes où l'yttria soit pure ; elle est la terre principale dans la gadolinite ou yttria, mais elle y est mélangée avec d'autres terres.

La Minéralogie ne possède encore qu'un seul genre de cet ordre.

PREMIER GENRE.

Des Yttrinites.

PREMIÈRE ESPÈCE.

Gadolinite ou Yttria.

Gadolinite de Eckeberg.
Yttria de Gadolin.

Couleur, noire.

ÉCLAT, vitreux.

PESANTEUR, 40490.

DURETÉ, 2000.

FUSIBILITÉ, 3000.

VERRE, spongieux.

CASSURE, demi-conchoïde.

MOLÉCULE, indéterminée.

FORME, indéterminée.

Cristallisation confuse.

Cette substance n'a pas été trouvée cristallisée.

Sa couleur est d'un noir assez parfait.

Son éclat est vitreux et assez vif.

Sa cassure est imparfaitement conchoïde.

Sa dureté est assez considérable pour donner des étincelles par le choc du briquet.

Elle agit sur le barreau aimanté.

Traitée au chalumeau, elle fond difficilement et donne un verre spongieux.

Dissoute dans l'acide nitrique, elle forme une gelée épaisse, d'un gris jaunâtre.

Cette substance contient la terre particulière qu'on appelle *yttria* ou *gadoline*.

Eckeberg a retiré de la gadolinite,

Yttria ou gadoline.................... 47.05

Silice............................. 25

Fer oxidé.......................... 18

Alumine 0.5

Klaproth a retiré de la même substance (*Journal de Physique*, t. LXXI, pag. 447),

Yttria ou gadoline................. 60

Silice........................... 22

Fer oxidé....................... 16.50

Eau............................ 0.50

Manganèse oxidé , une trace.

La gadolinite a été découverte à Ytterby en Suède, en 1794, par Gadolin, qui en a retiré la nouvelle terre dont nous avons parlé (1).

Eckeberg eut les mêmes résultats que Gadolin ; il donna à ce minéral le nom de Gadolin, et l'appela *gadolinite ;* et à la terre nouvelle le nom d'*yttria*, tiré d'Ytterby, lieu où on avoit trouvé cette substance.

SECONDE ESPÈCE.

De l'Yttrio-Tantale.

Yttrio-tantale de Eckeberg.

Nous avons parlé ci-devant (tom. 1, pag. 344) de ce minéral, dont Eckeberg a retiré,

Tantale oxidé.

Yttria.

Observations générales sur les minéraux.

L'exposé que nous venons de faire de l'histoire des minéraux connus, prouve les progrès immenses que la Chimie a fait faire depuis peu d'années à cette partie de nos connoissances. Le plus grand nombre de ces substances a été analysé, et ces analyses nous en ont donné

---

(1) *Mémoires de Stockolm,* 1794.

des connoissances plus exactes, et qu'on ne pouvoit acquérir ni par la cristallographie, ni par d'autres moyens.

Ces différens travaux nous ont prouvé que

1°. Il existe un plus grand nombre de terres et de substances métalliques qu'on n'avoit cru.

2°. Les alkalis et les terres sont des oxides de métaux particuliers.

3°. Ces métaux existent dans le règne minéral en différens états.

4°. *Métaux natifs*, tels que l'or, l'argent, le mercure, le tellure....

5°. Ils sont quelquefois *alliés*, tels que le tellure, avec l'or, l'argent....; le mercure avec l'argent....

6°. Métaux *oxidés*. Ces métaux sont souvent combinés avec l'oxigène à différens degrés.

Je n'ai supposé, avec Proust, que deux degrés d'oxigénation, l'un au *minimum*, l'autre au *maximum;* mais Berthollet en a supposé un plus grand nombre.

7°. Il paroît que l'azote se trouve avec l'oxigène dans quelques oxides métalliques, tels que celui de manganèse, le minium.

8°. Les métaux *sulfurés.* Ils sont souvent combinés avec le soufre, et ils le sont aussi à différens degrés.

Bergman a prouvé que le soufre étoit combiné à deux degrés dans l'arsenic, l'orpiment et le réalgar ; mais il n'a pas dit que le soufre, dans ces combinaisons, paroissoit être à deux états différens.

Je pense que dans l'orpiment le soufre se trouve pur avec sa belle couleur jaune.

Dans le réalgar, il est à l'état de *soufre rouge*, de soufre au premier degré d'oxidation.

9°. Métaux *carburés*. Les métaux sont combinés avec le charbon, comme le fer dans la plombagine.

Le charbon peut aussi s'y trouver à l'état d'oxidation.

10°. Le *phosphore* n'a pas encore été trouvé minéralisant les métaux.

11°. Les métaux sont aussi combinés avec les *acides*, et forment différens sels; mais ils peuvent être à différens degrés, et former des sels au *minimum*, au *maximum*, comme nous avons vu les sulfates, les arseniates de cuivre au *minimum*, au *maximum*.

12°. Mais ces acides peuvent y être en différens états. Ainsi, dans le muriate de cuivre du Pérou, Sage pense que l'acide muriatique y est à l'état d'oxigéné; dans le muriate de mercure, il peut aussi être au même état, comme dans le sublimé corrosif.

13°. Les métaux peuvent se combiner entre eux, soit à l'état d'oxides, soit à l'état d'acides.

Le fer oxidé est souvent combiné avec le manganèse oxidé.

Le cobalt, le cuivre oxidés sont combinés avec l'acide arsenique dans l'arseniate de cobalt, l'arseniate de cuivre...

14°. Les métaux existent aussi combinés avec les alkalis. Klaproth a retiré d'un fer oxidé une portion de potasse (comme nous l'avons vu tom. 1, pag. 145).

L'art opère un grand nombre de ces combinaisons d'oxides métalliques avec les alkalis.

15°. Les métaux *hydrates*. Ils sont aussi combinés avec l'eau, comme je l'ai dit le premier en 1797. (*Théorie de la Terre*, tom. 1, pag. 92.)

Depuis cette époque, on a découvert un grand nombre de différens hydrates métalliques, comme nous l'avons rapporté.

16°. Les métaux sont combinés avec le gaz inflammable ou hydrogène; mais ce gaz

   a Peut être *pur*,
   b Peut être *hydrogène azoté*,
   c Peut être *hydrogène sulfuré*,
   d Peut être *hydrogène phosphuré*,
   e Peut être *hydrogène carburé*,
   f Peut être *hydrogène arseniuré*;

. . . .

17°. Les métaux se trouvent combinés avec différentes terres, comme dans le fer spathique, l'yttrio-tantale...

Les oxides métalliques, qui forment les pierres, présentent des combinaisons qui ne sont pas moins variées.

1°. Ces oxides peuvent être purs. Ainsi le quartz est un oxide pur de silicium, le saphir un oxide pur d'aluminium....

2°. Il est vraisemblable que ces oxides terreux présentent différens degrés d'oxidation, comme les autres oxides métalliques et les oxides alkalins.

3°. Ces oxides terreux se combinent ensemble, comme nous avons vu que le font les autres oxides métalliques, tels que les oxides de fer et de manganèse, l'oxide de plomb et celui de molybdène....

4°. Ces combinaisons d'oxides terreux peuvent être au nombre de deux, de trois, de quatre....

La silice est combinée avec l'alumine dans les agathes.

La silice est combinée avec la magnésie dans le peridot.

La silice est combinée avec l'alumine, la chaux, dans des grenats....

5°. Ces oxides terreux sont aussi combinés avec les autres oxides métalliques. L'oxide de nickel est combiné avec la silice dans la chrysoprase.

6°. Ces oxides terreux sont aussi combinés avec les oxides alkalins.

Nous avons vu un très-grand nombre de pierres contenir des alkalis, telles que le feldspath, la stéatite....

Et chaque jour l'art découvre des alkalis dans les pierres, où on n'en avoit pas apperçu.

7°. Les oxides terreux sont aussi combinés avec les acides, comme le calcaire, le gypse, le fluor, les barytites, les strontianites.

Mais ces acides peuvent l'être à différens degrés. Leblanc a prouvé que l'alun avec excès d'acide cristallise en octaèdre; s'il y a moins d'acide, il cristallise en cube; enfin, si l'alumine domine, il ne cristallise pas régulièrement, il forme un magma.

La même chose doit avoir lieu avec les alkalis, qui peuvent également se trouver dans les pierres en différentes quantités et à différens degrés d'oxidation.

8°. Quelques oxides terreux sont combinés et avec un acide, et avec un alkali, comme l'alun, la cryolite....

9°. Quelques oxides terreux sont combinés avec l'eau, et forment des hydrates, comme la wavelite....

Toutes ces analyses des différens minéraux sont bien éloignées du degré de perfection où l'art les portera; néanmoins on peut supposer qu'elles approchent de la vérité, lorsque plusieurs chimistes, tels que Klaproth, Vauquelin....., obtiennent des résultats analogues.

Le minéralogiste et le chimiste, qui veulent avancer nos connoissances sur les minéraux, doivent donc chercher à perfectionner nos moyens d'analyse. On n'a pu découvrir les métaux des alkalis et des terres que par le moyen de la pile galvanique.

On pourroit l'employer dans d'autres analyses,

Où l'art inventera d'autres moyens d'analyse qui nous sont encore inconnus.

Un grand nombre de ces combinaisons est susceptible de cristallisation, c'est-à-dire d'affecter des formes régulières. Elles sont alors formées de molécules régulières elles-mêmes, que j'ai rapportées à trois principales :

La rectangulaire,

La rhomboïdale,

La triangulaire.

Mais la rectangulaire et la rhomboïdale, divisées suivant les diagonales, sont formées de molécules triangulaires, comme nous l'avons rapporté.

La molécule rectangulaire du ruthil est, dit Haüy (*Minéralogie*, tom. IV, pag. 297), un prisme droit à bases carrées, divisible sur des plans qui passent par les *diagonales des bases*.

Le rhomboïde du grenat est, suivant lui, composé de six tétraèdres à faces triangulaires isocèles....

On peut concevoir tous les rhomboïdes et les cubes comme également composés de tétraèdres. Supposons un *rhomboïde* calcaire composé de quatre petits rhombes, et que chacun de ces petits rhombes soit composé de six tétraèdres, le *rhomboïde* contiendra donc vingt-quatre tétraèdres.

Or on doit regarder le tétraèdre comme composé de lames triangulaires plus ou moins étendues. Ainsi toutes les molécules ne seront, en dernière analyse, que des modifications de lames triangulaires, ainsi que je l'ai dit.

C'est cette raison qui m'a fait dire si souvent dans le cours de cet Ouvrage, que la molécule étoit indéterminée.

CINQUANTE-UNIÈME LEÇON.

DIXIÈME ORDRE.

Des Pierres agrégées.

Saxa de Wallerius.
Graslen des Suédois.
Felstein des Allemands.
Roches des Français.

J'appelle *Pierres agrégées* celles qui sont formées de plusieurs pierres homogènes distinctes, réunies d'une manière quelconque, de façon à ne composer qu'une seule masse.

Cet ordre des pierres est très-nombreux, et forme la majeure partie des pierres qui composent la surface de la terre.

J'en ai fait trois grandes divisions.

I. *Roches agrégées cristallisées.*

Les différentes pierres qui composent ces roches sont cristallisées plus ou moins parfaitement, tels sont les granits.

II. *Roches agrégées empâtées.*

Ces roches ont une pâte quelconque, dans laquelle sont noyées des parties cristallisées, tels sont les phorphyres.

III. *Roches agrégées agglutinées.*

Ces roches sont formées de pierres de différentes natures, ou de même nature, agglutinées par un ciment quelconque, tels sont les brèches, les pouddings...

Chacune de ces trois grandes divisions peut ensuite varier à raison des substances qui y dominent. Les roches agrégées empâtées, par exemple, varient et à raison de la pâte, et à raison des cristaux qui y sont noyés. Les granits varient à raison des différentes substances qui sont cristallisées ensemble...

Mais la plupart de ces roches agrégées peuvent se trouver dans les diverses espèces de terrains; ce qui oblige à faire de nouvelles sous-divisions, et on a,

I. Roches agrégées des terrains primitifs.
II. Roches agrégées des terrains secondaires.
III. Roches agrégées des terrains d'alluvion.
IV. Roches agrégées des terrains volcaniques.

Les pierres agrégées forment ce qu'on appelle proprement les *roches* en français, les *saxa* de Wallerius.

Ce mot *roche* est assez impropre, et ne se distingue pas assez du mot *rocher*: celui-ci a cependant une signification bien différente; car par le mot *rocher* on entend une masse d'un volume assez considérable détachée de la masse principale, et presque isolée. On dit, par exemple, *le rocher de Gibraltar*, lequel est entièrement calcaire, et par conséquent composé d'une seule espèce de pierre.

On voit dans tous les terrains de grandes masses calcaires, gypseuses..., et on ne peut leur donner le nom de *roches* dans le sens strict, puisqu'elles ne sont pas composées de différentes pierres. Cependant le nom de *rocher* ne leur convient pas non plus; car elles ne forment pas de masse saillante détachée de la masse principale.

Il nous faudrait donc un nouveau mot pour substituer à celui de *roches*.

Mais pour donner une idée plus claire des différentes

masses que l'on observe à la surface du globe, et de leur situation respective, il est nécessaire d'exposer succinctement les notions principales que nous avons sur leur première formation.

Il faut supposer, d'après les connaissances actuelles, que les différentes parties des matières dont sont composés les globes divers, et celui de la terre en particulier, se sont réunies, et ont acquis un mouvement de rotation qui a fait prendre à ces globes une figure sphéroïdale.

Elles ont formé les principes divers dont nous venons de parler, savoir, les substances métalliques, les alkalis, les terres, le soufre, le phosphore, le charbon, les gaz, l'oxigène, l'azote, l'hydrogène; les fluides éthérés, tels que le calorique, le fluide lumineux, le fluide électrique, le fluide magnétique, le gravifique...

Ces principes eux-mêmes se sont réunis postérieurement, également par les lois des affinités, et ont formé les grandes masses du globe, soit métalliques, soit terreuses, soit pierreuses.

Chacune de ces diverses substances s'est également réunie suivant les lois des affinités, et s'est déposée séparément:

Là, se sont déposées les substances métalliques, et ont formé des filons, des couches, des amas, des nids... Ici, les pierres homogènes se sont aussi réunies suivant les lois des affinités, et ont fait divers dépôts.

Lorsque ces dépôts se sont opérés tranquillement, chaque substance a cristallisé séparément; là les schistes primitifs, ici les calcaires, ailleurs les gypses...

Mais le plus souvent ces dépôts n'ont pu s'opérer avec

la tranquillité nécessaire, et alors il s'est formé des masses composées de différentes pierres réunies.

Supposons une grande masse contenant les principes élémentaires du feldspath, du mica, de l'hornblende, du quartz..., et que la cristallisation ait été précipitée à un certain point : il se formera une masse commune dans laquelle chacune de ces substances, feldspath, mica, hornblende, quartz.... cristallisera plus ou moins distinctement, ce seront les GRANITS.

Si la cristallisation est plus précipitée, il n'y aura de substances cristallisées distinctement que celles qui demandent plus d'eau de cristallisation, telles que les feldspaths, et les autres principes formeront une espèce de magma ou de pâte uniforme dans laquelle on appercevra les cristaux de feldspath...; ce seront les PORPHYRES.

Enfin si la cristallisation est encore plus précipitée, on n'appercevra aucun cristal distinct, la masse ne fera plus qu'une pâte commune et uniforme, tels que les lydiennes, les cornéennes, les schistes, les serpentines...

Ce sont les mêmes phénomènes qu'on apperçoit dans la cristallisation de diverses substances salines mélangées, telles que le nitre, le sel marin, les nitrates, les muriates calcaires, magnésiens.... Si cette cristallisation s'opère brusquement, tous ces sels se trouvent mélangés.

Si la cristallisation s'opère plus lentement, on distingue dans la masse ceux qui exigent le plus d'eau de cristallisation, tel que le sel marin.

Enfin la cristallisation s'opérant très-lentement, chacun de ces sels cristallise séparément.

Si dans la cristallisation des grandes masses de *granits*, de *porphyres*... il se trouve des élémens d'autres pierres que les feldspath, mica, hornblende, quartz, par exemple,

ceux

ceux des grenats, des tourmalines, des yanolites, des zéolites..., et que la cristallisation s'opère avec assez de lenteur, on trouvera ces substances cristallisées séparément dans ces granits. On a des granits qui contiennent des tourmalines, des grenats, des zéolites....

La même chose aura lieu à l'égard des masses qui contiennent des terres particulières, telles que la baryte, la strontiane, la glucine, la zircone, l'yttria... Ces terres se réuniront avec d'autres terres par les lois des affinités, et formeront des cristaux isolés d'andréolites, d'hyacinthes, d'émeraudes, de bérils, d'yttriennes... qui cristalliseront séparément dans la grande masse.

On a également des cristallisations particulières de ces mêmes substances dans des masses isolées peu volumineuses, comme nous avons vu dans la roche de topaze de Saxe, *topasfels*, la *roche de prehnite*, la *roche de sphène*...

Les mêmes phénomènes s'observent dans les cristallisations métalliques. On trouve dans les filons un grand nombre de cristaux particuliers, comme des falhers, des pyrites, des blendes, des grenats, des fluors, des spaths pesans..... Les différens élémens de ces cristaux étoient mélangés avec la masse du filon, et la cristallisation s'est opérée avec assez de tranquillité pour que chaque substance ait pu cristalliser à part.

Quelques minéralogistes ont demandé la raison pour laquelle telle cristallisation ne s'opère que dans tel endroit, et telle autre dans un autre lieu.

On ne trouve le diamant qu'en deux ou trois endroits, aux Indes et au Brésil.

L'euclase ne s'est trouvé qu'au Pérou.

La belle émeraude ne s'est également trouvée qu'au Pérou.

La topaze de Saxe ne s'est trouvée qu'au rocher de Snec-kenstein ,

Le tellure qu'à Nagyac.

Le platine qu'au Pérou et à Saint-Domingue.

. . . .

On sent qu'on ne sauroit donner de réponses satisfai-santes à de pareilles questions.

Tous ces principes, combinés de diverses manières, ont formé et les substances particulières que nous avons dé-crites jusqu'ici, et les *roches* qui en sont composées et dont nous allons faire l'histoire.

On distingue ces *roches*, non-seulement quant aux subs-tances qui les composent, et quant au mode dont elles sont formées; mais encore à raison des différens *terrains* où elles se trouvent.

Tous les terrains qui composent la surface du globe, et ceux qui touchent cette surface, sont reconnus aujourd'hui par les naturalistes, pour avoir été formés dans le sein des eaux : leur cristallisation n'auroit pu s'opérer ailleurs.

De la Surface de la Terre, des Montagnes, Vallées, Plaines, Mers, Lacs et Fleuves.

La grande masse du globe étant formée, les eaux ont commencé à se retirer, et ont laissé à découvert les parties les plus élevées de sa surface : car cette surface ne formoit pas une courbe régulière, comme divers naturalistes l'ont supposé.

Elle étoit parsemée de différentes chaînes de montagnes plus ou moins élevées, et qui s'étendoient à des distances plus ou moins considérables.

Des vallées plus ou moins profondes, plus ou moins larges séparoient ces grandes masses.

Enfin elles se terminoient dans des plaines plus ou moins étendues.

Ce sont ces terrains qui ont été appelés *primitifs.*

Parurent alors sur ces portions de continent découvertes les êtres organisés, d'abord les végétaux, ensuite les animaux.

Les eaux pluviales couloient dans ces vallées et formoient des ruisseaux, des rivières, des fleuves, qui se rendoient dans divers bassins, où s'étoient retirées les eaux qui couvroient primitivement la surface du globe. Ces bassins étoient de diverses espèces.

Les uns avoient peu d'étendue et formoient les lacs.

Les autres étoient plus considérables, et formoient de grands lacs qui portoient quelquefois le nom de *mers méditerranées.*

Enfin toute la partie basse de la surface de la terre étoit inondée et formoit le grand Océan dont la surface paroît plus étendue que celle des continens.

Il se formoit de nouvelles couches dans le sein des eaux qui se retiroient.

Les débris des êtres organisés étoient entraînés par les eaux courantes dans les grands bassins, et se mélangoient avec les nouvelles couches ; c'est ce qui a formé les *terrains secondaires*, contenant une plus ou moins grande quantité de coquilles et autres débris des êtres organisés, soit des mers, soit des lacs, soit des continens.

Entre les terrains *primitifs*, et les terrains *secondaires*, Werner en distingue des troisièmes qu'il appelle *terrains de transition*, qu'il suppose participer des deux premiers. On leur a aussi donné le nom de *terrains intermédiaires.*

Mais cette distinction ne me paroît pas fondée ; car si ces terrains contiennent des débris d'êtres organisés, comme en convient Werner, ils rentrent dans la classe des terrains secondaires.

S'ils ne contiennent point de débris d'êtres organisés, ce sont des terrains primitifs.

Enfin les eaux courantes ravinoient et les terrains primitifs et les terrains secondaires plus ou moins profondément, et en emportoient les débris dans leur cours. Elles alloient les déposer dans les plaines. Ces dépôts formèrent ce que nous appelons les *terrains d'alluvion*.

Les volcans parurent et commencèrent à exercer leurs ravages. Ils rejetèrent et vomirent des laves et autres substances; ce qui forma les *terrains volcaniques*.

Il se trouve des *roches* dans tous ces terrains. Nous allons en faire l'histoire.

CINQUANTE-DEUXIÈME LEÇON.

PREMIÈRE DIVISION.

Des Pierres agrégées cristallisées des terrains primitifs.

Les pierres agrégées cristallisées sont un des premiers produits de la cristallisation générale des élémens qui ont formé le globe. Elles composent la masse considérable des granits, des gneis, des granitoïdes...

J'en fais plusieurs sous-divisions à raison de la substance principale qui y domine.

Ire SOUS-DIVISION. *Pierres quartzeuses agrégées cristallisées.*

II**ème** sous-division. *Pierres argileuses agrégées cristallisées.*

III**ème** sous-division. *Pierres magnésiennes agrégées cristallisées.*

IV**ème** sous-division. *Pierres calcaires agrégées cristallisées.*

V**ème** sous-division. *Pierres barytiques agrégées cristallisées.*

VI**ème** sous-division. *Pierres strontianiques agrégées cristallisées.*

VII**ème** sous-division. *Pierres zirconiennes agrégées cristallisées.*

VIII**ème** sous-division. *Pierres gluciniques agrégées cristallisées.*

IX**ème** sous-division. *Pierres gadoliniques agrégées cristallisées.*

X**ème** sous-division. *Substances sulfureuses agrégées cristallisées.*

XI**ème** sous-division. *Substances combustibles agrégées cristallisées.*

XII**ème** sous-division. *Substances métalliques agrégées cristallisées.*

PREMIÈRE SOUS-DIVISION.

Des Pierres quartzeuses agrégées cristallisées.

Les pierres quartzeuses agrégées cristallisées paroissent former une des parties principales des terrains primitifs ; elles varient et à raison des pierres quartzeuses qui cristallisent ensemble, et à raison de la manière dont elles cristallisent. Ainsi on a,

1°. Deux pierres,

2°. Trois pierres,

3°. Quatre pierres,

4°. Ou un nombre plus considérable de pierres qui cristallisent ensemble.

La cristallisation peut s'opérer en grands cristaux bien distincts,

Ou en petits cristaux.

Enfin la cristallisation de ces pierres devient souvent confuse, et se rapproche presque d'une pâte. Ainsi on est quelquefois bien embarrassé pour savoir si telle substance est un granit ou un porphyre.

La nature, la couleur.... des différentes pierres qui peuvent cristalliser ensemble, donnent une variété immense de ces pierres agrégées; ce qui en forme différens genres.

PREMIER GENRE.

Du Granit.

Les granits sont des pierres agrégées composées de plusieurs substances qui ont cristallisé ensemble. Les principales de ces substances sont,

1°. Le quartz,

2°. Le feldspath,

3°. Le mica,

4°. L'hornblende.

Ces quatre substances combinées deux à deux, trois à trois, ou toutes quatre, donneroient dix variétés principales de granit.

Mais les granits varient encore à raison de la quantité de chacune de ces subtances, de leur nature....

Le quartz peut être différemment coloré. Il est pur ou mélangé; quelquefois il est cristallisé régulièrement en dodécaèdre à plans triangulaires : le plus souvent il est cristallisé confusément.

Le feldspath peut être transparent comme l'adulaire, ou opaque. Il est pur ou mélangé, gras, stéatiteux. Il est rarement cristallisé régulièrement; cependant il l'est quelquefois. Sa couleur varie beaucoup.

Le mica est jaune, argentin, noir, stéatiteux... Il est quelquefois cristallisé régulièrement.

L'hornblende varie également de couleur. Elle est très-rarement cristallisée régulièrement.

Toutes ces substances sont rarement réunies dans la même espèce de granit; quelquefois il n'y en a que deux ou trois.

Elles se trouvent en masses plus ou moins considérables.

Les unes y sont plus abondantes que d'autres.

Enfin la diversité des mélanges, la diversité des couleurs, les diverses quantités de ces substances multiplient presqu'à l'infini les variétés de granit.

Je vais indiquer quelques-unes des variétés les plus communes.

Iʳᵉ *espèce. Granit à deux substances.*

1 *var.* Feldspath et quartz.

 Granit graphique.

Il est composé de quartz en lames, noyé dans une pâte feldspathique. Le quartz forme dans cette pâte comme des lettres hébraïques; c'est pourquoi o n l'appelle *graphique.*

2 *var.* Feldspath et mica.
> *Granit* de Saint-Yriez.

Le mica est cristallisé en forme de paillettes au milieu du feldspath. Cette jolie variété de granit se trouve à St.-Yriez, près Limoges, et fournit les matériaux de la plupart des porcelaines de France.

3 *var.* Feldspath et hornblende.
> *Siénite* de Werner.

Werner a donné le nom de *siénite* à un granit composé de feldspath et hornblende cristallisés ensemble, et se trouvant à peu près en même quantité; il s'y trouve quelquefois du quartz. Il y a plusieurs variétés de siénite.

a Feldspath blanc et hornblende noire. Cette variété est appelée *noir antique*, *nero antico*.

b Feldspath rose et hornblende d'un vert foncé.

4 *var.* Feldspath et tourmaline.

La tourmaline se trouve dans cette espèce au lieu de l'hornblende.

IIème *espèce. Granit à trois substances.*
1 *var.* Feldspath, quartz et mica.
> *Granit antique* d'Egypte.

2 *var.* Feldspath, quartz et hornblende.
C'est une variété de siénite.

3 *var.* Feldspath, mica et hornblende.

IIIème *espèce. Granit à quatre substances.*
Feldspath, quartz, mica et hornblende.
Les granits contiennent souvent d'autres subtances cristallisées, telles que des grenats, des zircons....
On distingue encore d'autres variétés de granits.
a Granits à gros grains dont les cristaux sont gros.

b Granits à petits grains, dont les cristaux sont très-petits.

c Granits plus ou moins décomposés.

Les vrais granits sont toujours en masses, et ne forment jamais de couches.

Cependant Saussure et d'autres naturalistes ont dit avoir observé des granits en couches ; mais leurs observations ont été contredites par d'autres savans non moins recommandables ; et moi, qui ai passé une partie de ma vie dans des terrains granitiques, je n'ai jamais vu de vrai granit en couches, ni dans les Alpes, ni ailleurs.

Granits décomposés.

Granites aëre destructibilis. Waller.
Granit qui se détruit à l'air.

1 *var.* On trouve très-souvent des granits tendres qui se décomposent facilement à l'air : leurs différentes parties se séparent ; le feldspath d'un côté, le mica de l'autre, le quartz d'un autre.

Toutes ces substances sont réduites en molécules assez petites, et forment une masse qu'en beaucoup d'endroits on appelle *grès*.

Si la décomposition est plus considérable, elles forment des espèces de kaolins.

2 *var.* Dans d'autres endroits, comme dans le Mâconnais, Beaujolais, à la Claitte..., on trouve ces mêmes élémens de granit ayant peu de consistance, quoique n'ayant pas été exposé à l'air. On diroit que la cristallisation a été imparfaite, comme nous avons vu que cela a lieu à l'égard de certaines pierres calcaires, telles que celle de Saint-Leu, qui a très-peu de dureté et très-peu

de pesanteur. Ces granits sont dans le même cas ; ils ont peu de dureté et se réduisent en petites parcelles sous l'effet du pic. On les emploie comme le grès, pour faire du mortier.

3 *var.* Granits décomposés proche des volcans.

Ces granits sont ordinairement blanchis par les acides réduits en vapeurs, par exemple, par l'acide sulfureux ; ils sont tendres et tombent facilement en une poudre terreuse ; c'est le feldspath qui est attaqué plus particulièrement. Ils forment une espèce de kaolin.

Le quartz est également attaqué et altéré.

Le mica et l'hornblende le sont encore bien davantage.

DEUXIÈME GENRE.

Des Gneis.

Saxum fornacum de Wallerius.

Les minéralogistes saxons ont donné le nom de gneis à une roche feuilletée composée de mica, de quartz et de feldspath ; mais le mica y est en grande quantité et y forme des couches, ce qui donne à toute la masse le tissu feuilleté.

On distingue plusieurs variétés de gneis.

1 *var.* Gneis composé de mica, de quartz et de feldspath.

2 *var.* Gneis composé de mica, de feldspath et de hornblende.

3 *var.* Gneis composé de mica, de quartz et de hornblende.

4 *var.* Gneis composé de mica, de feldspath et de tourmaline.

Granit veiné de Saussure.

Saussure appelle *granit veiné* un véritable granit composé de cristaux de feldspath , de quartz et de mica. « Cette
» roche, dit-il, (§ 646, note), ne diffère des vrais granits
» que par le parallélisme qu'observent entre elles les lames
» rares de mica dont elle est mélangée.... On reconnoîtra
» qu'elle a tous les caractères des vrais granits, qu'elle
» doit avoir la même origine, et qu'en un mot, elle est
» au granit proprement dit, ce qu'une pierre calcaire feuil-
» letée est à une pierre calcaire dont on ne distingue point
» les feuillets. »

Ce granit veiné de Saussure doit être classé avec les gneis.

Observations.

Les granits veinés, les schistes micacés et les gneis ont les plus grands rapports.

Les granits veinés contiennent tous les élémens des granits en cristaux distincts ; mais la masse entière est en couches.

Le schiste micacé est également feuilleté ; mais le mica y domine, en fait la masse principale, et s'y trouve en lames plus ou moins étendues.

Dans le gneis, le mica y est en cristaux également distincts.

Werner dit que le gneis contient du mica, du quartz et du feldspath ; tandis que le schiste micacé, ou *glimmerschieffer* ne contient point de feldspath.

Les granits peuvent contenir plus de quatre substances. On en trouve avec cinq, six... substances. La tourmaline, le grenat, la stéatite, la pinite... se trouvent dans quelques granits. Je donne à ces combinaisons le nom général de *granitoïdes.*

TROISIÈME GENRE.

On trouve un grand nombre de pierres formées de différentes substances cristallisées ensemble confusément, et qui ne contiennent ni quartz, ni cristaux de feldspath, ou au moins ces substances n'y sont point agrégées comme dans les granits. On ne peut par conséquent les appeler de *vrais granits;* c'est pourquoi je les ai classées parmi les roches que j'appelle GRANITOÏDES. Il y en a plusieurs espèces.

Ière *espèce. Granitoïde à deux substances.*

1 *var.* Grenat et quartz.

2 *var.* Quartz et tourmaline.

3 *var.* Quartz et amianthe.

4 *var.* Adulaire et amianthe des Pyrénées.

5 *var.* Feldspath et stéatite ou mica stéatiteux arborisé. Cette jolie variété se trouve aux Pyrénées.

IIème *espèce. Granitoïde à trois substances.*

1 *var.* Quartz adulaire et amianthe.

IIIème *espèce. Granitoïde à quatre substances.*

1 *var.* Quartz adulaire, thallite et amianthe.

Les roches que Werner désigne par le mot *fels*, telles que les *topas-fels*, peuvent rentrer dans cette classe.

Il y a également des granitoïdes métalliques, comme nous l'avons vu.

a Roche de sphène, *sphène-fels.*

b Roche d'oisanite, *oisanite-fels.*

c Roche de titanite, *titanite-fels.*

. . . .

CINQUANTE-TROISIEME LEÇON.

IIe SOUS-DIVISION.

Des Pierres alumineuses agrégées cristallisées,
ou *des Granitoïdes alumineux.*

Les pierres alumineuses peuvent cristalliser avec d'autres pierres, comme le font les pierres quartzeuses, et former des roches agrégées cristallisées, que j'appellerai également *granitoïdes*, pour les distinguer des granits.

La Minéralogie a un grand nombre de ces granitoïdes alumineux. Je vais en citer quelques-uns.

1 *var.* Roche de pinite, *pinit-fels*. La pinite se trouve en Saxe, en Auvergne..., faire une partie principale de certains granits.

2 *var.* Roche de topaze, *topas-fels*.

La topaze de Saxe se trouve cristallisée avec du quartz.

J'ai des cristaux de topaze de Sibérie également cristallisés avec le quartz.

3 *var.* Roche de prehnite, *prehnite-fels*.

La prehnite du Dauphiné, du Tyrol est également cristallisée avec du quartz.

Il est peu de pierres alumineuses qui ne se trouvent ainsi cristallisées dans la roche qui leur sert de gangue.

IIIe SOUS-DIVISION.

Des Pierres magnésiennes agrégées cristallisées,
ou *des Granitoïdes magnésiens.*

Les pierres magnésiennes peuvent cristalliser avec
d'autres pierres, et former des espèces de granitoïdes ;
tels sont,

1 *var.* Mica et leucolite.
(Leucolite-fels), se trouve en Saxe.

2 *var.* Stéatite et asbestoïde.

Il y en a un grand nombre de variétés aux Alpes,
au Tyrol.....

3 *var.* Amianthe et quartz.
4 *var.* Cyanite, staurolite ou granatite et stéatite.

IVe SOUS-DIVISION.

Des Pierres calcaires agrégées cristallisées, ou
des Granitoïdes calcilites.

Les pierres calcaires peuvent cristalliser avec d'autres
pierres, et former des granitoïdes ; tels sont,

PREMIER GENRE CALCAIRE.

1 *var.* Spath calcaire et quartz.
Cette variété se trouve dans les géodes appelées *fours
à cristaux de roche.*

2 *var.* Calcaire et grenat.

SECOND GENRE GYPSEUX.

1 *var.* Gypse et mica des terrains primitifs.

TROISIÈME GENRE FLUORIQUE.

1 *var.* Fluor et quartz.
2 *var.* Fluor et calcaire.

QUATRIÈME GENRE APPATITIQUE.

1 *var.* Appatit et quartz.

V° SOUS – DIVISION.

Des Pierres barytiques agrégées cristallisées, ou des Granitoïdes barytiques.

Les pierres barytiques peuvent cristalliser avec d'autres pierres, et former des granitoïdes.

PREMIER GENRE WITHÉRITIQUE.

Iere *espèce. Witherite cristallisée avec d'autres substances.*

1 *var.* Witherite et calcaire.

SECOND GENRE BARYTIQUE.

IIème *espèce. Barytite cristallisée avec d'autres substances.*

1 *var.* Barytite et fluor.
2 *var.* Barytite cristallisée avec quartz.
3 *var.* Barytite cristallisée avec du calcaire.

VIe SOUS – DIVISION.

Des Pierres strontianiques agrégées cristallisées, ou des Granitoïdes strontianiques.

Les pierres strontianiques peuvent cristalliser avec d'autres substances, et former des granitoïdes.

PREMIER GENRE STRONTIANITIQUE.

Ière *espèce Strontianite cristallisée avec d'autres substances.*

1 *var.* Strontianite et galène de Strontian.

DEUXIÈME GENRE CÉLESTINIQUE.

Ière *espèce. Célestine cristallisée avec d'autres substances.*
1 *var.* Célestine et quartz.

VIIe SOUS‑DIVISION.

Des Pierres zirconiennes agrégées cristallisées,
ou *des Granitoïdes zirconiens.*

Le zircon peut être cristallisé avec d'autres substances, et former des granitoïdes.

1 *var.* Zircon ou hyacinthe, feldspath et hornblende de Norwège.

2 *var.* Hyacinthe et quartz de New‑Jersey aux Etats‑Unis.

VIIIe SOUS‑DIVISION.

Des Pierres gluciniques agrégées cristallisées,
ou *des Granitoïdes gluciniques.*

Les pierres gluciniques peuvent cristalliser avec d'autres substances, et former des granitoïdes.

1 *var.* Émeraude et granit.
2 *var.* Béril, topaze de Sibérie et quartz (béril-fels).
3 *var.* Béril de Saxe et quartz.

IXe SOUS‑DIVISION.

Des Pierres gadoliniques agrégées cristallisées,
ou *des Granitoïdes gadoliniques.*

Les observateurs n'en ont point encore décrites.

X^e sous‑

Xe SOUS-DIVISION.

Des Roches sulfureuses agrégées cristallisées, ou des Granitoïdes sulfureux.

Les granitoïdes sulfureux sont des roches dont le soufre sert de pâte à d'autres substances cristallisées.

1 *var.* Soufre et gypse enhydre de Moutiers.

XIe SOUS-DIVISION.

Des Roches d'antracites agrégées cristallisées, ou des Granitoïdes d'antracite.

Les antracites peuvent cristalliser avec d'autres substances, et former des granitoïdes.

PREMIER GENRE. Antracite cristallisé avec d'autres substances.

1 *var.* Antracite et granit.

XIIe SOUS-DIVISION.

Des Roches métalliques agrégées cristallisées, ou des Granitoïdes métalliques.

Metalfuhrungh de Werner.

Les substances métalliques pures ou minéralisées peuvent cristalliser avec d'autres substances, et former des granitoïdes. On trouve un grand nombre de ces granitoïdes dans les filons métalliques.

PREMIER GENRE. Mines d'or cristallisées avec des quartz.

IIème GENRE. Mines d'argent cristallisées avec du quartz.
IIIème GENRE. Mines de cuivre natif cristallisées avec du calcaire.

2. 29

IVème GENRE. Mines de titane cristallisées avec d'autres substances.

1 *var.* Ruthil et quartz.
2 *var.* Oisanite et adulaire.
3 *var.* Sphène et feldspath.

. . . .

Observations.

Cette distinction que j'établis entre les granits vrais et les granitoïdes, m'a paru nécessaire pour distinguer des substances absolument différentes quant à la nature des pierres qui les composent, et à la manière dont elles sont cristallisées. Elles se ressemblent seulement quant au mode de cristallisation, et ce mode ne m'a point paru suffisant pour les réunir ensemble. Certainement il n'y a aucune ressemblance entre le granit d'Egypte et nos variétés de granitoïde, composée de quartz et de spath calcaire, de mica et de leucolite.

Je ne conserverai donc le nom de granit qu'aux pierres agrégées composées de quartz, de feldspath, de mica, de hornblende cristallisés ensemble d'une certaine manière. Il n'est pas nécessaire qu'elles s'y trouvent toutes, mais il faut que le feldspath y soit avec quelques-unes des autres substances, et que toutes ces substances soient mélangées de manière que la cristallisation totale ait l'aspect grenu.

Toutes les autres pierres composées, cristallisées, rentrent dans la classe des granitoïdes.

Je n'ignore pas les objections qu'on peut me faire. « Telle substance, me dira-t-on, est-elle un granit ou un » granitoïde ? Il n'y a aucun moyen de les distinguer, dès » que vous ne convenez pas d'appeler *granit* toute pierre

» composée de plusieurs autres pierres cristallisées distinc-
» tement. »

Je conviens de toute la force de l'objection, mais elle est commune à toutes les autres pierres qui ne sont pas simples.

Ne convient-on pas qu'il y a des nuances insensibles des granits, par exemple, aux porphyres, ensorte que telle substance est placée par les uns parmi les granits, et par les autres parmi les porphyres ? Confondra-t-on néanmoins les granits avec les porphyres ?

Tous les minéralogistes distinguent les granits des gneis, et où en assigner les limites ?

On pourroit passer d'une pierre à l'autre par des nuances insensibles. Il faudroit donc confondre toutes les pierres, et n'en faire qu'un seul genre.

CINQUANTE-QUATRIÈME LEÇON.

SECONDE DIVISION.

Des Pierres agrégées empâtées des terrains primitifs.

Les pierres agrégées empâtées sont peut-être plus nombreuses que les pierres agrégées cristallisées ; ces deux ordres sont très-voisins, et souvent même se confondent tellement, qu'il est très-difficile de les distinguer. C'est ce qui avoit engagé plusieurs naturalistes à ne faire qu'un seul ordre des granits et des porphyres ; mais cette opinion n'est pas fondée.

J'en ferai plusieurs sous-divisions à raison de la substance qui y domine, comme je l'ai fait pour les granits. Il y aura donc,

1°. Pierres quartzeuses agrégées empâtées.
2°. Pierres alumineuses agrégées empâtées.
3°. Pierres magnésiennes agrégées empâtées.
4°. Pierres calcaires agrégées empâtées.
5°. Pierres barytiques agrégées empâtées.
6°. Pierres strontianiques agrégées empâtées.
7°. Pierres gluciniques agrégées empâtées.
8°. Pierres zirconiennes agrégées empâtées.
9°. Pierres gadoliniques agrégées empâtées.
10°. Substances sulfureuses agrégées empâtées.
11°. Substances bitumineuses agrégées empâtées.
12°. Substances métalliques agrégées empâtées.

Je laisserai le nom de *porphyres* à toutes les pierres agrégées empâtées dont la pâte est de nature siliceuse, et dans laquelle sont noyés des cristaux de feldspath plus ou moins prononcés.

Je donnerai le nom de *porphyroïdes* à toutes les autres pierres empâtées.

PREMIÈRE SOUS-DIVISION.

Des Pierres Quartzeuses agrégées empâtées.

Les pierres quartzeuses empâtées varient, et à raison de la pierre empâtée, et à raison de la nature de cette pâte.

Cette pâte peut être,

1°. Quartzeuse,
2°. Argileuse,
3°. Magnésienne,

4°. Calcaire,
5°. Barytique,

. . . .

Mais souvent cette pâte peut rentrer dans une des
sous-divisions de ces espèces de pierres siliceuses. Ainsi
cette pâte peut être,

Kéralique,
Petro-siliceuse,
Téphrinique,
Leucostique,
Ophitine,
Variolique,
Cornéenne.

Enfin cette pâte peut être composée de plusieurs pierres.

La nature de la substance renfermée dans la pâte varie
également. Ainsi ce peuvent être des cristaux de feldspath,
de quartz, de grenat.

PREMIER GENRE.

Des Porphyres.

Πορφυρος (1), *Porphyros* des Grecs.
Porphyr des Allemands, des Suédois.
Porphyri des Anglais.
Porfido des Italiens.
Porphyre.

Le porphyre est une des roches les plus communes
des terrains primitifs; il présente un grand nombre de

---

(2) Πορφυρα, *phorphura, rouge*, c'est cette variété de porphyre rouge.

variétés, et à raison de sa pâte, et à raison des cristaux de feldspath qui y sont noyés.

Il y a des porphyres de toutes les couleurs.

Ceux dont la pâte est petro-siliceuse ont la demi-transparence sur les bords, comme le petro-silex.

Leur dureté est égale à celle du feldspath et du petro-silex.

Ils acquièrent par le poli un éclat assez vif.

Leur pesanteur est de 26 à 28.

Leur cassure est grenue dans la pâte, et lamelleuse pour les cristaux de feldspath.

Le porphyre proprement dit, est une pierre agrégée qui contient des cristaux de feldspath noyés dans une pâte quelconque; mais cette pâte est ordinairement de la nature des pierres siliceuses.

Les cristaux de feldspath sont plus ou moins prononcés; leur cristallisation est rarement parfaite; mais on observe que ces cristaux sont le plus souvent de différentes couleurs, et qu'ils paroissent différer les uns des autres jusqu'à un certain point.

On trouve aussi quelquefois dans les porphyres d'autres cristaux que ceux de feldspath.

Les porphyres varient par conséquent, et à raison de la nature de leur pâte, et à raison du volume, de la couleur..., des cristaux de feldspath et autres qui peuvent s'y trouver.

Ière *espèce. Porphyre à base de kéralite.*

Ils sont composés de cristaux de feldspath noyés dans une pâte de kéralite ou de hornstein.

IIème *espèce. Porphyre à base de petro-silex.*

Pâte petro-siliceuse dans laquelle sont noyés des cristaux de feldspath.

1 *var.* Porphyre à base de petro-silex gris, avec des cristaux de feldspath blanc, de Thel proche la Claitte.

2 *var.* Porphyre à base de petro-silex rougeâtre, et cristaux de feldspath.

a Quelques-uns de ces feldspaths sont blancs.

b Les autres sont rouges, des monts d'Ajou.

3 *var.* Porphyre à base de petro-silex rougeâtre, et cristaux de feldspath rougeâtre, de Thel, mais d'un rouge différent de celui de la pâte.

4 *var.* Porphyre à base de petro-silex gris, et quelques cristaux de feldspath avec cristaux de quartz, de Thel.

IIIème *espèce. Porphyre feldspathique.*
Pâte feldspathique.
Cristaux de feldspath de la même couleur.

1 *var.* Porphyre du mont Sinaï, dont la pâte est d'un brun rougeâtre obscur et paroît feldspathique, avec des cristaux de feldspath de la même couleur.

2 *var.* Porphyre rougeâtre feldspathique qui contient des cristaux de feldspath de la même couleur.

IVème *espèce. Porphyre à base de hornblende contenant des cristaux de feldspath.*

Memphite de Pline (1).
Grunstein de Werner.

Il y en a un grand nombre de variétés.

---

(1) Pline dit (liv. xxxvi, chap. 7), qu'il y a deux espèces de porphyres.

Le téphrite, ainsi nommé, de sa couleur de cendres. *Téphra* en grec signifie *cendre.*

Le *Memphite*, ainsi nommé de Memphis où il se trouve. Celui-ci ne peut être qu'un *grunstein*, c'est-à-dire un porphyre composé de hornblende et de feldspath destiné à revêtir les pyramides, qui étoit apporté à Memphis, pays secondaire.

1 *var.* Porphyre à base de hornblende verte, avec de petits cristaux de feldspath blanc.

Granitello des Anciens.

2 *var.* Porphyre à base de hornblende d'un vert foncé; cristaux de feldspath blanc.

3 *var.* Porphyre à base de hornblende noirâtre, avec de petits cristaux de feldspath blanc.
Cette roche est très-dure.

4 *var.* Porphyre à base de hornblende noirâtre, avec des cristaux qui se présentent quelquefois en filets.

Whinstone des Anglais.

5 *var.* Porphyre noirâtre, qu'on trouve à la base des pyramides d'Egypte.
Il est composé d'une pâte hornblendique à grandes écailles, avec de petits cristaux de feldspath.

6 *var.* Porphyre antique à pâte fine, d'un brun olivâtre, avec de petits cristaux de feldspath. On l'appelle quelquefois *trapp antique* ou *schorl en masses.* Plusieurs figures égyptiennes sont faites de cette roche.

V*ème espèce. Porphyre siénitique.*
Pâte hornblendique et une grande quantité de cristaux de feldspath.
Cette espèce de porphyre diffère de la précédente, parce que les cristaux de feldspath y sont plus abondans que la pâte.

VI*ème espèce. Porphyre rouge.*

Leucostictos (1) de Pline.

---

(1) *Leucos,* blancs, *tictos,* points; *leucosticos,* pierres à points blancs.

Pâte de leucostine, dans laquelle sont noyés de petits cristaux de feldspath.

Ce porphyre présente plusieurs variétés.

1 *var.* Leucostictos dont la pâte est d'un rouge plus ou moins vif, avec des cristaux de feldspath bien prononcés, d'un volume plus ou moins considérable, mais toujours assez petits.

2 *var.* Leucostictos enviné.

Ubragione des Italiens.

Sa pâte est d'un rouge plus ou moins vif.

Les cristaux de feldspath sont également colorés d'un rouge plus ou moins vif, c'est-à-dire *envinés* ou couleur de vin ; néanmoins leur couleur est moins vive que celle de la pâte.

3 *var.* Leucostictos dont la pâte est d'un rouge brunâtre.

On ignore le lieu d'où les Anciens tiroient ces espèces de porphyres ; mais ils en avoient des masses d'un assez grand volume pour faire des obélisques de cent pieds de hauteur : ce qui fait présumer que les carrières de ces porphyres devoient être sur les bords du Nil dans la Haute-Egypte.

Bayen a retiré d'un porphyre rouge, silice, 73, alumine, 15, magnésie, 10, chaux, 0.50, fer oxidé, 2.

VIIème *espèce. Porphyre ophitique*, ou *porphyre vert.*

Pâte d'ophitine, dans laquelle sont noyés des grands cristaux de feldspath.

Ce porphyre a été appelé par les Anciens *ophite*, à cause de sa ressemblance avec la peau du serpent, nommé en grec *ophios*, ωφιως. Il est composé d'une pâte que j'ai appelée *ophitine*, dans laquelle sont noyés de grands cristaux de feldspath. On ignore le lieu d'où les Anciens le tiroient.

1 *var.* Ophite d'un vert foncé, avec des cristaux de feldspath d'un vert moins foncé.

2 *var.* Ophite d'un vert pâle, avec des cristaux de feldspath d'un vert plus pâle.

3 *var.* Ophite avec des cristaux de feldspath et des noyaux d'agathe.

4 *var.* Ophite d'un vert pâle, avec des cristaux de feldspath disséminés dans la pâte comme de l'herbe.

Herbetta des Italiens.

5 *var.* Ophite avec des cristaux de feldspath et des cristaux de hornblende.

VIIIème *espèce. Porphyre téphrinique.*

Tephrias de Pline.

Pâte de téphrine, dans laquelle sont noyés des cristaux de feldspath.

Le téphrias de Pline est un porphyre de couleur cendrée.

1 *var.* Porphyre à base de téphrine grise, contenant des cristaux de feldspath.

Ce porphyre est antique. On en a de grandes tables.

2 *var.* Porphyre téphrinique d'un gris rougeâtre.
Cette variété se trouve à Oberstein.

IXème *espèce. Porphyre cornéen.*

Pâte de cornéenne ou lydienne, dans laquelle sont noyés des cristaux de feldspath.

1 *var.* Porphyre dont la pâte est une cornéenne grise ,

dans laquelle sont noyés de grands cristaux de feldspath rougeâtre. J'en ai trouvé de beaux morceaux dans la montagne d'Ajou, proche Beaujeu.

2 *var.* La variété précédente, qui contient une grande quantité de pyrites cristallisées avec le feldspath.

Cette pâte, exposée à l'air, se décompose facilement et devient blanchâtre.

Xème *espèce. Porphyre à base de pechstein.*

Pechstein porphyre de Werner.

Ce porphyre est composé d'une espèce de pechstein dans lequel sont noyés des cristaux de feldspath.

Les minéralogistes italiens et français regardent ce pechstein comme une lave vitreuse, ainsi que nous le dirons.

XIème *espèce. Porphyre calcaire.*

Cristaux de feldspath noyés dans une pâte calcaire.

On en trouve à la montagne du Bonhomme dans les Alpes.

Mais cette espèce devroit peut-être rentrer dans les porphyroïdes, parce que sa pâte n'est pas siliceuse.

Des Porphyres décomposés.

Thon porphyr de Werner.
Porphyre argileux.

Les porphyres peuvent se décomposer comme les granits; ce qui donne de nouvelles variétés de porphyres.

Si la décomposition est entière, on a une véritable argile porphyrique, dans laquelle on distingue encore de petites parcelles de feldspath et de quartz : c'est une espèce de *kaolin* ou de *petunzé.*

Thon porphyr de Werner.

Mais si la décomposition n'est pas entière, le porphyre ainsi décomposé a encore la consistance pierreuse. Sa dureté peut même être assez considérable pour donner des étincelles avec le briquet ; néanmoins il a déjà un aspect argileux ; ce qui l'a fait nommer par Werner *thon-porphyr* ou porphyre argileux.

Graunstein de Werner.

Le graunstein est une variété du thon porphyr. C'est une espèce d'argile ou de kaolin dans lequel on distingue encore des cristaux de feldspath qui passent également à l'état terreux. Il contient quelquefois des grenats.

J'ai observé souvent des porphyres et même des granits, particulièrement dans les montagnes du Beaujolais, qui n'ont jamais acquis une certaine dureté ; ils cèdent sous la pointe du pic, et ils se réduisent en une espèce de grès dont on se sert dans le pays pour faire du mortier, en le mêlant, comme le grès, avec la chaux. On y distingue des cristaux de feldspath entiers.

On ne peut pas dire que ces granits ou porphyres soient décomposés. Il est plus vraisemblable que jamais ces roches n'ont eu plus de dureté ; on passe même de morceaux très-tendres à des morceaux très-durs.

DEUXIÈME GENRE.

Des Amygdaloïdes.

Saxum glandulosum de Wallerius.
Mandelstein des Allemands.

L'amygdaloïde (1) est composé d'une pâte quelconque

---

(1) Amygdaloïde, Mandelstein, pierres d'amandes, parce qu'on a comparé cette roche à une pâte dans laquelle sont noyées des amandes.

dans laquelle se trouvent des noyaux glanduleux arrondis, *cristallisés confusément*, qu'on a comparés à des glandes ou noyaux d'amandes noyés dans une pâte. L'amygdaloïde varie à raison de la pâte, et à raison de la nature du noyau.

Ière *espèce. Amygdaloïde téphrinique.*

1 *var.* Amygdaloïde à base téphrinique cendrée, avec des noyaux calcaires blancs.

  Variolite du Drac.
  Ttrad-stone des Anglais.

2 *var.* Amygdaloïde à pâte téphrinique cendrée, avec noyaux calcaires bleuâtres, du val Godmar en Dauphiné.

3 *var.* Amygdaloïde à pâte téphrinique cendrée, et noyaux calcaires blancs, d'Oberstein.

4 *var.* Amygdaloïde téphrinique (wake de Werner) avec noyaux d'agathe, d'Oberstein.

<h2 style="text-align:center">TROISIÈME GENRE.</h2>
<h3 style="text-align:center">Des Variolites.</h3>

On donne le nom de variolites à des roches dans lesquelles on observe des noyaux qui ont quelque ressemblance avec les noyaux de la petite vérole (*variola*). Ces noyaux sont ordinairement de la même nature que la pâte, et cristallisés avec elle.

Il y a plusieurs espèces de variolites.

Ière *espèce. Variolite petro-siliceuse.*

1 *var.* Pâte brunâtre petro-siliceuse, et noyaux de la même substance, de Corse.

IIème *espèce. Variolite hornblendique.*

1 *var.* Hornblende et quartz.

Granit œillé de Corse.

On doit regarder cette singulière substance comme une espèce de variolite, puisqu'elle se divise en noyaux plus ou moins volumineux.

Rampase a trouvé en Corse plusieurs variétés de ces roches globuleuses ou variolites.

2 *var.* Variolite hornblendique et noyaux de grenat.

IIIème *espèce. Variolite à base de varioline.*

1 *var.* Variolite de la Durance.

Pâte varioline verdâtre. Noyaux de la même substance, d'un vert plus clair.

Cette variolite se trouve sur les bords de la Durance.

IVème *espèce. Variolite argileuse.*

1 *var.* Pâte silico-schisteuse, ou un schiste (thon schief-fer) avec des noyaux de hornblende.

Vème *espèce. Variolite magnésienne.*

1 *var.* Mica feuilleté, et noyaux d'hornblende, des Py-rénées.

QUATRIÈME GENRE.

Les porphyro-amygdaloïdes sont des porphyres qui sont en même temps amygdaloïdes. Il y en a différentes espèces.

Ière *espèce. Porphyro-amygdaloïde petro-siliceux, avec noyaux de spath calcaire.*

1 *var.* Porphyre rougeâtre à base de petro-silex, avec noyaux calcaires blancs, de Giromagny.

IIème *espèce. Porphyro-amygdaloïde ophitique.*

1 *var.* Ophite avec des noyaux d'agathe, d'Oberstein.

IIIème *espèce. Porphyro-amygdaloïde tephrinique, avec des noyaux calcaires.*

1 *var.* Porphyro-amygdaloïde à base de téphrine, d'une couleur cendrée foncée, contenant des cristaux de feldspath blanc et des noyaux arrondis de spath calcaire blanc, d'Oberstein.

2 *var.* Porphyro-amygdaloïde d'un gris rougeâtre, avec cristaux de feldspath et noyaux calcaires, d'Oberstein.

3 *var.* Porphyro-amygdaloïde téphrinique gris, avec des noyaux d'agathe.

CINQUANTE-CINQUIÈME LEÇON.

Des Porphyroïdes des terrains primitifs.

Je donne le nom de porphyroïdes à des roches composées d'une pâte dans laquelle sont noyées des substances cristallisées qui ne sont point des feldspaths. Ces roches sont très-nombreuses, et varient à raison de la nature de la pâte et de celle des cristaux qui y sont contenus.

Nous avons différentes variétés de porphyroïdes.

Porphyroïdes quartzeux.
Porphyroïdes alumineux.
Porphyroïdes magnésiens.
. . . .
Porphyroïdes calcaires.
. . . .

PREMIÈRE SOUS-DIVISION.

Des Porphyroïdes quartzeux.

Les porphyroïdes quartzeux ou siliceux sont des roches empâtées cristallisées, dont la pâte est quartzeuse ou siliceuse et qui contiennent des cristaux qui ne sont pas des feld-spaths. On en a plusieurs variétés.

1 *var.* Quartz et tourmaline.

J'ai des cristaux de quartz demi-opaques qui contiennent de gros cristaux de tourmaline.

2 *var.* Quartz et grenat.

3 *var.* Quartz et ruthil.

On connoît ces beaux cristaux de quartz traversés par de petits prismes de ruthil ou schorl rouge, souvent très-longs, et toujours en ligne droite.

Quelquefois ces ruthils forment des réseaux cristallisés au milieu du quartz : c'est ce que Saussure a appelé *sagenites.*

IIᵉ SOUS-DIVISION.

Des Pierres alumineuses agrégées empâtées, ou *des Porphyroïdes alumineux.*

On a plusieurs variétés de ces porphyroïdes.

PREMIER GENRE. Porphyroïdes argileux.
Schiste argileux et grenat.

IIᵉᵐᵉ GENRE. Porphyroïdes argileux hornblendiques.

1 *var.* Schiste argileux (thon schieffer) et hornblende.

2 *var.* Schiste argileux (thon schieffer) et crucite.

3 *var.* Schiste argileux (thon schieffer) et mica.

Se trouve aux Aiguilles rouges, chaîne du Montblanc.

4 *var.* Schiste et fer octaèdre.

IIIᵉ SOUS-

IIIᵉ SOUS - DIVISION.

Des Pierres magnésiennes agrégées empâtées, ou des Porphyroïdes magnésiens.

Les pierres magnésiennes agrégées empâtées sont assez communes; elles varient à raison de la pâte, et à raison des pierres empâtées. Ces dernières peuvent être

Quartzeuses,
Magnésiennes,
Argileuses,
Calcaires....

La pâte peut également varier, à raison de la quantité de magnésie qu'elle contient. Nous aurons donc plusieurs variétés de ces roches.

PREMIER GENRE. Porphyroïde à base de mica feuilleté.

1 *var.* Mica feuilleté (glimmer schieffer) et grenat.

2 *var.* Mica feuilleté (glimmer schieffer) et tourmaline du Tyrol.

3 *var.* Mica feuilleté (glimmer schieffer) et hornblende.

IIème GENRE. Porphyroïde à base de talc.

1 *var.* Talc et bitterspath, du Zillerthal.

IIIème GENRE. Porphyroïde à base de talcite.

1 *var.* Talcite et grenat, du St.-Gothard.

2 *var.* Talcite et staurolite, du St.-Gothard.

IVème GENRE. Porphyroïde à base de stéatite.

1 *var.* Stéatite et asbestoïde, du Zillerthal.

2 *var.* Stéatite et tourmaline.

3 *var.* Stéatite et cyanite.

Vème GENRE. Porphyroïde à base de chlorite.

1 *var.* Chlorite feuilletée (chlorite schieffer) et tourmaline, du Zillerthal.

VIème GENRE. Porphyroïde à base de l'hémanite.

1 *var.* Vert de Corse, *verde di Corsica.*
Smaragdite et lémanite.

VIIème GENRE. Porphyroïde à base de smaragdite.
Smaragdite et talc.

VIIIème GENRE. Porphyroïde à base de serpentine.
Serpentine qui sert de pâte à différentes substances cristallisées.

Serpentinite.

1 *var.* Serpentine et cristaux de talc.
2 *var.* Serpentine et miroitante.
3 *var.* Serpentine et fer oxidé cristallisé.

La plupart des serpentines sont des porphyroïdes qui contiennent d'autres substances cristallisées. Je donne à ces porphyroïdes le nom de *serpentinites.*

4 *var.* Serpentine et pierre calcaire.

Polzevera

On appelle polzevera (1) une serpentine mélangée avec de la pierre calcaire blanche, ou marbre blanc qui y forme différentes veines.

a Polzevera vert, avec de grandes veines de marbre blanc.

b Polzevera vert et d'un rouge-brun, avec des veines de marbre blanc.

______

(1) *Polzevera* se trouve dans la rivière de Gênes, et a donné son nom à cette espèce de pierres.

4 *var.* Quelques variétés de vert antique peuvent être placées parmi les porphyroïdes magnésiens.

Ces *serpentinites* ou porphyroïdes magnésiens sont extrêmement abondans dans la Ligurie.

IVᵉ SOUS – DIVISION.

Des Pierres calcaires agrégées empâtées, ou *des Porphyroïdes calcilites.*

On a plusieurs belles variétés de pierres calcaires agrégées empâtées ; elles diffèrent à raison de la nature des pierres empâtées, qui peuvent être

Quartzeuses,
Argileuses,
Magnésiennes.

. . . .

Je vais en indiquer quelques variétés.

PREMIER GENRE CALCAIRE.

1 *var.* Calcaire et adulaire, de la montagne du Bon-homme.

2 *var.* Calcaire et talc ou mica.
Marbre cypolin.

3 *var.* Calcaire et grenat.
Cette variété est très-commune aux Pyrénées.

4 *var.* Dolomie et trémolite.
Très-commune au mont Tremola.

5 *var.* Calcaire et hornblende, *tillite.*

C'est un marbre rosacé qui contient des cristaux de hornblende et noyés dans la pâte du marbre. Sa cassure a l'aspect du petrosilex.

Il se trouve auprès de Till en Ecosse ; c'est pourquoi je l'ai appelé *tillite.*

DEUXIÈME GENRE GYPSEUX.

6 var. Gypse et mica vert.

C'est un beau gypse verdâtre contenant des cristaux de mica vert. Il forme une espèce d'aventurine, qui se trouve dans la haute Egypte.

TROISIÈME GENRE FLUORIQUE.

1 *var.* Fluor et quartz.

QUATRIÈME GENRE APPATITIQUE.

1 *var.* Appatit et quartz.

Vᵉ SOUS-DIVISION.

Des Pierres barytiques empâtées, ou des Porphyroïdes barytiques.

Les porphyroïdes barytiques sont des roches dont les pierres barytiques servent de pâte, et qui contiennent d'autres substances cristallisées noyées dans cette pâte, qui les empâte. Il y en a deux genres.

PREMIER GENRE WITHERITIQUE.

La witherite enveloppe quelquefois d'autres substances.

DEUXIÈME GENRE BARYTIQUE.

Iᵉʳᵉ *espèce. Barytite et antimoine.*

Des cristaux d'antimoine de Hongrie se trouvent souvent enveloppés par du spath pesant qui leur sert de pâte.

La même chose s'observe dans plusieurs autres filons métalliques.

VIᵉ SOUS-DIVISION.

Des Pierres strontianiques empâtées, ou *des Porphyroïdes strontianiques.*

Les porphyroïdes strontianiques sont des roches dont les pierres strontianiques servent de pâte à d'autres substances cristallisées. Il y en a deux genres.

PREMIER GENRE STRONTIANIQUE.

Iᵉʳᵉ *espèce. Porphyroïde à base de strontianite.*
Le carbonate de strontiane enveloppe quelquefois d'autres substances.

DEUXIÉME GENRE CÉLESTINIQUE.

Iᵉʳᵉ *espèce. Porphyroïdes à base de célestine.*
Le sulfate de strontiane du val de Mazzara enveloppe quelquefois du soufre, du gypse.

VIIᵉ SOUS-DIVISION.

Des Pierres zirconiques agrégées empâtées, ou *des Porphyroïdes zircóniens.*

Les porphyroïdes zirconiques sont des roches dont les pierres zirconiques serviroient de pâte à d'autres substances cristallisées. Nous n'en connoissons pas encore.

VIIIᵉ SOUS-DIVISION.

Des Pierres gluciniques agrégées empâtées, ou *des Porphyroïdes gluciniques.*

Les porphyroïdes gluciniques sont des roches dont les pierres gluciniques servent de pâte à d'autres substances cristallisées.

1 *var.* Les émeraudes qui empâtent certains cristaux.

IXe SOUS - DIVISION.

Des Pierres gadoliniques agrégées empâtées, ou
des Porphyroïdes gadoliniques.

Les porphyroïdes gadoliniques seroient des roches dont
les pierres gadoliniques servent de pâte à d'autres substances cristallisées.

Nous n'en connoissons pas.

Xe SOUS – DIVISION.

Des Substances sulfureuses agrégées empâtées, ou
des Porphyroïdes sulfureux.

Les porphyroïdes sulfureux sont des roches dont le
soufre sert de base à d'autres substances cristallisées.

Au val de Mazzara on trouve dans les soufres des
cristaux de sélénite, des sulfates de strontiane...

XIe SOUS – DIVISION.

Des Roches d'antracite agrégées empâtées, ou *des
Porphyroïdes d'antracite.*

Les porphyroïdes d'antracite sont des roches dont
l'antracite sert de pâte à d'autres substances cristallisées,
comme à des quartz, à des granits...

XIIe SOUS – DIVISION.

Des Roches métalliques agrégées empâtées, ou *des
Porphyroïdes métalliques.*

Les substances métalliques servent souvent de pâte à
d'autres substances cristallisées, ou ces mêmes substances
métalliques sont noyées dans d'autres pâtes.

*I*ère *espèce. Substances métalliques noyées dans une pâte schisto-siliceuse.*

Les cristaux de fer octaèdre se trouvent souvent dans des schistes.

*II*ème *espèce. Substances métalliques noyées dans une pâte magnésienne.*

Fer octaèdre noyé dans de la chlorite du Zillerthal.

*III*ème *espèce. Substances métalliques noyées dans une pâte calcaire.*

Le cuivre natif se trouve en Sibérie, noyé dans une pâte calcaire.

On a proposé de donner des noms particuliers à toutes ces roches, les granits et granitoïdes, les porphyres et porphyroïdes. Ce seroit peut-être donner trop d'étendue à la nomenclature minéralogique ; néanmoins cela seroit fort utile.

CINQUANTE - SIXIÈME LEÇON.

IIIe SOUS - DIVISION.

Des Pierres agrégées agglutinées des terrains primitifs.

Les pierres agrégées agglutinées sont composées de débris d'autres pierres, lesquels débris ont été agglutinés par un ciment quelconque. Leur formation est par conséquent postérieure à celle des autres pierres.

Je les divise en trois grandes sections.

1°. Les brèches.

2°. Les pouddings.

3°. Les grès.

Les brèches sont composées de pierres agglutinées dont les fragmens sont anguleux.

Les pouddings sont composés de pierres agglutinées dont les fragmens ont été roulés et arrondis.

Les grès primitifs.

Ces brèches et ces pouddings varient, et à raison de la nature des pierres agglutinées, et à raison de la nature du ciment qui les agglutine.

Je leur donne le nom du ciment agglutinateur. Lorsque, par exemple, ce ciment est quartzeux, j'appelle ces pierres brèches ou pouddings quartzeux, quelle que soit d'ailleurs la nature des pierres qui sont liées par ce ciment.

Mais pour indiquer la nature de la pierre agglutinée, je placerai son nom avant celui du ciment. J'appellerai, par exemple, brèche silico-quartzeuse celle qui est composée de pierres siliceuses réunies par un ciment quartzeux.

On aura donc dans la première division,

Brèche quartzeuse,
Brèche argileuse,
Brèche magnésienne,
Brèche calcaire,
Brèche barytique...,
Poudding quartzeux,
Poudding argileux,
Poudding magnésien,
Poudding calcaire,
Poudding barytique...

Chacun de ces genres sera ensuite sous-divisé à raison de la nature de la pierre agglutinée.

La pesanteur, la dureté... et les autres qualités de ces brèches et de ces pouddings ne peuvent être déterminées;

elles dépendent de la nature de la pierre agglutinée et de celle du ciment agglutinateur, ainsi que de sa quantité, proportionnellement aux pierres agglutinées.

Nous allons seulement indiquer ces roches, dont des descriptions détaillées seroient ici déplacées.

PREMIÈRE SECTION.

Des Brèches des terrains primitifs.

PREMIÈRE SOUS – DIVISION.

Des Brèches dont les pierres agglutinées et le ciment sont de nature siliceuse.

Ces brèches sont composées de pierres de nature siliceuse, et le ciment est également siliceux, ou d'autre nature.

Ière espèce. *Brèches composées de pierres siliceuses, agglutinées par un ciment siliceux.*

1 *var.* Brèche primitive d'Egypte.

Elle est composée de diverses pierres primitives argileuses, telles que quartz, granits...., agglutinés par un ciment siliceux; elle est très-dure et reçoit un beau poli.

J'ai trouvé un grand nombre de brèches semblables dans les montagnes primitives auprès de la Claitte, telles que la montagne de Dun, les bois de Thel...

IIème espèce. *Brèches composées de pierres siliceuses, agglutinées par un ciment qui n'est pas siliceux.*

IIIème espèce. *Brèches composées de pierres qui ne sont pas siliceuses, agglutinées par un ciment siliceux.*

IIᵉ SOUS – DIVISION.

Des Brèches argileuses.

Grauwacke de Werner. Variété.

Ces brèches sont composées de pierres de nature argileuse, et le ciment est également argileux, ou n'est pas argileux.

Iᵉʳᵉ *espèce. Brèches composées de pierres argileuses, telles que schistes, agglutinées par un ciment argileux ordinairement schisteux.*

IIᵉᵐᵉ *espèce. Brèches composées de pierres argileuses, agglutinées par un ciment qui n'est pas argileux.*

IIIᵉᵐᵉ *espèce. Brèches composées de pierres qui ne sont pas argileuses, agglutinées par un ciment argileux.*

IIIᵉ SOUS – DIVISION.

Des Brèches magnésiennes.

Brèches magnésiennes.
Grauwacke de Werner. Variété (1).

Les brèches magnésiennes sont composées de pierres silico-magnésiennes roulées, et agglutinées par un ciment quelconque.

On connoît plusieurs variétés de ces brèches.

Iᵉʳᵉ *espèce. Brèches composées de pierres magnésiennes, agglutinées par un ciment magnésien.*

IIᵉᵐᵉ *espèce. Brèches composées de pierres magnésiennes, agglutinées par un ciment qui n'est pas magnésien.*

---

(1) *Grauwacke*, c'est-à-dire, substance en grains, grise.

III**ème** *espèce. Brèches composées de pierres qui ne sont pas magnésiennes, agglutinées par un ciment magnésien.*

Ces espèces de brèches sont la véritable *grauwacke* de Werner, laquelle est composée ordinairement de morceaux de schistes argileux (thon schieffer) et de quartz, agglutinés par un mica schisteux (glimmer schieffer).

J'en ai trouvé un grand nombre dans les montagnes d'Ajou.

Brochant en a également beaucoup vu dans la Tarantaise.

IVe SOUS-DIVISION.

Des Brèches calcaires.

On trouve dans les terrains primitifs quelques brèches calcaires. Il y en a également plusieurs variétés.

I**ère** *espèce. Brèches composées de pierres calcaires, agglutinées par un ciment calcaire.*

II**ème** *espèce. Brèches composées de pierres calcaires, agglutinées par un ciment qui n'est pas calcaire.*

III**ème** *espèce. Brèches composées de pierres qui ne sont pas calcaires, agglutinées par un ciment calcaire.*

Ve SOUS-DIVISION.

Des Brèches barytiques.

Ces brèches sont composées de pierres barytiques, agglutinées par un ciment barytique ou non barytique.

Il y en a plusieurs variétés.

I**ère** *espèce. Brèches composées de pierres barytiques, agglutinées par un ciment barytique.*

II**ème** *espèce. Brèches composées de pierres barytiques, agglutinées par un ciment qui n'est pas barytique.*

1 *var*. Brèche composée de barytite, agglutinée par un un ciment calcaire des montagnes du bourg d'Oisans, au pied des petites Rousses, observée par Cordier.

IIIème epèce. Brèches composées de pierres qui ne sont pas barytiques, agglutinées par un ciment barytique.

VIe SOUS - DIVISION.

Des Brèches strontianiques.

Ces brèches sont composées de pierres strontianiques, agglutinées par un ciment strontianique ou non strontianique. On en a autant d'espèces que de brèches barytiques.

VIIe SOUS - DIVISION.

Des Brèches zirconiques.

Ces brèches seroient composées de pierres zirconiques, agglutinées par un ciment zirconique. Les observateurs n'en ont pas décrit.

VIIIe SOUS-DIVISION.

Des Brèches gluciniques.

Ces brèches sont composées de pierres gluciniques, agglutinées par un ciment glucinique ou non glucinique.

IXe SOUS-DIVISION.

Des Brèches yttriennes.

Ces brèches seroient composées de pierres yttriennes, agglutinées par un ciment gadolinique yttrien ou non yttrien. Les observateurs n'en ont pas décrit.

Xᵉ SOUS-DIVISION.

Des Brèches de soufre.

Ces brèches seroient composées de morceaux de soufre, agglutinés par une pâte sulfureuse.

XIᵉ SOUS-DIVISION.

Des Brèches d'antracite.

Ces brèches seroient composées d'antracite, agglutinées par une pâte d'antracite ou d'autres substances.

XIIᵉ SOUS-DIVISION.

Des Brèches métalliques.

Ces brèches sont composées de masses métalliques concassées, agglutinées par un ciment métallique ou non métallique.

On en connoît plusieurs variétés.

SECONDE SECTION.

Des Pouddings des terrains primitifs.

PREMIÈRE SOUS-DIVISION.

Des Pouddings primitifs composés des pierres siliceuses.

Ces pouddings sont assez communs dans les terrains primitifs.

Iᵉʳᵉ *espèce. Pouddings composés de pierres de nature quartzeuse, agglutinées par un ciment de la même nature.*

1 *var.* Pouddings primitifs de la Valorsine. Je les ai vus.

Saussure en a donné une bonne description.

Les pouddings des terrains primitifs sont composés de pierres siliceuses quelconques, roulées et agglutinées par un ciment quelconque.

IIème *espèce. Pouddings siliceux composés de calcédoines ou d'agathes, agglutinées par un ciment calcédonien.*

1 *var.* Silex en partie transparens, agglutinés par un ciment siliceux, d'Oberstein.

2 *var.* Silex opaques, agglutinés par un ciment siliceux, d'Oberstein.

IIIème *espèce. Pouddings jaspeux composés de jaspes roulés, agglutinés par un ciment de jaspe.*

On en trouve en Bretagne.

IIe SOUS-DIVISION.

Des Pouddings argileux.

Les pouddings argileux sont composés de pierres argileuses roulées, agglutinées par une pâte argileuse ou non argileuse. Cette pâte est le plus souvent schisteuse.

IIIe SOUSDIVISION.

Des Pouddings magnésiens.

Les pouddings magnésiens sont composés de pierres magnésiennes, telles que serpentines, stéatites roulées, et agglutinées par un ciment magnésien ou non magnésien.

IVe SOUS-DIVISION.

Des Pouddings calcaires.

Les pouddings primitifs calcaires sont composés de pierres calcaires primitives roulées et agglutinées par un ciment calcaire ou non calcaire.

Il y en a plusieurs variétés.

Ve SOUS-DIVISION.

Des Pouddings barytiques.

Les pouddings barytiques seroient composés de la même manière que ceux dont nous venons de parler ; mais je n'en ai pas vus.

VIe SOUS-DIVISION.

Des Pouddings strontianiques.

Les pouddings strontianiques seroient composés de la même manière que ceux dont nous venons de parler ; mais je n'en ai pas vus.

VIIe SOUS-DIVISION.

Des Pouddings Zirconiens.

Il en faut dire autant des pouddings zirconiens.

VIIIe SOUS-DIVISION.

Des Pouddings gluciniques.

La même chose auroit lieu pour les pouddings gluciniques.

IXe SOUS-DIVISION.

Des Pouddings gadoliniques.

Il en seroit de même des pouddings gadoliniques.

Xe SOUS-DIVISION.

Des Pouddings sulfureux.

Les pouddings sulfureux offriroient les mêmes phénomènes.

XIᵉ SOUS-DIVISION.

Des Pouddings d'antracite.

Il peut y avoir des pouddings d'antracite.

XIIᵉ SOUS - DIVISION.

Des Pouddings métalliques.

Il existe des pouddings métalliques.

TROISIÈME SECTION.

Des Grès des terrains primitifs.

Grès primitifs de Saussure.

Les grès primitifs sont des agrégations ou réunions de substances quelconques en petites parcelles, agglutinées par un ciment quelconque. Ils ne sont pas bien communs dans les terrains primitifs.

1 *var.* Grès agglutinés par un ciment quartzeux.

Tous les grès qu'on trouve dans les terrains primitifs sont ordinairement agglutinés par un ciment quartzeux. « C'est encore là un fait remarquable, dit Saussure » (*Voyage dans les Alpes*, § 699), que tandis que les » grès et les pouddings des collines et des montagnes de » nouvelle formation ont presque tous pour gluten une » matière calcaire, ceux qui l'ont trouvé immédiatement » sur les rocs primitifs, dans l'intervalle qui sépare ceux- » ci des premiers rocs secondaires, sont liés par un gluten » quartzeux. »

Il avoit déjà dit (§ 594) : « C'est un fait bien impor- » tant, à ce que je crois, à la théorie de la Terre, et qui » pourtant n'avoit point encore été observé, que presque » toujours,

» toujours , entre les dernières couches secondaires et les
» premières primitives on trouve des bancs de grès et de
» pouddings... »

On voit que Saussure a observé, comme Werner, ces
pouddings entre les dernières couches secondaires et les
premières primitives. Ce sont les *terrains de transition*
de Werner.

Ces grès ne sont pas composés de sablon quartzeux,
comme les grès des terrains secondaires; ce sont des
pouddings réduits en très-petites portions, et réunies
par un ciment quartzeux. J'en ai trouvé dans la montagne
d'Ajou.

Grès pliant du Brésil.

C'est un grès feuilleté qui contient des lames très-minces
d'un quartz feuilleté ; il est très-pliant. On en a des tables
assez grandes.

On le trouve au Brésil proche le lieu d'où on retire les
diamans, à Villa-Ricca, province de Minas-Geraës.

Klaproth en a retiré,

Silice.......................	96
Alumine....................	2
Fer oxidé..................	1

Cette analyse prouve que ce grès ne contient point
de mica, comme on l'avoit cru, puisqu'il n'y a point
de magnésie.

2 *var.* Grès provenant de granits, de porphyres.....
Dans plusieurs endroits, comme dans les montagnes
du Beaujolais, du Mâconnais..., on donne le nom de
grès à des granits ou porphyres tendres, soit qu'ils soient
en partie décomposés, soit qu'ils n'aient pas acquis la

2. 31

dureté nécessaire. Ils cèdent sous l'effort de la pointe d'un pic, et se réduisent en une espèce de sablon dont on se sert pour faire du mortier; mais lorsque cette espèce de grès demeure quelque temps exposée à l'air, le feldspath, qui y est très abondant, se décompose, forme une espèce de kaolin, et passe à l'état argileux.

Je ne donne point des descriptions étendues de ces brèches, pouddings et grès des terrains primitifs, parce que ces détails doivent être plutôt l'objet des descriptions particulières de certains cantons circonscrits.

Observations sur les Pierres agrégées.

Les granits et les granitoïdes , les porphyres et les porphyroïdes constituent la presque-totalité des terrains primitifs, en y comprenant les substances métalliques qui s'y rencontrent. On suppose donc qu'ils forment toute la masse du globe.

On observe cependant dans ces terrains quelques masses de pierres homogènes, telles que diverses espèces de schistes, des serpentines, des stéatites, des calcaires (primitifs), des gypses (primitifs)..., mais ils y sont en bien petite quantité, proportionnellement aux granits, aux porphyres....

Quant aux brèches, aux pouddings et aux grès primitifs, ils y sont peu abondans.

La densité de l'intérieur du globe, que divers faits prouvent être environ deux fois plus considérable que celle des substances qui composent sa surface, lesquelles sont environ trois fois plus denses que l'eau, fait présumer, comme je l'ai prouvé, Théorie de la Terre, tom. III , qu'il y a dans cet intérieur du globe beaucoup de substances métalliques.

Les phénomènes magnétiques font également supposer qu'il y a dans cet intérieur de grandes masses de fer magnétique, surtout le long de l'axe.

Les terrains secondaires, les volcaniques et ceux d'alluvion ne font qu'une portion extrêmement petite de la masse du globe.

CINQUANTE-SEPTIÈME LEÇON.

Promenade lithologique dans les crayères de Meudon, en remontant jusqu'aux plaines de Montrouge.

J'ai dit ci-devant (pag. xj de l'*Introduction*, tom. 1), que pour acquérir des connoissances vraies sur la connoissance des minéraux, il falloit voir les objets ; c'est pourquoi je porte à mes leçons les minéraux de ma collection, qui en sont toujours plus ou moins dégradés.

C'est par la même raison que je conduis mes élèves dans les environs de Paris, pour leur faire observer sur les lieux les différentes substances qui s'y trouvent (1). Ces promenades *lithologiques* les intéressent beaucoup, et sont suivies même par ceux qui n'assistent pas aux leçons. Je vais donner une notice des terrains que nous parcourons.

La première de ces promenades est dans les carrières de craie qui se trouvent au bas de Meudon, au-dessus de la verrerie de Sèvres. Ces couches de craie forment

______

(1) Valmont de Bomare conduisoit également ses élèves aux environs de Paris.

le terrain le plus bas des environs de Paris. Il y a plusieurs galeries ouvertes dans ces masses de craie pour en extraire celle qu'on vend dans le commerce. L'ouverture de ces galeries est environ de vingt à trente mètres au-dessus du niveau moyen des eaux de la rivière. Ces galeries sont prolongées horizontalement dans la masse de la craie, à plus de cent mètres sous la montagne, et quoique leur largeur soit souvent de cinq à six mètres, elles ne sont pas étayées.

Cette craie n'est pas pure (1), et contient beaucoup de parties grossières hétérogènes, qu'on en sépare en la délayant dans de grands vases pleins d'eau : ces parties grossières se précipitent.

On observe dans la masse de la craie des gros silex arrondis en rognons anguleux ; ils forment des espèces de couches non continues, éloignées de deux à trois mètres les unes des autres. Dans une de ces couches, le silex y forme une espèce de couche aplatie presque continue. Les ouvriers donnent le nom de *plaquette* à ce silex ainsi aplati.

Cette craie contient un grand nombre de coquilles fossiles, qui sont,

1°. Des oursines (spatangues, ananchites) ;
2°. Des bélemnites ;
3°. Des pinnes-marines ;
4°. Des huîtres.

. . . .

Quelques-unes de ces coquilles, telles que les oursins, sont converties en silex très-pur ; les autres sont remplies de craie,

---

(1) Nous avons donné ci-devant pag. 350, tom. II, l'analyse de cette craie.

La profondeur de ces couches de craie n'est pas connue, mais elle s'étend au-dessous du niveau de la rivière, comme l'indique un puits qui y est creusé à plus de vingt à vingt-cinq mètres de profondeur.

Au-dessus des couches de craie se trouvent les couches d'argile dont nous allons parler.

Au-delà de la rivière sont les plaines d'Issy, de Grenelle, des Sablons..., traversées par la rivière. Elles sont, comme on le voit, de terrains d'alluvion composés, dans la sablonnière de Vaugirard, de pierres roulées, arrondies, dont la plupart sont des silex détachés des couches de craie supérieures, comme à Nemours, Montargis....

On y trouve aussi des morceaux de granit, de porphyre... apportés par l'Yonne, du côté d'Avalon, de Saulieu...

Ces cailloux roulés s'étendent sous une partie du sol de Paris, comme on le voit dans les sablonnières ouvertes au bas de Ménilmontant....

Je les ai observés sous la rue Saint-Nicaise, lorsqu'on y a creusé les fondations de la nouvelle galerie; mais au-dessous de cette rue, du côté du château des Tuileries, on trouve une argile jaunâtre sur laquelle est bâtie cette partie du château, ainsi que la rue de Rivoli, les Feuillans......

Dans le bassin même de la rivière, il se trouve beaucoup d'arbres fossiles entassés, qu'on observe dans les basses eaux; ils y ont été chariés par la rivière.

Ces cailloux roulés forment une épaisseur au moins de vingt à trente mètres, comme on l'a observé en creusant le puits de l'Ecole-Militaire.

Au-dessus de la craie sont des couches d'une argile assez pure, qu'on extrait derrière Vaugirard, par des puits qui ont environ vingt-cinq mètres de profondeur. Plusieurs de mes élèves y sont descendus, et m'ont dit, ainsi que les ouvriers, que les couches d'argile ont environ dix à onze mètres d'épaisseur. Ces couches d'argile y sont entremêlées de couches d'un sablon grisâtre......

L'argile y est d'un gris bleuâtre, très-tenace....; elle sert à Paris pour faire des fourneaux....; on la mélange avec de la poussière de charbon, pour empêcher qu'elle se fende.

On y trouve des pyrites.

J'y ai aussi observé des *cristaux de sélénite ou gypse.*

Enfin il y a des bois fossiles qui commencent à se bituminiser.

Ces bois fossiles sont assez abondans au pied du mont Valérien (Calvaire), au-dessus de Ruelle, pour avoir engagé une compagnie à y creuser un puits très-profond, y établir une pompe à feu, croyant y trouver du charbon de terre; mais ses espérances furent trompées.

Au-dessus des argiles sont de grandes couches de pierres calcaires qui s'étendent jusqu'aux plaines de Montrouge et de l'Observatoire; elles sont remplies de coquilles, qui sont les mêmes que celles qu'on trouve à Grignon, au nombre de cinq ou six cents, et entièrement différentes de celles des crayères : ce sont des cérites, des corbules, des cardium.....

En remontant des crayères, derrière le parc d'Issy, et bien au-dessus des argiles, on voit une petite carrière dont on retire de la pierre calcaire très-coquillière; on y trouve un petit banc de silex en grandes couches aplaties, comme la *plaquette* des crayères, et qui contient une grande quantité de coquilles, principalement des cérites silicifiées. C'est la seule de cette nature qu'on connoisse aux environs de Paris.

Au-dessus de Montrouge, du côté de Châtillon, est une carrière de sablon qui contient beaucoup de coquilles et du *mica jaune* en petites paillettes. Ce mica se retrouve dans les bois de Versailles.... Il paroît avoir été apporté par les eaux de l'Yonne, des montagnes granitiques de la Bourgogne. Il y a dix ans que j'en fais voir dans mes leçons.

Entre Montrouge et l'Observatoire, la plaine est couverte de cailloux roulés, comme ceux de la Sablonnière, de Vaugirard.

Je fais observer à mes élèves que ces cailloux n'ont pu y être apportés que comme ceux de la Sablonnière, par des courans qui, à cette époque, couloient à la hauteur de cent quarante pieds environ au-dessus du niveau actuel de la Seine.

On trouve de ce côté méridional de la rivière, à Châtillon, au-dessus de Bicêtre, à Antoni...., quelques couches de gypse, mais bien différentes de celles de Montmartre.

CINQUANTE-HUITIÈME LEÇON.

QUATRIÈME DIVISION.

Des Pierres agrégées cristallisées des terrains secondaires.

Les terrains secondaires sont composés presqu'uniquement de calcaire, de gypse, de schistes, de houille......, et autres substances homogènes ; cependant on y trouve une très-petite quantité de roches ou pierres agrégées.

Les premiers genres de ces pierres sont les roches agrégées par cristallisation.

PREMIÈRE SOUS-DIVISION.

Des Granitoïdes quartzeux.

1 *var.* Quartz et calcaire cristallisés, se trouvent à Neuilly, proche Paris, en très-petite quantité.

IIe SOUS-DIVISION.

Des Granitoïdes argileux.

Schiste et calcaire.

IIIe SOUS-DIVISION.

Des Granitoïdes magnésiens.

Magnésie carbonatée et calcaire.

IVe SOUS-DIVISION.

Des Granitoïdes calcaires.

1 *var.* Calcaire et gypse.
2 *var.* Gypse et boracite.

Ve SOUS-DIVISION.

Des Granitoïdes barytiques.

VIe SOUS-DIVISION.

Des Granitoïdes strontianiques.

1 *var.* Strontianite et calcaire des environs de Paris.

VIIe SOUS-DIVISION.

Des Granitoïdes zirconiques.

Il n'y en a point de connus.

VIII SOUS-DIVISION.

Des Granitoïdes gluciniques.

Il n'y en a point de connus.

IX SOUS-DIVISION.

Des Granitoïdes gadoliniques.

Il n'y en a point de connus.

X SOUS-DIVISION.

Des Granitoïdes sulfureux.

1 *var.* Soufre cristallisé et gypse, se trouvent en Sicile au val de Mazzara.

XI SOUS-DIVISION.

Des Granitoïdes bitumineux.

1 *var.* Bitume et calcaire.

XII SOUS-DIVISION.

Des Granitoïdes métalliques.

1 *var.* Galène et calcaire secondaire.
Il y a plusieurs de ces granitoïdes.

XIII SOUS-DIVISION.

Des Granitoïdes salins.

1 *var.* Sel gemme cristallisé et calcaire.
2 *var.* Sel gemme cristallisé et gypse.

CINQUIÈME DIVISION.

Des Pierres agrégées empâtées des terrains secondaires.

On trouve plusieurs pierres agrégées empâtées dans les terrains secondaires. Ces roches forment plusieurs sous-divisions de porphyroïdes.

PREMIERE SOUS-DIVISION.

Des Porphyroïdes quartzeux.

Calcédoine et calcaire.

IIᵉ SOUS-DIVISION.

Des Porphyroïdes argileux.

1 *var.* Schistes et sélénite.

IIIᵉ SOUS-DIVISION.

Des Porphyroïdes magnésiens.

1 *var.* Magnésie carbonatée et calcaire.

IVᵉ SOUS-DIVISION.

Des Porphyroïdes calcaires.

1 *var.* Calcaire et gypse.
2 *var.* Gypse et boracite.
Se trouvent à Lunébourg et dans le Holstein.

Vᵉ SOUS-DIVISION.

Des Porphyroïdes barytiques.

VIᵉ SOUS-DIVISION.

Des Porphyroïdes strontianiques.

1 *var.* Strontianite et calcaire des environs de Paris.

VIIᵉ SOUS-DIVISION.

Des Porphyroïdes zirconiques.

Il n'y en a pas dans les terrains secondaires.

VIIIᵉ SOUS-DIVISION.

Des Porphyroïdes gluciniques.

Il n'y en a pas dans les terrains secondaires.

IXᵉ SOUS-DIVISION.

Des Porphyroïdes gadoliniques.

Il n'y en a pas dans les terrains secondaires.

Xᵉ SOUS-DIVISION.

Des Porphyroïdes sulfureux.

Soufre et calcaire.

XIᵉ SOUS-DIVISION.

Des Porphyroïdes bitumineux.

Bitume et calcaire.

XIIᵉ SOUS-DIVISION.

Des Porphyroïdes métalliques.

Galène et calcaire.

XIIIᵉ SOUS-DIVISION.

Des Porphyroïdes salins.

1 *var.* Galène empâtant des cristaux de gypse.
2 *var.* Sel gemme empâtant de l'enhydrite muriacite.

SIXIÈME DIVISION.

Des Pierres agrégées agglutinées des terrains secondaires.

Les pierres agglutinées sont assez communes dans les terrains secondaires. Ces roches forment plusieurs sous-divisions de brèches, de pouddings et de grès; ce qui forme trois sections.

PREMIÈRE SECTION.

Des Brèches des terrains secondaires.

PREMIÈRE SOUS-DIVISION.

Des Brèches siliceuses.

1 *var.* Silex différens, agglutinés par un ciment siliceux.

2 *var.* Granit décomposé et recomposé.

C'est un granit composé de quartz, de feldspath....., dont les différentes parties se sont séparées sans se décomposer; elles ont été postérieusement agglutinées par un ciment calcaire avec quelques portions de silex.

Il a été observé par Dolomieu à Châteauneuf proche la Claitte.

IIᵉ SOUS-DIVISION.

Des Brèches argileuses.

Schistes et calcaire.

IIIᵉ SOUS-DIVISION.

Des Brèches magnésiennes.

On n'en connoît pas.

IVe SOUS-DIVISION.

Des Brèches calcaires.

Les brèches calcaires sont extrêmement communes dans les terrains secondaires; elles forment plusieurs belles variétés de marbre.

1 *var.* Brèche violette.

2 *var.* Brèche d'Alep....

Ve SOUS-DIVISION.

Des Brèches barytiques.

VIe SOUS-DIVISION.

Des Brèches strontianiques.

Strontiane sulfatée, célestine et calcaire.

VIIe SOUS-DIVISION.

Des Brèches zirconiques.

Il n'y en a pas.

VIIIe SOUS-DIVISION.

Des Brèches gluciniques.

Il n'y en a pas.

IXe SOUS-DIVISION.

Des Brèches gadoliniques.

On n'en connoît pas.

Xe SOUS-DIVISION.

Des Brèches sulfureuses.

Soufre et calcaire agglutinés.

XIe SOUS-DIVISION.

Des Brèches bitumineuses.

Bitume et schistes.
Bitume et grès.
Bitume et calcaire.

XIIe SOUS-DIVISION.

Des Brèches métalliques.

Galène et calcaire agglutinés.

XIIIe SOUS-DIVISION.

Des Brèches salines.

Sel gemme et gypse agglutinés.

SECONDE SECTION.

Des Pouddings des terrains secondaires.

PREMIÈRE SOUS-DIVISION.

Des Pouddings siliceux.

Les pouddings siliceux sont très-communs dans les
terrains secondaires ; ils y forment souvent de très-
grandes masses.

Ière *espèce. Pouddings composés de silex arrondis,
agglutinés par un ciment siliceux.*

IIe SOUS-DIVISION.

Des Pouddings argileux.

Schiste roulé, agglutiné par un ciment calcaire.

IIIe SOUS - DIVISION.

Des Pouddings magnésiens.

Je n'en connois pas.

IVe SOUS - DIVISION.

Des Pouddings calcaires.

Calcaires roulés, agglutinés par un ciment calcaire.

Ve SOUS - DIVISION.

Des Pouddings barytiques.

Je n'en connois pas.

VIe SOUS - DIVISION.

Des Pouddings strontianiques.

VIIe SOUS - DIVISION.

Des Pouddings zirconiques.

Il n'y en a pas dans ces terrains.

VIIIe SOUS - DIVISION.

Des Pouddings gluciniques.

Il n'y en a pas dans ces terrains.

IXe SOUS - DIVISION.

Des Pouddings gadoliniques.

Il n'y en a pas dans ces terrains.

Xe SOUS - DIVISION.

Des Pouddings sulfureux.

XIe SOUS-DIVISION.

Des Pouddings bitumineux.

Bitume roulé, agglutiné par différens cimens.

XIIe SOUS-DIVISION.

Des Pouddings métalliques.

Substances métalliques roulées, agglutinées par différens cimens.

XIIIe SOUS-DIVISION.

Des Pouddings salins.

Masses de sel gemme roulées, agglutinées par différens cimens.

TROISIÈME SECTION.

Des Grès des terrains secondaires.

On trouve beaucoup de grès dans les terrains secondaires. Tous les environs de Paris en sont remplis à plus de trente lieues, du côté de Sens, de Villers-Cotterets, d'Orléans, d'Epernon..

Ces grès sont des parties quartzeuses agglutinées par un ciment quelconque....

1 *var.* Grès sableux, arénacé et pulvérulent.
2 *var.* Grès dont le ciment est quartzeux.
3 *var.* Grès dont le ciment est siliceux.
4 *var.* Grès dont le ciment est jaspeux.
5 *var.* Grès dont le ciment est magnésien.
6 *var.* Grès dont le ciment est argileux.
7 *var.* Grès dont le ciment est argilo-bitumineux.

On

On trouve souvent de ces grès qui servent de toit ou de mur aux couches de bitume.

8 var. Grès dont le ciment est calcaire.

Les grès de Fontainebleau sont de cette nature. On sait même que le spath calcaire y conserve souvent sa forme primitive, et que quelques variétés des grès de Fontainebleau ont la forme du spath calcaire inverse.

Ces grès de Fontainebleau et de tous les environs de Paris, se présentent sous deux formes distinctes :

a Sous forme arénacée sans consistance, comme ceux de Fontenai-aux-Roses, Ménilmontant....

b Ou sous forme pierreuse, dont on fait les pavés des grandes routes.

9 var. Grès dont le ciment est ferrugineux.
Ils sont rougeâtres.

10 var. Grès micacé.
On trouve aux environs de Paris un grès qui contient beaucoup de mica.

11 var. Grès à filtrer.
Ce grès, qui se trouve près de Libochowitz en Bohême, en Espagne, aux Canaries, au Mexique..., est très-léger, et assez poreux pour laisser filtrer l'eau.

SEPTIÈME DIVISION.

Des Pierres agrégées cristallisées des terrains d'alluvion.

On trouve dans les terrains d'alluvion toutes les roches des terrains primitifs et celles des terrains secondaires. Elles y ont été chariées par les eaux.

Quelques-unes ont pu y être formées postérieurement

par des cristallisations particulières, ou par des agglutinations.

On aura par conséquent dans ces terrains les mêmes divisions et sous-divisions des roches que dans les autres terrains.

PREMIÈRE SOUS-DIVISION.

Des Granits et Granitoïdes.

On trouve dans les terrains d'alluvion des masses plus ou moins considérables de granits et de granitoïdes qui y ont été chariées des terrains primitifs.

Dans la Sablonnière de Vaugirard auprès de Paris, il y a des portions de granits apportés par l'Yonne.

Parmi les cailloux roulés de la Crau en Provence, des plaines du Dauphiné, des coteaux qui sont auprès de Lyon.., on trouve des granits et des granitoïdes qui ont été chariés des montagnes primitives supérieures. J'en ai ramassé un grand nombre auprès de Lyon le long du Rhône, dans l'endroit qu'on appelle les *Etroits*.

HUITIÈME DIVISION.

Des Pierres agrégées empâtées des terrains d'alluvion.

On trouve dans les terrains d'alluvion les pierres agrégées empâtées des autres terrains, et on aura les mêmes divisions et sous-divisions de porphyres et de porphyroïdes.

Des Porphyres et Porphyroïdes.

On trouve dans tous les terrains d'alluvion des porphyres et porphyroïdes chariés par les eaux, comme nous venons de le dire des granits et des granitoïdes.

NEUVIÈME DIVISION.

Des Pierres agrégées agglutinées des terrains d'alluvion.

Les pierres agrégées agglutinées sont très-communes dans les terrains d'alluvion. On doit les distinguer également en trois sections.

1°. Brèches.
2°. Pouddings.
3°. Grès.

PREMIÈRE SECTION.

Des Brèches des terrains d'alluvion.

Des pierres brisées, entraînées dans des terrains d'alluvion, peuvent être agglutinées par un ciment quelconque ; ce qui formera des brèches qui varieront, et à raison des pierres agglutinées, et à raison du ciment.

SECONDE SECTION.

Des Pouddings des terrains d'alluvion.

On peut dire de la formation des pouddings des terrains d'alluvion, la même chose que de la formation des brèches.

Tous les terrains d'alluvion formés principalement à l'embouchure des grands fleuves, comme les îles à l'embouchure du Rhône, sont formées de granits, de porphyres, de brèches, de pouddings.

TROISIÈME SECTION.

Des Grès des terrains d'alluvion.

Les terrains d'alluvion contiennent ordinairement beaucoup de sable quartzeux très-fin ; c'est ce que les Latins

32..

appeloient *glarca*. Ce sable provient ordinairement du débris des montagnes granitiques.

1 *var.* Grès fin , *glarca.*

2 *var.* Grès fin agglutiné. C'est la variété précédente agglutinée par un ciment quelconque.

3 *var.* Grès ferrugineux. Il est agglutiné par des oxides de fer.

Ces grès sont très-abondans à l'embouchure de certains fleuves, comme le Rhin, la Meuse.... En Hollande, le Zuyderzée en est encombré.

Je répète ici ce que je viens de dire sur les brèches, les pouddings et les grès primitifs, que je ne donne point de descriptions détaillées des brèches, pouddings et grès secondaires, parce que ces détails sont plutôt l'objet de descriptions de quelques terrains circonscrits.

CINQUANTE-NEUVIÈME LEÇON.

NEUVIÈME CLASSE.

Des Substances volcaniques.

Les substances volcaniques ont éprouvé l'action des feux souterrains, et elles en ont été plus ou moins altérées à raison de leurs diverses natures et de l'intensité de la chaleur.

Nous savons d'ailleurs que les substances qui ont été vitrifiées cessent, par un refroidissement plus ou moins prolongé, d'être à l'état de verre pour passer à l'état pierreux. Dans ces divers passages elles prennent un grand nombre d'aspects différens ; c'est ce qu'on appelle *dévitri-fication*.

Sir James Hall a fait un grand nombre de belles expériences sur cette *dévitrification*. Il a fait fondre du basalte dans un creuset et en a retiré une partie, laquelle refroidie promptement, a donné un beau verre.

Il a laissé dans le creuset l'autre portion, laquelle a demeuré dans le fourneau plusieurs jours. Toutes les ouvertures en avoient été fermées. Le refroidissement s'est par conséquent opéré très-lentement. Le creuset retiré du fourneau et étant cassé, on a vu que la matière qui y étoit avoit cessé d'être verre ; *elle avoit acquis un état fibreux, cristallisé en rayons divergens*, et ayant l'apparence d'une pierre.

Le refroidissement étant encore plus prolongé, cette substance perd son état fibreux pour prendre l'aspect vraiment pierreux, analogue à celui des laves compactes.

Ces beaux faits ont été constatés par un si grand nombre d'expériences, qu'on ne sauroit plus les révoquer en doute.

J'ai de ces verres *dévitrifiés* pris dans la verrerie de Sèvres, dont une portion a passé à l'état fibreux. Leur dureté est très-grande. Quelques morceaux sont cristallisés en prismes hexaèdres droits.

La pression plus ou moins considérable qu'éprouvent ces laves dans les grandes coulées, a également une influence considérable sur le nouvel état qu'elles acquièrent. C'est encore ce qu'a démontré sir James Hall par plusieurs expériences intéressantes.

Il me semble que d'après tous ces faits il est nécessaire de faire une nouvelle classification des substances volcaniques. Je pense qu'il faut les classer d'une manière conforme à la marche que suit la nature dans leurs productions, c'est-à-dire qu'il faut d'abord les considérer telles qu'elle coulent du cratère, et les suivre ensuite dans les divers états par où elles passent.

Les analyses que d'habiles chimistes ont faites de plusieurs substances volcaniques doivent encore nous guider dans ces classifications.

C'est d'après toutes ces données que j'ai proposé la classification suivante des substances volcaniques. On la rectifiera à mesure que nos connoissances sur ces objets feront des progrès.

Mais auparavant je crois devoir faire précéder un catalogue des différentes substances cristallisées ou non cristallisées qui se trouvent dans les diverses espèces de laves.

PREMIER ORDRE.

Des Laves à base de schistes pyriteux ferrugineux.

Ces laves sont en général noirâtres lorsqu'elles n'ont pas été altérées.

Leur tissu est compacte.

Leur pesanteur spécifique va à 3000 et au-delà, quelquefois jusqu'à 4000.

Elles donnent à l'analyse depuis 0,15 jusqu'à 0,25 de fer oxidé.

Elles sont presque toutes attirables à l'aimant, et plusieurs ont la polarité.

Chauffées au chalumeau, elles donnent un verre noir.

Des Laves coulantes à base du schiste pyriteux, ou *des laves fontiformes.*

Nous allons d'abord considérer ces laves à l'instant qu'elles sortent du cratère volcanique, et qu'elles coulent comme un grand fleuve de matières ardentes analogues à de la fonte coulante. C'est pourquoi je leur ai donné le nom de *fontiforme*, c'est-à-dire qui a l'apparence de la fonte. Effectivement tous ceux qui l'ont vu couler disent qu'elle a l'apparence d'une *gueuse*, ou fonte impure, qui contient beaucoup de parties terreuses.

La liquidité de cette lave coulante est le plus souvent pâteuse comme celle du verre ordinaire.

Le fameux torrent de lave qui, en 1669, sortit des flancs de l'Etna, après que l'éruption eut élevé une montagne d'une centaine de toises de hauteur au-dessus de la nouvelle bouche, et qui fut si fatale à la ville de Catane, dont elle brûla une partie, parcouroit quelquefois un mille en quatre heures; quelquefois aussi il mettoit quatre jours à faire quelques pas.

D'autres fois la fluidité de ces laves est très-considérable. Telle étoit la fluidité de la lave du volcan de l'île de Bourbon en 1800, observée par Hubert. Au rapport de Bory de Saint-Vincent, elle étoit comme aqueuse.

La couleur de ces laves est d'un brun qui approche du noir.

Lorsqu'on la frappe, elle donne un son analogue à celui de la fonte.

Sa pesanteur va à 3000 et au-delà.

PREMIER GENRE.

Du Verre de la lave fontiforme.

Cette lave fontiforme est convertie quelquefois en vrai verre par l'intensité de la chaleur. Ce verre forme une variété particulière de verre volcanique; car il faut distinguer plusieurs espèces de verre volcanique, comme les faits vont le démontrer.

Il est d'un noir foncé analogue à celui des laitiers des forges.

Chauffé au chalumeau, il fond en verre noir; ce qui le distingue de la véritable obsidienne, qui, traitée de même, donne un verre incolore.

SECOND GENRE.

Ponce des laves fontiformes.

Ces ponces sont des espèces de laves scoriformes très-légères, fondant au chalumeau en verre noir.

TROISIÈME GENRE.

De la Lave fontiforme passant à l'état de scories.

Les courans de cette espèce de lave se couvrent bientôt d'une croûte scoriforme plus ou moins épaisse : ces scories sont remplies de cavités plus ou moins considérables, produites par les gaz qui se dégagent; ce qui leur donne une assez grande légéreté.

Spalanzani ayant fait chauffer des laves compactes, a observé qu'elles devenoient scoriformes sans dégagement de gaz; d'où il a conclu que c'étoit la substance même de la lave qui se gazifioit.

Fondues au chalumeau, elles donnent un verre noir sans bulles.

QUATRIÈME GENRE.

De la Lave fontiforme passant à l'état de laves poreuses.

Les laves poreuses ne diffèrent des laves scoriformes que parce que les cavités qu'elles offrent sont plus petites.

CINQUIÈME GENRE.

De la Lave fontiforme passant à l'état de lapillo et de cendres.

Les débris de ces scories, qui se forment dans l'intérieur même du volcan, composent les lapillo et les cendres volcaniques. Il faut supposer que cette lave, soulevée du fond du volcan, se repose sur quelques inégalités ou monticules dans l'intérieur du cratère ; il s'y forme des scories en petites masses.

Les fluides élastiques qui se dégagent de l'intérieur du volcan, emportent ces lapillo et ces cendres ; ce qui forme une partie de ce tourbillon noir dont sont enveloppés les sommets des volcans dans ces momens. Ces éjections sont quelquefois extrêmement abondantes : celles du Vésuve, en 79, couvrirent entièrement Pompéïa et Herculanum.

Quelquefois elles sont lancées à des distances immenses.

SIXIÈME GENRE.

De la Lave fontiforme passant à l'état de laves compactes, ou *des basaltes.*

Enfin ces laves *fontiformes* passent, par un refroidissement plus ou moins prolongé, à l'état de lave compacte, appelée plus particulièrement *basalte* (1).

Ce basalte est sans pores, et sa texture est plus serrée.

Sa pesanteur est de 3ooo et au-delà.

Il est susceptible d'un beau poli, et son éclat est assez vif.

Sa dureté est considérable.

Chauffé au chalumeau, il fond en verre noir.

---

(1) Le mot *basalte* est Ethiopien, suivant Pline, et signifie *fer ;* ce qui prouve que de toute antiquité on a cru que ces basaltes étoient des espèces de fonte.

Il contient souvent des substances étrangères, telles que l'olivine, l'augite....

Le basalte affecte souvent des formes prismatiques qui varient : on a,

1. Le prisme triangulaire.
2. Le prisme tétragone.
3. Le prisme pentagone.
4. Le prisme hexagone.
5. Le prisme eptagone.
6. Le prisme octogone.
7. Le prisme ennéagone.
8. Le prisme presque cylindrique.

Quelques-uns de ces prismes basaltiques sont très-petits, mais il en est qui ont jusqu'à cinq pieds de diamètre et soixante-six pieds de hauteur. On en trouve de ces dimensions à Staffa, à Antrim....

9. Prismes articulés.

Plusieurs de ces prismes sont articulés, c'est-à-dire qu'ils sont composés de plusieurs pièces dont l'extrémité de l'une est concave et l'autre est convexe, et qui s'emboîtent.

Ces prismes ont souvent les angles très-prononcés et assez réguliers ; mais le plus souvent ils sont irréguliers, ensorte qu'on ne peut guères s'empêcher de les regarder comme les produits d'une retraite, ainsi que les prismes de gypse qu'on observe dans les carrières de Montmartre.

Le basalte se présente encore quelquefois sous d'autres formes.

10. Basalte en boule.

Ce sont des masses de basalte arrondies en boule ; quelquefois plusieurs de ces boules sont agglutinées ensemble et ne font qu'une seule masse.

11. Basalte en table.

Le basalte se trouve encore en tables plus ou moins étendues, plus ou moins épaisses.

12. Basalte en masse.

Enfin le basalte forme le plus souvent des masses immenses sans forme régulière : on l'appelle alors *lave compacte en masse.*

SEPTIÈME GENRE.

Des Laves fontiformes porphyroïdes.

Les laves fontiformes se présentent souvent sous forme de porphyroïdes, c'est-à-dire qu'elles contiènnent diverses substances cristallisées et noyées dans leur pâte. On y rencontre la plupart des substances que nous avons vu se trouver dans les laves, telles que l'olivine, l'augite, l'hornblende, la sommite, la stilbite, la mellite, le fer spéculaire.

Mais je n'ai jamais observé dans ces laves de cristaux de feldspath ; ainsi il n'y a point de laves porphyriques dans ces espèces de laves.

HUITIÈME GENRE.

Des Laves fontiformes décomposées.

Ces laves se présentent souvent dans un état de décomposition plus ou moins avancé.

Elles sont alors plus ou moins décolorées.

NEUVIÈME GENRE.

De la Pouzzolane.

Les laves fontiformes arrivées à un certain état de décomposition, forment les pouzzolanes. Elles tirent leur nom de Pouzzol, où on en trouve en grande quantité.

L'analyse des pouzzolanes prouve qu'elles sont réellement le produit de laves fontiformes décomposées, car elles contiennent une très-grande quantité de fer oxidé ; et c'est vraisemblablement ce fer oxidé qui donne à la pouzzolane la qualité d'un excellent ciment.

Bergman a retiré de la pouzzolane,

Silice.............................55 à 60
Alumine..........................19 à 20
Chaux .... 5 à 6
Fer oxidé.........................15 à 20

DIXIÈME GENRE.

Des Amygdaloïdes volcaniques.

Il se forme des amygdaloïdes dans les produits des laves fontiformes.

Les cavités de plusieurs de ces laves sont remplies
De spath calcaire,
De mesotype,
De soufre...

ONZIÈME GENRE.

Des Variolites volcaniques fontiformes.

Ces laves passent quelquefois à l'état de variolite.

DOUZIÈME GENRE.

Des Brèches et Pouddings volcaniques fontiformes.

Enfin ces laves fontiformes se présentent souvent sous forme de brèches et de pouddings ; et dans cet état, elles sont connues plus particulièrement sous les noms de *tufs*, *tuffa* et de *peperino*.

Du Tuffa volcanique fontiforme.

Ce tuffa volcanique est une substance poreuse très-légère, composée de diverses substances volcaniques agglutinées.

Du Peperino.

A Rome on donne le nom de *peperino* à un tuffa gris composé de diverses substances volcaniques agglutinées ; elles sont mélangées avec des lames de mica, des cristaux d'augite, des morceaux de marbre.

Il paroît que plusieurs causes ont concouru à l'agglutination de ces substances.

1°. *Le feu.* Dans les éjections volcaniques, plusieurs morceaux retombent dans le cratère, où ils sont ramollis et s'agglutinent.

D'autres retombent dans la lave coulante, qui leur sert de pâte et les enveloppe.

2°. *L'eau* ou *un dissolvant aqueux.* Un grand nombre de substances volcaniques éparses, telles que les lapillo...., sont agglutinées par un ciment lapidifique quelconque, tenu en solution par l'eau, postérieurement à leur déjection.

Si ces substances agglutinées ont été roulées et arrondies, elles forment des substances volcaniques.

Ce seront des brèches, si les morceaux agglutinés sont anguleux.

Les éruptions volcaniques boueuses peuvent encore former des brèches et des pouddings volcaniques.

L'analyse des diverses espèces de laves de ce premier ordre prouve qu'elles sont réellement composées de schistes pyriteux ; car elles contiennent en général la moitié de leur poids de silice, un cinquième d'alumine, comme les schistes, et un cinquième environ de fer oxidé qui est fourni par les pyrites : plusieurs contiennent du soufre.

Plusieurs de ces pyrites sont cuivreuses ; car dans les dernières éruptions du Vésuve, en 1804 et 1805, la lave qui a coulé a été bientôt couverte d'un muriate de cuivre formé par le cuivre de la pyrite et l'acide muriatique provenu de la décomposition du sel marin.

Bergman a retiré d'un basalte de Staffa,

Silice	50
Alumine	15
Chaux	8
Fer oxidé	25

Kennedy a retiré d'un basalte de Staffa,

Silice	46
Alumine	16
Chaux	9
Fer oxidé	16
Natron	4
Acide muriatique	1
Eau et matières volatiles	5

Le même chimiste a retiré d'une lave de Catane, décrite par Dolomieu,

Silice	51
Alumine	19.05
Chaux	19.05
Fer oxidé	14.05
Natron	4
Acide muriatique	1

Le même chimiste a retiré d'une lave de l'Etna, dite

Santo-Venere, décrite par Dolomieu,

Silice...................... 50.75
Alumine.................... 17.50
Chaux...................... 10
Fer oxidé.................. 14.25
Natron..................... 4
Acide muriatique........... 2

Klaproth a retiré d'un basalte prismatique de Hosen-berg en Saxe (tom. iii, pag. 253),

Silice...................... 44.50
Alumine.................... 16.75
Magnésie................... 2.25
Fer oxidé.................. 20
Manganèse oxidé 0.12
Natron..................... 2.50

Ces diverses analyses des différentes variétés des laves de cette première classe prouvent qu'elles contiennent environ moitié de leur poids de silice, un cinquième d'alumine, et depuis un sixième jusqu'au quart de fer oxidé.

Quelques-unes contiennent également du soufre.

D'ailleurs tous les volcans rejettent une grande quantité de soufre et d'acide sulfureux; quelquefois même cet acide sulfureux se change en acide sulfurique, comme dans le *Rio Vinagro*, Rivière du Vinaigre, qui descend du volcan du Pulazzé au Pérou, au rapport de Humboldt.

Il me paroît qu'on peut conclure de tous ces faits que les laves de ces volcans sont en partie composées d'un schiste pyriteux.

Les schistes fournissent la silice, l'alumine et la chaux.

Les pyrites fournissent, d'un côté, le soufre et l'acide sulfureux dont nous venons de parler.

Et de l'autre côté, elles fournissent cette grande quantité de fer que contiennent ces espèces de laves.

Quant au natron et à l'acide muriatique qu'on retire de ces laves, ils sont fournis vraisemblablement par le sel marin des eaux des mers ; car il paroît que les eaux des mers s'introduisent presque toujours dans les foyers des volcans. Le sel marin a été sublimé au Vésuve dans l'éruption de 1805.

Quelquefois ces pyrites contiennent une portion de cuivre sulfuré ; car dans les dernières éruptions du Vésuve de 1804 et 1805, les laves qui ont été vomies ont été bientôt couvertes d'une couche de cuivre muriaté. Ce cuivre a été fourni par des pyrites cuivreuses, et l'acide muriatique par du sel marin décomposé.

Ces espèces de laves fontiformes paroissent former la masse principale de la plupart des grandes éjections volcaniques.

SOIXANTIÈME LEÇON.

Promenade à Montmartre.

Ma seconde promenade est à Montmartre. C'est là où on observe très-distinctement les trois *masses* de plâtre (1)

---

(1) Je donne le nom de *plâtre* au montmartrite dont j'ai parlé ci-devant, pag. 380 de ce volume.

Il est bien différent du gypse ou sélénite. Les ouvriers appellent *masses* chacun des trois grands amas de plâtre.

qui

qui s'y trouvent. Mais rappelons la nature des terrains que nous avons vus dans la première promenade.

Tous les terrains sous l'Observatoire et aux environs sont formés de ces énormes bancs de pierres calcaires remplis des mêmes coquilles qu'à Grignon.

En partant de cet endroit, on trouve au nord le bassin de la rivière, et on arrive à la butte calcaire de Chaillot et de Passy, dont la pierre est également remplie de coquilles.

On rencontre encore plus au nord la colline ou monticule de Montmartre, élevé de 116 $\frac{1}{2}$ mètres.

La partie la plus basse de Montmartre, ainsi que les plaines de Clichy, Saint-Ouen, Saint-Denis, Aubervilliers...., paroissent formées d'un tuf calcaire, comme on a pu l'observer en creusant le canal de l'Ourcq et les fossés dont on vouloit ceindre Paris dans cette partie.

La partie sablonneuse que nous avons vu s'étendre sous Paris depuis le bas de Ménilmontant, la rue Saint-Nicaise...., se prolonge dans les plaines de Vaugirard, d'Issy, de Grenelle, du bois de Boulogne, des Sablons..., se perd du côté de Clichy, Saint-Ouen, et est remplacée par ce tuf dont nous parlons.

On a trouvé dans ce tuf, du côté de Sevrans, à quatre à cinq lieues de Paris, en creusant le canal de l'Ourcq, des os d'éléphant, des os de cheval.....

On a été obligé de faire venir des carrières de Montrouge les pierres nécessaires pour la construction des ponts sur le canal.

Mais revenons à Montmartre.

Au-dessus du tuf, on trouve la première masse (l'inférieure) de plâtre (*montmartrite*, *voyez* ci-devant, pag. 380 de ce volume). Sa partie inférieure contient des co-

quilles marines. Cette première masse, d'environ 15 à 18 pieds d'épaisseur, est composée de différentes couches de plâtre séparées par ces couches de marne, de schistes.... : quelques-unes de ces couches contiennent une grande quantité de *grignards.* (Les ouvriers appellent *grignards* des portions de gypse pur cristallisé en lames transparentes, spéculaires, jaunâtres.)

Dans ces dernières couches on trouve de la magnésie sulfatée.

Au-dessus de cette masse de plâtre se trouvent différentes couches de 15 à 18 pieds d'épaisseur, d'un schiste blanchâtre qui ne fait point effervescence avec l'acide nitrique (le polier-schieffer) des couches de marne....

On rencontre ensuite la seconde masse de plâtre, de 16 à 20 pieds d'épaisseur ; elle contient des couches de *grignard.*

Au-dessus de cette couche se trouvent d'autres couches de schistes, de marne..., semblables à celles qui sont au-dessus de la première couche. Parmi ces couches se trouve un petit banc de l'argile à détacher.

Enfin on arrive à la grande masse de plâtre, la supérieure, qui a environ 50 ou 56 pieds d'épaisseur.

Au milieu de cette masse, à douze pieds environ depuis sa base, on rencontre la couche dite des *hauts-piliers,* dont le plâtre paroît cristallisé en colonnes, comme les basaltes volcaniques ; mais ces colonnes, qui ont cinq à six angles, n'ont rien de régulier ; ce qui prouve qu'elles ne sont que l'effet d'un retrait.

Dans cette même masse, soit à Montmartre, soit les analogues des autres collines voisines, et dans les couches qui les séparent, on trouve une grande quantité de fossiles.

1°. Les débris de trois espèces de paleothenium.

2°. Ceux de trois anoplothenium.

3°. Ceux de sarigues.

4°. Ceux de mangouste.

5°. Ceux d'oiseaux, de poissons, de tortues....

6°. Des coquilles fossiles, dont quelques-unes ont été regardées comme d'eau douce; d'autres comme terrestres, telles qu'un cyclostome.

Au-dessus de cette masse se trouvent des couches de schistes, de marne..., où on a trouvé un palmier fossile de 18 pieds de longueur.

Succède une petite couche de tellines...

Vient une grande couche d'argile bleuâtre, de 16 à 18 pieds d'épaisseur, laquelle contient quelques cristaux de sélénite ou gypse, et dont on fait de la brique, des carreaux....

Au milieu de cette argile se trouvent de gros rognons de sulfate de strontiane; ce qui prouve que cette argile a eu assez de demi-fluidité pour permettre aux parties de cette strontiane de se réunir.

Au-dessus de l'argile on trouve de petites couches d'huîtres dans un banc marneux.

Succèdent des couches épaisses d'un sable rougeâtre.

Enfin on rencontre à la partie supérieure, des sables blancs, grisâtres, rougeâtres..., dans lesquels on trouve les mêmes coquilles que dans les grands bancs de pierres calcaires qui sont sous l'Observatoire.

On y trouve aussi des portions d'oxide de fer rougeâtre ou noirâtre.

Ces plâtres des environs de Paris ne contiennent ni sel marin, ni soufre... J'ai parlé ailleurs d'un petit morceau de soufre qu'on m'avoit dit avoir été trouvé dans ces plâtres du côté de Meaux, mais je n'ai pu m'assurer si le fait étoit exact.   33..

SOIXANTE-UNIÈME LEÇON.

SECOND ORDRE.

Des Laves composées de porphyres à base de petro-silex.

Les laves de cette espèce ont tous les caractères des petro-silex.

Leur couleur est en général d'un gris plus ou moins blanc.

Leur éclat approche de celui du petro-silex.

Leur cassure est également demi-conchoïde, esquilleuse.

Leur pesanteur est environ de 26 à 27.

Chauffées au chalumeau, elles donnent un verre incolore qui est souvent bulleux.

Quelques-unes fondent très-difficilement.

Ces laves contiennent le plus souvent une grande quantité de cristaux de feldspath : elles paroissent donc composées d'un porphyre à base de petro-silex, dont les cristaux de feldspath n'ont pas tous fondu ; mais la chaleur leur a donné un caractère particulier. Ils sont fendillés et presque vitreux.

PREMIER GENRE.

Du Verre volcanique composé de porphyre petro-siliceux.

Lapis obsidianus Plinii.

Pierre gallinace, miroir des Incas au Pérou.

La première forme sous laquelle se présente cette espèce de lave est sous celle d'un verre noirâtre ; mais examiné de plus près, on voit qu'il est transparent sur les bords, et que sa couleur est brunâtre.

Le verre artificiel cristallise quelquefois en prisme hexaèdre droit ; mais on n'a pas encore trouvé le verre de ces laves cristallisé.

La dureté de l'obsidienne est quelquefois assez considérable pour que le briquet frappé contre elle donne des étincelles.

Sa pesanteur est 23.

Fondue au chalumeau, l'obsidienne donne un verre incolore et bulleux.

L'obsidienne est en si grande quantité à Lipari, que Spallanzani a dit : « Je n'exagère pas en disant que les » deux tiers de l'île de Lipari, qui a dix-neuf milles et » demi de tour, sont vitrifiés. » (*Voyages de Spallanzani*, tom. III, pag. 63, traduction de Senebier.)

Ce verre de Lipari est une véritable obsidienne. J'en ai des morceaux que Bellevue, qui me les a donnés, a pris lui-même sur les lieux ; ils ont tous les caractères de l'obsidienne.

Ce verre est également très-abondant au Mexique et au Pérou ; il porte dans ce dernier lieu le nom de *miroir des Incas*. Humboldt et Bonpland m'en ont donné : c'est une véritable obsidienne.

Quelques-uns de ces morceaux contiennent des portions rougeâtres au milieu de la masse noirâtre.

Collet-Descotils a analysé une de ces obsidiennes du Mexique ; il en a retiré,

Silice. 72
Alumine 12.05

Fer et manganèse 2
Potasse et soude. 10
Perte 3.05

Drapier a retiré d'un autre verre volcanique du Mexique,

Silice. 74
Alumine 14.20
Chaux 1.20
Fer et manganèse. 3
Soude et potasse. 3.30
Perte 4.30

Le même chimiste a retiré d'un autre verre volcanique du Mexique,

Silice. 71
Alumine. 13.40
Chaux. 1.60
Fer et manganèse 4
Soude et potasse 4
Perte 6

SECOND GENRE.

Du Perlstein.

Werner a donné le nom de perlstein (pierre de perle) à une substance qui se trouve dans les terrains de Tockai, que l'on regarde communément comme volcaniques, quoique ce ne soit pas son opinion. Ce perlstein est un petit globule arrondi comme une perle, et qui a l'aspect vitreux. J'en ai de Cinapecuaro au Mexique, et qui a toute l'apparence d'un verre volcanique. L'analyse ne laisse aucun doute à cet égard.

Vauquelin a retiré du perlstein de Cinapecuaro,

Silice......................... 77
Alumine 13
Chaux 1.06
Fer et manganèse................. 3
Potasse 2
Soude 0.07
Eau......................... 4

Klaproth a retiré du perlstein de Hongrie,

Silice......................... 75
Alumine 17
Chaux 0.50
Fer oxidé....................... 1.60
Natron........................ 4.50
Eau 4.50

De la Marékanite.

Marekanite (1) de Esmark.

Cette substance paroît beaucoup se rapprocher de l'obsidienne et du perlstein, entre lesquels elle se trouve placée.

Elle vient de Marekana ou Marikan dans le golfe de Kamtschatka, près du port d'Okhotsk. On ne la trouve qu'en petites masses sphériques, plus ou moins vitreuses.

Leur couleur varie; elle est souvent d'un blanc nacré.

D'autres fois elle paroît former un émail dans lequel on observe des veines alternativement noires et rouges.

------

(1) Karsten (*Journal de Physique*, pag. 465, tom. LI.)

Lowitz en a retiré,

Silice	74
Alumine.	12
Chaux.	7
Magnésie	3
Fer oxidé	1

On ne voit dans cette analyse de Lowitz, ni soude, ni potasse; mais à cette époque, l'art des analyses n'étoit pas assez avancé.

TROISIÈME GENRE.

Des Laves vitreuses petro-siliceuses.

La lave vitreuse diffère du verre volcanique en ce que sa vitrification n'est pas aussi avancée.

Sa cassure n'est pas conchoïde comme celle du verre, mais elle est inégale, à parties séparées.

Sa pesanteur est 25.

Sa dureté est assez considérable pour donner des étincelles par le choc du briquet.

Klaproth a retiré d'une lave vitreuse de Gensenbach, près Meissen en Saxe,

Silice	73
Alumine.	14.50
Chaux	1
Fer oxidé	2
Manganèse oxidé	0.10
Natron	1.75
Eau	8.50

Bergman jeune a retiré de la lave vitreuse du Puy-Griou en Auvergne,

Silice . . . . 7^8
Alumine 3
Chaux. 4.05
Fer oxidé. 2
Natron 4
Eau 7
Perte. 2.05

QUATRIÈME GENRE.

De la Rétinite, ou *Lave résiniforme petro-siliceuse.*

J'appelle rétinite, ou lave résiniforme, une variété de lave vitreuse dont la cassure est résineuse. J'en ai des morceaux venant des monts Euganiens dans le Padouan, qui ressemblent parfaitement à des morceaux de résine.

Leur pesanteur est 24.

Leur dureté est assez considérable pour donner des étincelles par le choc du briquet.

Klaproth a retiré d'une lave rétinique de Planiz en Saxe,

Silice 59
Alumine. 18.05
Chaux 4
Fer oxidé. 3.05
Natron 3
Eau 8
Perte. 4

On voit que toutes ces espèces de verres volcaniques et de laves vitreuses contiennent une très-petite quantité de fer et les trois quarts de silice.

Le natron n'y est pas abondant ; mais on sait que dans nos verres artificiels, dans lesquels on met beaucoup de natron pour aider la fusion de la silice, ce natron est dissipé par l'action de la chaleur, et on n'en retrouve presque plus lorsqu'on analyse le verre.

Vauquelin a analysé un verre artificiel dévitrifié que lui avoit envoyé Bellevue ; il en a retiré,

Silice,
Et très-peu de natron.

CINQUIÈME GENRE.

Des Verres et Laves vitreuses petro-siliceux porphyriques.

Porphyre à base d'obsidienne.
Obsidian-porphyr de Werner.

On rencontre fréquemment des obsidiennes, ou verres volcaniques petro-siliceux, contenant une quantité plus ou moins considérable de cristaux de feldspath : ce sont de vrais porphyres à base d'obsidienne. On en trouve de semblables au Mondor en Auvergne.

On distingue ces espèces de porphyres d'autres porphyres vitreux volcaniques, parce que ceux-ci, dont la pâte est petro-siliceuse, donnent au chalumeau un verre incolore qui est quelquefois bulleux.

De la Lave vitreuse porphyrique.

Pechstein-porphyr de Werner. Variété.

Les laves vitreuses contiennent souvent des cristaux de feldspath comme les obsidiennes ; elles forment alors de vrais porphyres, que Werner appelle *pechstein-porphyr;* mais il ne croit pas que ceux de ces porphyres qu'il a trouvés en Saxe soient volcaniques.

De la Lave rétinique porphyrique.

Pechstein-porphyr de Werner. Variété.

Les laves rétiniques contiennent quelquefois des cristaux de feldspath comme les laves vitreuses ; elles forment une espèce de porphyre que Werner appelle également *pechstein-porphyr.*

Sa dureté est assez considérable pour donner des étincelles par le choc du briquet.

Nous regarderons ces deux espèces de laves, la vitreuse et la rétinique comme vraiment volcaniques, et ayant éprouvé l'action du feu.

SIXIÈME GENRE.

Du Verre et de la Lave vitreuse petro-siliceuse passant à l'état fibreux et de ponce.

Les verres volcaniques petro-siliceux, et les laves vitreuses, en se refroidissant lentement, passent à l'état fibreux de la même manière que les verres artificiels. On en a plusieurs variétés.

Première variété. Verre volcanique de la province de Quito au Pérou, chatoyant, dont une portion passe déjà à l'état fibreux approchant de la ponce.

IIème var. Verre volcanique noir du Pérou, dont une partie est réduite en petites boules opaques cristallisées en rayons divergens. Elles sont une véritable dévitrification qui passe à l'état fibreux.

Cette partie dévitrifiée fibreuse fondue au chalumeau, donne un verre incolore, quelquefois blanchâtre.

J'ai également des verres volcaniques de Lipari, remplis de petites boules blanches ; je les regarde pareillement comme des dévitrifications.

IIIème var. Verre volcanique noir du Pérou, contenant des portions de ponce blanche, fondant au chalumeau en verre incolore.

IVème var. Verre de Lipari, volcanique, passant à l'état fibreux.

De la Ponce petro-siliceuse.

Enfin la ponce est le dernier passage des verres et des laves vitreuses petro-siliceuses à l'état fibreux. Celles qu'on emploie dans le commerce viennent presque toutes de **Lipari**. Spallanzani, qui les a visitées en détail, en distingue de quatre variétés qui se trouvent au *Campo bianco*, le Champ blanc.

PREMIÈRE VARIÉTÉ. Ponce dont on se sert odinairement dans les arts.

Elle est blanche, soyeuse, fibreuse.

Fondue au chalumeau, elle donne un verre incolore bulleux.

IIème var. La seconde variété est également fibreuse, mais plus compacte; car quelques morceaux mis dans l'eau s'y enfoncent, tandis que d'autres y surnagent.

Sa couleur est d'un gris sale.

On la taille en parallélipipèdes de six pouces de longueur sur huit de largeur, pour s'en servir comme de briques dans la construction des voûtes.

IIIème var. Celle-ci a quelque ressemblance avec la seconde, mais elle n'est pas fibreuse; elle passe déjà à l'état de lave compacte. On la taille comme la seconde en briques.

IVème var. La quatrième variété n'est pas fibreuse; elle a peu de pores et s'enfonce dans l'eau. Sa couleur est noirâtre.

« J'avois cru, dit Spallanzani, Voyage à Lipari, t. III,
» que la couleur noire de cette pierre étoit produite par
» le feu ; mais j'ai soupçonné ensuite qu'elle étoit l'effet
» d'une substance bitumineuse, à cause de l'odeur forte
» de bitume qu'elle répand lorsqu'on en frotte deux mor-
» ceaux. Ce soupçon s'est vérifié, parce que cette pierre
» s'est blanchie et a perdu son odeur après avoir été expo-
» sée un peu de temps à l'action d'un fourneau. En pro-
» longeant le feu, elle s'est changée en une pâte vitreuse.

» Elle forme un filon entier horizontal, dont l'épais-
» seur est depuis sept pieds jusqu'à douze, et dont la lar-
» geur est plus de soixante. »

Il en a retiré de l'huile de pétrole par distillation.
Ibid., pag. 224.

Les opinions des naturalistes sur la nature de la ponce
ont beaucoup varié ; mais ce que nous venons de dire ne
laisse point de doute qu'elles ne soient le produit de verres
volcaniques petro-siliceux dévitrifiés.

L'analyse de la ponce confirme ces apparences ; car Klaproth en a retiré,

Silice 77.50
Alumine. 17.50
Fer oxidé 1.75
Manganèse, une petite portion.
Perte 3.05

Dans ces 3.05 de perte il doit y avoir de la potasse ;
car Kennedi en a obtenu dans l'analyse de la ponce. (*Bibl.
Britann.*, nᵒˢ 73, 74.

SEPTIÈME GENRE.

De la Farine fossile, ou *Ponce petro-siliceuse pulvérulente.*

On trouve auprès des volcans éteints de Santa-Fiora en Toscane, une substance terreuse, blanche et d'une grande légéreté. On lui a donné le nom impropre de *farine fossile.*

Il paroît qu'elle est une espèce de ponce décomposée passée à l'état pulvérulent ; c'est pourquoi j'aime mieux lui donner le nom de ponce pulvérulente.

Sa pesanteur est o,3620.

Fabbroni en a retiré ,

Silice	55
Magnésie.	15
Alumine.	12
Chaux . . . ·	3
Fer oxidé	1
Eau	14

Dans ces temps on ne savoit pas que toutes ces substances volcaniques contenoient des alkalis ; ainsi il est vraisemblable que cette farine en contient.

Tous les faits que nous venons de rapporter prouvent que les substances volcaniques de cette seconde classe sont composées de porphyre à base de petro-silex. Elles contiennent très-peu de fer, tandis que celles de la première classe, composées de schistes pyriteux, en contiennent une quantité considérable.

On ne sauroit les regarder comme composées de petro-silex pur, puisqu'elles contiennent presque toutes des cristaux de feldspath ; ce qui ne permet pas de douter

qu'elles ne soient formées de porphyres à base de petro-
silex.

Ces laves ont coulé comme celles de la première classe;
elles ont ensuite éprouvé divers degrés de refroidissement et de compression qui leur ont donné les différens
facies qu'elles présentent.

HUITIÈME GENRE.

*De la Lave petro-siliceuse compacte, prismatique, ou
non prismatique.*

Klingstein de Werner.
Phonolite de Dauhuisson.

Ces laves petro-siliceuses, en se dévitrifiant encore davantage que les ponces, reviennent à leur premier état
de porphyre; mais ces porphyres recomposés n'ont jamais le *facies* des porphyres formés par la voie aqueuse.
Ils présentent un grand nombre de variétés.

PREMIÈRE VARIÉTÉ. Porphyre recomposé formant les
ponces compactes (quatrième variété) dont nous venons
de parler.

IIème VAR. Porphyre recomposé ayant un aspect plus
ou moins terreux, à pâte petro-siliceuse, qui, au chalumeau, fond en verre incolore, contenant des cristaux de
feldspath et quelquefois de hornblende; tels sont les porphyres qui forment la base du Puy-de-Dôme, du Mondor,
du Chimboraco....

Les porphyres des monts Euganiens sont de la même
nature.

Ces porphyres volcaniques forment une des variétés
des floez-porphyrs (porphyres en couches) de Werner. Il
leur a donné ce nom, parce que souvent ils forment des

couches superposées sur des couches calcaires ; les éruptions volcaniques qui les ont formées ayant été postérieures à la formation de ces couches calcaires.

IIIᵉᵐᵉ ᴠᴀʀ. Quelquefois ce porphyre est scissile et presque feuilleté. Sa pâte est petro-siliceuse et contient quelques cristaux de feldspath ; elle fond en verre incolore. Werner lui a donné le nom de *porphyr-schieffer*, porphyre feuilleté, et celui de *kling-stein*, pierre sonnante, parce que ce porphyre étant frappé est très-sonore. Daubuisson l'appelle *phonolite*.

L'analyse que Klaproth a faite du kling-stein lui a donné les mêmes produits que toutes les substances volcaniques de cet ordre dont nous venons de parler ; il en a retiré,

Silice 57.25
Alumine 23.30
Chaux. 2.75
Fer oxidé. 3.25
Manganèse oxidé 3.25
Natron 8.10
Eau 3

IVᵉᵐᵉ ᴠᴀʀ. Les porphyres volcaniques de cette variété rapprochent encore plus des porphyres que le kling-stein.

Les cristaux de feldspath sont bien prononcés.

Leur pâte est petro-siliceuse ; et quoiqu'on reconnoisse bien qu'elle a éprouvé l'action du feu, cependant elle diffère moins de la pâte des vrais porphyres.

NEUVIÈME

NEUVIÈME GENRE.

De la Lave petro-siliceuse compacte, ou non compacte porphyrique.

Les laves petro-siliceuses compactes ou non compactes contiennent fréquemment des cristaux de feldspath plus ou moins altérés et qui sont noyés dans ces laves ; elles forment alors de vrais porphyres volcaniques.

DIXIÈME GENRE.

De la Lave petro-siliceuse compacte, ou non compacte porphyroïde.

Ces laves renferment souvent dans leur pâte un nombre plus ou moins considérable de cristaux des diverses substances que nous avons vu être contenues dans les matières volcaniques : tels sont l'olivine, l'augite, l'hornblende, la sommite, le fer spéculaire, le soufre...; elles forment alors des *porphyroïdes volcaniques.*

ONZIÈME GENRE.

De la Lave petro-siliceuse décomposée.

On rencontre une grande quantité de laves petro-siliceuses plus ou moins altérées, plus ou moins décomposées ; ces décompositions sont produites par différentes causes.

1°. L'action des vapeurs acides qui se dégagent continuellement des volcans, attaquent les substances volcaniques.

a L'acide sulfureux est volatilisé sans cesse des volcans en activité, et quelquefois même des volcans éteints. Cet acide est très-actif, il décompose toutes les substances volcaniques qu'il rencontre.

b Le gaz hydrogène sulfuré, qui est également abondant dans les environs des volcans, peut produire les mêmes effets.

c L'acide carbonique se dégage aussi abondamment de certains terrains volcaniques, comme de la grotte du *Chien* auprès de Naples, et produit les mêmes effets.

4. L'acide muriatique, si expansif, si actif, décompose puissamment les laves. On trouve auprès de Clermont en Auvergne, au Puy-Sarcouy, une lave jaunâtre d'un jaune-citrin, très-légère, qui n'a aucune consistance, et qui a été réduite à cet état par l'acide marin, dont elle laisse exhaler l'odeur lorsqu'on la frotte. Vauquelin en a retiré,

Silice................................	91
Fer, alumine et magnésie............	2.05
Acide muriatique, ammoniaque, matière animale et eau...................	5.05

C'est Spallanzani qui a reconnu le premier l'acide muriatique dans les substances volcaniques.

5. Enfin les laves peuvent être décomposées par les mêmes agens qui décomposent les porphyres, les granits, et les pierres les plus dures; savoir, les pluies, les frimats, l'action de la chaleur et du froid alternatifs, celle de la gelée, celle de l'air....

Nous avons vu que ces divers agens réduisent en kaolin et en pétuntzé les granits, les porphyres...

DOUZIÈME GENRE.

Des Amygdaloïdes volcaniques petro-siliceux.

Les laves petro-siliceuses présentent des amygdaloïdes qui sont formés ici comme ailleurs. Ces laves, qui sont poreuses, sont pénétrées par des eaux tenant en dissolution diverses substances, telles que le calcaire, les zéolites...; ces substances cristallisent en globules dans la masse même de la lave et y forment des amygdaloïdes.

TREIZIÈME GENRE.

Des Variolites volcaniques petro-siliceuses.

Variolite de la Loire.

Les laves petro-siliceuses, particulièrement le kling-stein, se présentent quelquefois sous forme de variolite. Il y en a une espèce connue sous le nom de *variolite de la Loire*, laquelle paroît venir des montagnes du Pertuis proche le Puy-en-Velais.

Cette variolite est un petro-silex d'un brun foncé, contenant des noyaux de la même substance, dont la couleur est d'un brun plus clair. Elle ressemble parfaitement à la variolite de la Durance, à la couleur près.

La roche qu'on appelle de *Sanadoire* en Auvergne, paroît être une variolite de cette espèce.

QUATORZIÈME GENRE.

Des Brèches et Pouddings volcaniques petro-siliceux.

Les laves petro-siliceuses se présentent sous forme de brèches et de pouddings, comme les laves fontiformes: ce sont les mêmes causes qui agissent sur celles-ci comme sur les premières.

SOIXANTE-DEUXIÈME LEÇON.

TROISIÈME ORDRE.

Des Laves téphriniques composées de Porphyres à base de téphrine (1).

Les observateurs ont constaté qu'un grand nombre de volcans se trouve dans des montagnes porphyriques. Le mont d'Or, le Puy-de-Dôme, le Cantal, le Chimboraço.... sont des montagnes dont la base est porphyrique.

Mais les porphyres se distinguent à raison de leur base; les unes sont petro-siliceuses, les autres ne sont pas petro-siliceuses. Parmi ces dernières, il en est dont la couleur est cendrée ou d'un gris plus ou moins foncé. Pline les appelle *tephrias* (2); c'est pourquoi j'ai donné le nom de *téphrine* à leur pâte, dans laquelle sont noyés les cristaux de feldspath.

J'ai donné le même nom de *téphrines* aux laves dont la pâte est composée de cette base de ces porphyres.

La couleur de ces laves est d'un gris cendré plus ou moins foncé.

Leur éclat est terreux.

Leur cassure est terreuse.

Elles ont une dureté capable de faire feu contre le briquet.

---

(1) *Voyez* mon Mémoire sur les substances volcaniques, *Journal de Physique*, février 1806, pag. 192.

(2) Τεφρα, *tephra*, cendre; Pline, *liber* XXXVI, *caput* 7.

Leur pesanteur est environ 27.

Chauffées au chalumeau, elles fondent en un verre d'un vert plus ou moins foncé.

PREMIER GENRE.

Du Verre volcanique téphrinique.

Les laves téphriniques en sortant coulantes du cratère, sont souvent à l'état vitreux ; elles forment alors une espèce particulière de verre volcanique. Ce verre est extrêmement abondant au pic de Teyde à Ténériffe.

« Tous les courans de lave, dit Cordier (*Journal de » Physique*, mars 1806, pag. 269), qui recouvrent la » masse conique du pic de Ténériffe, sont vitreux et for- » més de porphyres à base d'obsidienne noire ou verte, » contenant des cristaux de feldspath.

» Les bases de ces laves sont de trois sortes :

» 1°. Les unes sont de basalte (ce sont les fontiformes).

» 2°. Les autres sont de petro-silex.

» 3°. Les troisièmes sont de téphrine. »

Ce verre paroît noirâtre ; mais en l'examinant avec attention, on découvre que sa couleur est d'un vert brun foncé.

Sa cassure est moins conchoïde que celle de l'obsidienne.

Son éclat est également plus terne.

Sa dureté est assez considérable pour donner de vives étincelles par le choc du briquet.

Sa pesanteur est 26.

Chauffé au chalumeau, il donne un verre verdâtre et souvent bulleux.

Le verre fibreux de l'île de Bourbon paroît être un verre téphrinique. Sa couleur est toujours d'un vert sale.

SECOND GENRE.

Du Verre volcanique téphrinique porphyrique.

Plusieurs de ces verres volcaniques téphriniques contiennent des cristaux de feldspath noyés dans leur pâte, et ils forment alors de vrais porphyres vitreux téphriniques.

TROISIÈME GENRE.

De la Ponce téphrinique.

On trouve à Ténériffe une ponce d'un vert sale, laquelle est composée d'un verre téphrinique qui, par la boursoufflure, est passée à l'état de ponce. Cordier m'en a donné des morceaux dans lesquels le verre se trouve encore uni à la ponce.

QUATRIÈME GENRE.

De la Lave poreuse téphrinique.

Les laves téphriniques deviennent poreuses comme les autres espèces de laves, sans doute également par le dégagement de gaz.

CINQUIÈME GENRE.

De la Lave scoriforme téphrinique.

La lave poreuse téphrinique devient scoriforme par un plus grand dégagement de gaz.

SIXIÈME GENRE.

Des Laves compactes téphriniques prismatiques, ou *non prismatiques.*

Toutes les différentes espèces de laves téphriniques dont nous venons de parler, se dévitrifient comme les autres en se refroidissant, et dans les grands courans, la compression les fait passer à l'état de laves compactes : elles forment alors de grandes masses qui ont plus ou moins de solidité.

Quelques-unes de ces laves affectent la forme prismatique comme les autres laves. Cordier en a vu de beaux prismes à Ténériffe.

La couleur de ces laves est en général d'un cendré plus ou moins foncé.

Elles sont plus ou moins remplies de pores et de boursoufflures.

Chauffées au chalumeau, elles fondent en verre verdâtre ou brunâtre.

SEPTIÈME GENRE.

Des Laves téphriniques compactes, ou non compactes porphyriques.

Plusieurs de ces laves téphriniques contiennent des cristaux de feldspath noyés dans leur pâte : elles forment alors de vrais porphyres volcaniques téphriniques.

HUITIÈME GENRE.

Des Laves téphriniques compactes, ou non compactes porphyroïdes.

Quelques autres de ces laves téphriniques contiennent d'autres cristaux que les feldspaths ; savoir, l'olivine, l'augite, l'hornblende... : elles forment alors des porphyroïdes téphriniques volcaniques.

NEUVIÈME GENRE.

Des Laves téphriniques décomposées.

Ces laves téphriniques se décomposent comme les autres laves, et donnent des espèces de pouzzolanes.

DIXIÈME GENRE.

Des Amygdaloïdes volcaniques téphriniques.

On trouve dans les laves téphriniques des amygdaloïdes. Ces amygdaloïdes sont formés ici comme ailleurs. Des eaux tenant en dissolution diverses substances, pénètrent dans ces laves et y déposent les parties qu'elles tiennent en dissolution. J'en ai diverses variétés.

PREMIÈRE VARIÉTÉ. Amygdaloïde gris du Ténériffe, contenant des cristaux d'une substance blanche qui ne fait pas effervescence avec les acides.

Les laves téphriniques peuvent former des variolites, des brèches, des pouddings comme les autres laves.

QUATRIÈME ORDRE.

Des Laves formées par des porphyres hornblendiques.

J'ai fait dans mon Tableau un ordre de laves hornblendiques, parce que la hornblende sert de base à certaines laves ; car le *whinstone* d'Ecosse, que tous les minéralogistes anglais regardent comme une lave, est un memphite ou *grunstein*, c'est-à-dire un porphyre composé de hornblende et de feldspath.

Godon-de-St-Memin a trouvé au val d'Enfer au Mondor, de vrais memphites réduits en laves poreuses. On sait que les memphites ou grunsteins et les siénites sont très-communs ; il n'est donc pas surprenant qu'on les retrouve dans les laves. Il y a plusieurs variétés de ces laves.

PREMIÈRE VARIÉTÉ. Laves poreuses hornblendiques du val d'Enfer au Mondor.

IIème VAR. Lave hornblendique compacte d'Ecosse, *whinstone.*

Kennedy a retiré du whinstone,

Silice.............................. 46
Alumine............................ 19
Chaux 8
Fer oxidé.......................... 17
Natron............................. 3.05
Eau et substances volatiles........ 4.05
Acide muriatique 1

CINQUIÈME ORDRE.

Des Laves formées par des porphyroïdes leucitiques.

On a distingué ces laves par la grande quantité de leucites qu'elles contiennent, et on en a fait une classe particulière ; peut-être est-ce à tort, puisque leur pâte paroît rentrer dans une des trois grandes classes dont nous venons de parler.

On ne trouve de cette lave qu'au Vésuve et dans les volcans éteints qui s'étendent de Naples à Rome.

Les anciens minéralogistes appeloient ces laves *granatiques*, parce qu'on regardoit la leucite comme une espèce de grenat.

Nous venons de décrire les principales variétés de laves qui sont connues ; j'ai ajouté à celles qui avoient été décrites par les minéralogistes, les laves téphriniques et les laves hornblendiques.

Mais il y a d'autres variétés de porphyres que les petrosiliceux, les téphriniques, les hornblendiques... Nous en avons à base de leucostine, à base d'ophitine, à base de cornéenne... On peut donc trouver des laves composées de ces porphyres. Plusieurs minéralogistes pensent même que l'ophite ou le porphyre vert est un produit volcanique, parce qu'on y trouve des agathes.

Peut il y avoir des laves qui aient d'autres bases que des porphyres? par exemple, des laves à base de serpentine, de stéatite...? Nous n'en connoissons pas encore, mais les observateurs en pourront rencontrer.

SIXIÈME ORDRE.

Des Laves formées par des porphyroïdes augitiques.

Quelques laves contiennent une assez grande quantité d'augite pour qu'on puisse regarder cette substance comme composée de porphyroïdes augitiques; c'est pourquoi on doit les appeler *laves augitiques*. Cordier en a décrit plusieurs variétés.

Cependant on n'a pas observé qu'elles forment de grandes couches.

Des Laves prétendues granitiques.

Plusieurs minéralogistes ont parlé de laves granitiques; mais les observateurs, et Bellevue en particulier, ont bien constaté qu'*on ne trouve point de quartz dans les laves connues ;* et comme presque tous les granits contiennent du quartz, on en doit conclure que les laves qu'on a cru granitiques, sont réellement à base de porphyre.

SOIXANTE-TROISIEME LEÇON.

Promenade lithologique à Ménil-Montant.

Ma troisième promenade est à Ménilmontant, Belleville... On y rencontre à peu près les mêmes terrains qu'à Montmartre. Les trois masses de plâtre s'y présentent à peu près de la même manière ; néanmoins on n'y observe point l'argile à détacher ; mais à sa place, entre la seconde masse et la supérieure, on trouve la ménilite dans des couches de schiste siliceux.

La masse supérieure est un peu moins épaisse qu'à Montmartre.

On n'y trouve point la couche des hauts-piliers cristallisée en colonnes basaltiques comme à Montmartre.

Les fossiles y paroissent aussi moins abondans.

Ces coteaux de Ménilmontant, Belleville...., se prolongent au nord jusques du côté de Meaux, et bien au-delà.... On y trouve les mêmes couches de plâtre plus ou moins épaisses.

On apperçoit dans la haute masse de Ménilmontant, à environ trente pieds de hauteur, des rognons de silex isolés à douze ou quinze pieds de distance les uns des autres, qui néanmoins paroissent former une couche, car ils sont à la même hauteur.

Ces silex diffèrent jusqu'à un certain point des silex des craies : leur couleur est d'un jaune blond ; leur dureté est moins grande ; leur facies n'a pas l'aspect de celui de la pierre à fusil ; leur cassure n'est pas aussi conchoïde.

Le silex ou la pierre siliceuse se montre partout dans ces cantons.

La ménilite peut être regardée comme une espèce de silex altérée.

Des calcédoines grossières se trouvent aussi aux environs de Paris.

Enfin on trouve du côté de Champigny, à trois lieues de Paris, sur la Marne, des halbopales hydrophanes qui passent à l'état de vrai pechstein ou pissite, et d'assez belle calcédoine.

Nous avons vu qu'à Montfort-l'Amaury, à neuf lieues au-dessous de Paris, on trouve une grande quantité de pissite.

Au-dessus de la grande masse de plâtre on trouve ici, comme à Montmartre, différentes couches de polier-schiffer, de marne....

On arrive à la couche d'argile, au bas de laquelle on avoit construit une tuilerie où on faisoit avec cette argile des tuiles, des briques....

Mais l'argile y étoit si tenace qu'on étoit obligé d'y mélanger un quart environ du sablon qui se trouve dans les couches supérieures.

Au-dessus des couches d'argile on trouve des rognons considérables d'un silex qui a l'apparence d'une calcédoine. Ses cavités sont remplies de cristaux de quartz.

Enfin le sommet est couvert de sable comme celui de Montmartre, dans lequel on trouve les mêmes coquilles fossiles, du fer oxidé rougeâtre, noirâtre.

Les plâtres de Ménilmontant, de Bellevue... s'étendent jusqu'à Meaux, Château-Thierri...., et font un coteau alongé qui sépare la vallée où coule la Marne, des vallées de Pantin, Bondi, Ville-Parisis....

En traversant les monticules de Ménilmontant et de Belleville, pour descendre dans les plaines de Pantin, on trouve au-dessus de Montfaucon des couches de cette même argile remplies d'une plus grande quantité de cristaux de sélénite.

En descendant le coteau pour arriver dans la plaine où coule le canal de l'Ourcq, on voit qu'elle est composée du tuf dont nous avons parlé, dans lequel il n'y a point de pierre calcaire, point de caillous roulés..... On y a trouvé du côté de Sevran, en creusant le canal, des os d'éléphant, de cheval....

De là on distingue, de l'autre côté de la plaine, au couchant, les coteaux d'Argenteuil, de Cormeil....., qui contiennent dés plâtres analogues à ceux de Montmartre.

Il paroîtroit donc que des courans violens ont coulé dans ces terrains, les ont ravinés, et creusé des vallées.

La colline de Montmartre a été séparée de Belleville, Ménilmontant....

Tous les coteaux de Belleville, Pantin... ont été séparés de ceux d'Argenteuil....

Quant aux plâtres qu'on trouve au mont Valérien, derrière Saint-Cloud, au bas de Meudon, à Châtillon, à Antony, à Villejuif...., ils sont bien de la même nature que ceux de Montmartre, mais leurs couches et leurs positions sont absolument différentes..... A Antony, la couche de plâtre n'a que neuf pieds d'épaisseur.

SOIXANTE-QUATRIÈME LEÇON.

Des Substances renfermées dans les matières volca-niques.

Il faut distinguer en deux classes les substances renfermées dans les matières volcaniques.

Les unes sont particulières aux volcans et ne se trouvent point ailleurs ; telles sont la sommite, l'olivine, l'augite, le fer spéculaire volcanique, l'analcime...

Les autres ne sont point particulières aux volcans ; telles

sont la stilbite, le feldspath, le mica, le spath calcaire, les grenats, le soufre, l'hornblende, le sel ammoniac, la rubine, l'hyacinthine....

On conçoit trois manières dont ces substances particulières aux volcans peuvent avoir été formées.

I. Ou elles sont antérieures à la formation de la lave, et existoient auparavant dans les substances dont ces laves sont formées ; le feu ne les aura pas altérées, ou au moins fort peu, et elles seront demeurées à peu près intactes dans la lave.

II. Ou elles ont été formées dans la lave lorsqu'elle étoit coulante, et y auront cristallisé par voie d'affinité, comme les leucites.

III. Ou elles ont été formées postérieurement,
a Par infiltration,
b Par sublimation.

Des Substances renfermées dans les matières volcaniques, et antérieures à la formation de ces matières.

On trouve dans plusieurs laves et autres matières volcaniques, des substances étrangères qui leur paroissent antérieures, c'est-à-dire qui y ont existé avant la formation de la lave. Le feldspath, par exemple, qu'on rencontre dans les laves porphyriques et obsidiennes, préexistoit dans ces granits et ces porphyres dont elles sont formées... On doit dire la même chose d'un grand nombre d'autres substances qui se trouvent dans ces laves.

Des substances formées dans la lave coulante.

Un grand nombre de substances paroit avoir été formé dans la lave coulante, car on les y trouve absolument enveloppées dans la lave, et des morceaux de la lave sont au milieu de ces substances, comme on le voit dans des cristaux de leucite.

Des Substances formées par infiltration dans les matières volcaniques, ou amygdaloïdes volcaniques.

Plusieurs des substances qu'on observe dans les matières volcaniques y ont été formées par infiltration.

1. La zéolite. On trouve dans un grand nombre de déjections volcaniques de la zéolite cristallisée en prismes très-déliés. On ne sauroit douter qu'elle ne soit postérieure à la formation de la lave ; elle y aura donc été formée par des eaux qui la tenoient en dissolution, et l'auront déposée dans les petites cavités de la lave scoriforme.

2. Le spath calcaire. La même chose a lieu pour du spath calcaire.

Des Substances formées par sublimation dans les matières volcaniques.

Un assez grand nombre de substances qu'on trouve dans les matières volcaniques a été sublimé.

1. Le soufre. Il s'en sublime une très-grande quantité dans tous les cratères des volcans.

2. Le sel ammoniac pur. On en trouve au Vésuve et dans plusieurs autres volcans.

3. Le sel ammoniac cuivreux. C'est le sel ammoniac qui a sublimé du cuivre.

4. Le sel ammoniac martial. C'est le sel ammoniac qui a sublimé du fer.

5. La rubine d'arsenic. Elle est un mélange de soufre rouge et d'arsenic sublimé.

7. Le fer spéculaire volcanique. Il paroît avoir été sublimé.

Des Substances étrangères contenues dans les laves.

La plupart des laves contiennent des substances étrangères à leur nature. Je vais indiquer celles qu'on y rencontre le plus souvent.

a L'olivine,
b La leucite,
c La mélanite,
d Le grenat,
e L'augite,
f L'hornblende,
g Le feldspath,
h Le mica,
i La zéolite,
k La stilbite,
l L'analcime,
m La sommite,
n La mélilite,
o La séméline,
p La ceylanite,
q La caussite,
r La limbite,
s La sideroclepte,
t L'hyacinthine,
u La meionite,
v Le saphir,
x Différentes substances métalliques,
y L'asphalte,

z Le

z Le spath calcaire.

aa Le soufre,

bb Le sel marin,

cc La potasse,

dd Le sel ammoniac,

ee Le sel ammoniac martial,

ff Le sel ammoniac cuivreux,

gg La rubine d'arsenic,

hh Le fer spéculaire,

ii Le fer titané....

Plusieurs de ces substances n'ont été trouvées jusqu'ici que dans les matières volcaniques, telles que la leucite, la meionite, la sommite, la mélanite....; ce qui a fait présumer que les foyers d'où ont été rejetées ces substances sont à de plus grandes profondeurs que celles où nous avons pénétré.

On doit supposer que de toutes ces substances préexistantes dans les matières qui ont formé les laves, quelques-unes étoient combinées comme le soufre dans les pyrites, le natron dans le sel marin.

Quelques autres néanmoins ont pu être produites par de nouvelles combinaisons, comme l'ammoniaque.

Mais la majorité doit exister dans des terrains qui nous sont encore inconnus.

Observations générales sur les pierres volcaniques.

Les pierres volcaniques nous ont présenté des caractères entièrement différens de ceux qui n'ont pas éprouvé l'action du feu : cependant il est des circonstances où on a beaucoup de peine à distinguer si telle pierre provient des volcans ou n'en provient pas. Des savans également recommandables sont d'avis opposés. Nous avons

2.

dit (pag. 459, tom. 11) que les *pechstein porphyres*, par exemple, sont regardés par Werner et toute son école, comme les produits d'une dissolution aqueuse ; tandis que les minéralogistes français et italiens les regardent comme de vraies laves vitreuses qui ont subi l'action du feu.

Bergman convient qu'on ne peut assurer si tel minéral est volcanique ou ne l'est pas, qu'en connoissant le lieu où on l'a recueilli.

L'observateur doit se transporter dans les lieux où on a vu couler les laves des cratères des volcans, comme à l'Etna, au Vésuve, à l'Hécla, au pic de Teyde, au Mexique, au Pérou....., et il constatera bien tous les caractères des substances qu'il ne pourra douter avoir été à l'état de laves.

Il les comparera avec celles qu'on regarde comme les produits de l'action de l'eau ; il multipliera ces comparaisons ; il aura grande attention aux gisemens et à toutes les autres circonstances qui peuvent l'éclairer.

Il ne négligera pas de soumettre ces différentes substances aux divers essais physiques et chimiques, pour constater leurs qualités respectives.

Il en fera l'analyse avec tous les moyens que l'art fournit actuellement.

Enfin, il oubliera toutes les opinions, tous les systèmes ; et réunissant toutes ces données, il prononcera avec la plus grande impartialité sur l'identité ou la différence de ces substances.

Il n'est pas douteux qu'avec toutes ces précautions on parviendra à la fin à avoir des caractères à peu près certains pour prononcer si telle substance a été volcanique ou ne l'a pas été.

SOIXANTE-CINQUIÈME LEÇON.

Des Pierres pseudo-volcaniques.

On appelle substances *pseudo-volcaniques* des substances qui ont éprouvé l'action de feux qui ne sont pas volcaniques. Il y a un grand nombre de mines de charbon enflammées soit par la décomposition des pyrites, soit de toute autre manière. Les schistes et les autres substances qui sont dans les environs de ces embrâsemens, ou couvrent ces couches de houille, sont chauffées avec plus ou moins de violence, et présentent toutes les apparences de matières volcaniques.

A la Bouiche en Auvergne on trouve une grande quantité de ces substances pseudo-volcaniques qui ont été chauffées par des houilles enflammées.

PREMIER GENRE.

Des Schistes chauffés par l'inflammation des houilles.

Dans les mines de houille enflammées, on observe que les schistes et autres substances qui les recouvrent, éprouvent les mêmes altérations par la chaleur que dans les volcans. Werner a décrit ces substances avec son exactitude ordinaire.

J'ai de ces substances qu'on ne sauroit distinguer de celles qui ont été rejetées par les volcans.

DEUXIÈME GENRE.

Du Tripoli.

Tripela. Terra Tripolitana des Italiens.
Tripel-erde des Allemands.
Trippel des Suédois.
Trippoli des Anglais.
Tripolo des Italiens.
Sable mêlé d'argile.

COULEUR, jaune, rouge, gris.
ECLAT, 300.
PESANTEUR, 18500.
DURETÉ, 1800.
ELECTRICITÉ, anélectrique.
FUSIBILITÉ, 2000.
VERRE, noirâtre.
CASSURE, grenue, feuilletée.
MOLÉCULE, indéterminée.
FORME, indéterminée.

Le tripoli ne cristallise point.

C'est une pierre légère, sèche, maigre; ses parties sont tenues, ont peu de cohérence entr'elles, mais sont très-dures.

Sa couleur varie beaucoup; il y en a de blanchâtre, de gris, de jaune, de rouge...

Il n'est point soluble dans les acides.

Il durcit au feu et s'y vitrifie.

La plupart des tripolis mis dans l'eau y conservent leurs formes; mais ceux d'Angleterre y tombent en poussière fine; c'est ce qui les rend si précieux dans les arts. Il y

en a de deux espèces ; les uns sont gris et les autres sont
jaunâtres : elles sont toutes deux cariées.

Les minéralogistes ne sont point d'accord sur la nature
du Tripoli.

Les uns le regardent comme un bois fossile : c'est
l'opinion de Garidel ; mais elle paroît peu fondée.

D'autres pensent que le tripoli est une espèce d'argile
qui contient une portion considérable d'un sable quartzeux très-fin.

Le tripoli se trouve en plusieurs endroits ; mais on
croit qu'il a toujours été chauffé par des feux souterrains.

Il contient souvent du gypse.

Haase a retiré du tripoli ,

Silice............................... 90
Alumine............................. 7
Fer 3

TROISIÈME GENRE.

Du Porcelanite, ou *du jaspe-porcelaine.*

Werner a donné le nom de *jaspe - porcelaine* à des
schistes chauffés au point d'éprouver une vitrification semblable à celle de la porcelaine ; ils ont d'ailleurs la dureté du jaspe ; c'est pourquoi il les a appelés
jaspe-porcelaine.

Quelquefois ces porcelanites sont composés de plusieurs
couches, comme les schistes.

QUATRIÈME GENRE.

Des Schistes pseudo-volcaniques scoriformes.

Les schistes pseudo-volcaniques passent à l'état scoriforme lorsque le degré de feu auquel ils sont exposés est
assez considérable.

J'ai des schistes de Labouisse qui sont à l'état scoriforme. Dans un de ces morceaux on voit une portion de
schiste encore entière.

CINQUIÈME GENRE.

Des Verres pseudo-volcaniques.

La chaleur encore plus élevée fait passer ces schistes à
l'état de verre. Ce verre ressemble à celui des laves fontiformes provenant de schistes.

Ce verre est noir.

Il fait feu au briquet.

Au chalumeau, il fond en verre noir.

SIXIÈME GENRE.

Du Verre pseudo-volcanique dévitrifié.

On trouve également à la Bouiche des verres pseudo-
volcaniques dévitrifiés. Lacoste-Plaisance m'en a envoyé.
Leur couleur est d'un gris-sale.

Ils se présentent sous forme globuleuse et sont composés de petits prismes dont on ne peut déterminer la
figure, et qui partent d'un centre commun en rayons
divergens.

Il seroit inutile d'entrer dans de plus grands détails sur
ces substances, parce qu'elles présentent toutes les variétés
qu'on trouve dans les laves fontiformes provenant de
schistes.

Des Météorolites.

Météorolites de Delamétherie (1).
Bolides de Chladni.
Meteormassen des Allemands (2).
Pierres météoriques.

COULEUR, noire à l'extérieur, d'un gris métallique à
l'intérieur.
ECLAT, terne.
PESANTEUR, 3400.
DURETÉ, 1000.
CASSURE, grenue.
MOLÉCULE, indéterminée.
FORME, irrégulière, arrondie.

Ces substances avoient été connues des Anciens; mais
la Physique moderne en avoit révoqué en doute l'existence jusqu'à Chladni.

Sa couleur à l'extérieur est noire, comme celle du
fer oxidé par la chaleur.

A l'intérieur, elle est d'un gris métallique.

Les météorolites font ordinairement varier l'aiguille
aimantée.

Elles raient le verre.

Ce fut en 1794 que Chladni, professeur de Physique
à Wittenberg, rappela l'attention des physiciens sur la
réalité de l'existence de ces corps, à l'occasion de celui
qui tomba à Sienne.

Néanmoins il y avoit encore des personnes qui n'é-

____

(1) *Journal de Physique.*
(2) *Dictionnaire de Chimie*, tom. 1, pag. 405.

toient pas persuadées; mais le phénomène qui eut lieu à l'Aigle en Normandie, en 1803, ne permit plus d'en douter. Il y tomba plus de deux à trois mille de ces corps, dont quelques-uns pesoient jusqu'à dix-sept livres.

Depuis cette époque on s'est attaché à constater la chute de tous les météorolites qu'on a pu observer, et il y en a eu un assez grand nombre.

On a rangé parmi les météorolites le fer que Pallas a observé en Sibérie; mais ce fer contient de l'olivine; ce qui indique plutôt qu'il est d'origine volcanique.

Les chimistes se sont empressés de faire l'analyse de ces corps.

Howard a retiré d'un météorolite tombé à Benarès,

Silice. 46
Magnésie. 21
Fer oxidé 33
Nickel. 2

Proust a retiré de celui tombé en Espagne.

Silice. 66
Magnésie. 20
Fer oxidé noir. 5
Fer sulfuré au *minimum*. 12
Chaux et manganèse, des atomes.

Laugier a analysé cinq météorolites, celui de Ensisheim, celui de Barbotan, celui d'Aigle, celui d'Apt et celui de Vérone. Il y a trouvé un centième de chrome. (*Annales de Chimie française*, juin 1806.)

Thénard a analysé un météorolite tombé à Alais le 15 mars 1806; il en a retiré (*Bibliothèque Britannique*, nᵒˢ 255, 256.

Silice. 29
Magnésie. 9
Soufre. 4
Eau 17
Fer oxidé 40
Nickel oxidé. 15
Manganèse oxidé 2
Chrome oxidé. 1
Charbon 2

Lowitz est le premier qui ait trouvé le chrome dans les météorolites. (*Journal de Physique*, tom. LXII, pag. 463.)

Sage y a trouvé l'alumine.

Vauquelin a analysé le météorolite tombé auprès d'Orléans en 1810 ; il en a retiré,

Silice. 38.04
Fer magnétique. 25.08
Magnésie. 13.06
Alumine 3.06
Chaux 4.02
Chrome. 1.05
Manganèse. 0.06
Nickel. 6
Soufre 5

On a ensuite recherché la nature et l'origine de ces substances.

Elles ont éprouvé l'action du feu : c'est un fait à peu près généralement avoué ; car elles sont noires et oxidées à leur surface : on les a toujours trouvé chaudes et même quelquefois brûlantes lorsqu'on les a ramassées au moment de leur chute....

Enfin cette chute est toujours accompagnée de détonations plus ou moins bruyantes.

Mais comment ces substances ont-elles été formées ? On a avancé plusieurs opinions à cet égard.

1°. Chladni, qui a constaté le premier la réalité de leur existence, pense que ces corps ont été formés séparément de parties qui ne sont point entrées dans la formation des grands globes ; ils circulent à travers tous ces globes, et lorsqu'ils en approchent, ils en sont attirés et tombent à leur surface.

2°. Quelques savans anglais ont dit que ces météorolites peuvent avoir été lancés par les volcans de la lune. Le calcul a fait voir qu'en supposant qu'ils eussent reçu une impulsion six fois plus forte que celle que reçoit un boulet de vingt-quatre, ils pourroient arriver jusqu'à la surface de la terre dans des circonstances favorables.

3°. Mais l'opinion qui me paroît la plus vraisemblable , est celle qui regarde ces météorolites comme provenant de corps réduits en vapeurs, et tenus en suspension dans l'atmosphère par de grandes masses de gaz inflammable. Ce gaz est enflammé par des étincelles électriques ; ce qui produit les détonations, les éclairs : toutes ces parties se réunissent par les lois des affinités ; les métaux sont oxidés, et la masse devient brûlante.

Observations sur les feux souterrains, sur les volcans.

L'existence de feux souterrains ne peut être révoquée en doute. Ces feux altèrent plus ou moins les minéraux qui se trouvent exposés à leur action. C'est ce qui est prouvé par les phénomènes que nous venons d'exposer , à la Bouiche , et dans toutes les mines de houille qui sont enflammées ; et il est peu de grandes exploitations de houille dont quelques portions ne soient enflammées.

Il est plusieurs mines de houille ainsi enflammées dans les riches houillières du Forez, dans celles de Rive-de-Giez auprès de Lyon, dans celles du Périgord...

L'observation prouve en général que cette inflammation est produite par la décomposition des pyrites. Ceci s'observe journellement dans des matières bitumineuses contenant une grande quantité de pyrites, du côté de Laon. On amoncelle cette substance lorsqu'on l'a extraite du sein de la terre, et on la laisse ainsi exposée à l'air ; les pyrites se décomposent et s'enflamment ; on voit d'abord le soufre brûler avec sa flamme bleue, et la partie bitumineuse s'enflamme ensuite....

On ne peut donc douter que la même décomposition de pyrite n'ait enflammé ces portions de mines de houille dont nous venons de parler.

Cette inflammation se fait ordinairement tranquillement, et ne produit d'autres effets que la combustion de la houille et l'altération des substances qui sont exposées à son action.

Mais si par quelqu'événement il arrivoit dans ces foyers embrasés quelques courans d'eau souterrains, savoir, par la combustion de la houille ou l'écoulement de quelque portion de terrain, cette eau scroit réduite en vapeurs, et procureroit des commotions plus ou moins considérables.

C'est à de pareilles causes en général qu'on a cru devoir attribuer les phénomènes que présentent les volcans.

Mais il est un grand nombre de volcans qui sont dans les terrains primitifs où on ne suppose point de bitume, il faut donc avoir recours à d'autres causes... C'est ce que nous exposerons en parlant de la géologie.

SOIXANTE-SIXIÈME LEÇON.

Promenade lithologique à Neuilly, Saint-Ouen....

La quatrième promenade lithologique est à Neuilly, Saint-Ouen...

Tout le coteau au-dessus de Chaillot, de Passy est de pierre calcaire.

Derrière la Muette, on trouve dans les carrières ouvertes des espèces de silex cristallisés comme le gypse lenticulaire.

En descendant à Neuilly, on traverse la plaine des Sablons, qui est composée de cailloux roulés, comme celle de Vaugirard.

Lorsqu'on a passé le pont, en remontant à droite du côté de Courbevoie, on trouve dans les lieux creusés pour faire la levée qui conduit au pont, une carrière de pierre calcaire qui contient des petits bancs cristallisés composés de calcaire muriatique (inverse) et de quartz transparent parfaitement cristallisé.

On y trouve aussi du fluor en petits cubes. Ce fluor avoit été apperçu primitivement par Lambotin, dans une carrière auprès du Marché-aux-Chevaux.

Si on suit la route de Saint-Germain jusqu'à Nanterre, on observe de grands bancs de pierre calcaire, et on trouve à travers de ces bancs une substance pulvérulente d'un beau blanc; c'est du calcaire appelé ordinairement *farine fossile.*

En descendant de Courbevoie, du côté de Saint-

Denis, le terrain est jonché de cailloux roulés, comme la plaine de Montrouge.

Arrivé vis-à-vis Saint-Ouen, on traverse la rivière, et on trouve dans les terrains au bas du village, dans le bassin de la rivière, ces singuliers silex qui sont si légers qu'ils nagent sur l'eau, et dont nous avons parlé (pag. 39 du tom. 11).

Nous ne faisons pas ordinairement d'autres promenades que celles dont nous venons de parler, parce que la promenade ne durant que quelques heures, nous ne nous éloignons pas de la ville. Cependant il y en auroit encore une très-intéressante en remontant le long de la rivière ; on y trouve beaucoup de meulières ou molarite, particulièrement du côté d'Essone. Les premières meulières que j'ai apperçues sont le long même du mur de clôture de Paris, en remontant de la rivière de Bièvre à la route de Villejuif.

Le nombre des fossiles qui se trouvent dans les environs de Paris est immense. On compte à Grignon seul près de cinq à six cents espèces de coquilles fossiles, dont il y a environ quarante ou cinquante espèces qui ont leurs analogues vivans. Le nombre des autres fossiles n'est pas moins considérable ; mais dans nos promenades, nous n'en faisons pas une étude particulière.

Les faits que nous venons de rapporter prouvent que les environs de Paris présentent aux élèves des choses assez curieuses pour les terrains secondaires et ceux d'alluvion. Ces promenades leur apprennent l'art de l'observation ; ils reconnoissent bientôt que la vue des minéraux dans les cabinets est bien différente de cette même vue dans la nature. Je leur fais observer qu'on n'y trouve qu'un très-petit nombre de substances cristallisées, et que

par conséquent il faut avoir, pour reconnoître ces minéraux, d'autres caractères que ceux tirés de la cristallographie. Enfin ils se convainquent qu'on ne peut devenir
minéralogiste dans ces cabinets. Dolomieu avoit fait les
mêmes observations. « Dites aux minéralogistes de Paris,
m'écrivoit-il, que je viens de faire quatre à cinq cents
lieues dans une partie de la France, dans les Alpes,
en Italie..., sans trouver un seul cristal. »

Il est fâcheux que dans ces environs de Paris il n'y
ait point de terrains primitifs, ni de terrains volcaniques,
pour y accompagner également les élèves.

SOIXANTE-SEPTIÈME LEÇON.

DIXIÈME CLASSE.

Des Fossiles.

Les fossiles sont des corps étrangers, en quelque façon,
au règne minéral. Des débris d'animaux et de végétaux
ont été enfouis dans les différentes couches de la terre,
soit dans des pierres, soit dans des filons métalliques,
soit dans des couches terreuses ou bitumineuses; ils y ont
été conservés plus ou moins parfaitement; c'est ce qu'on
appelle les *fossiles*, lesquels sont par conséquent de deux
espèces :

Les fossiles animaux,
Les fossiles végétaux.

Mais ces fossiles se présentent sous six états différens.

1°. Les uns sont peu altérés; tels sont les rhinocéros

trouvés sur les bords du Viloui en Sibérie, certains insectes empâtés dans le succin, plusieurs ossemens fossiles...'

On trouve aussi des bois fossiles parfaitement conservés.

2°. Plusieurs fossiles sont décomposés, changés en une espèce de terreau, et forment un *humus*; c'est ce qu'on appelle les fossiles *terréfiés*.

3°. D'autres fossiles sont bituminisés, ou convertis en bitumes; tels sont les charbons ou houilles.

4°. Quelques fossiles sont pénétrés par les substances métalliques; ce sont les fossiles métallisés : tels sont plusieurs poissons, plusieurs coquilles....

5°. D'autres fossiles sont absolument convertis en pierres, tels que des coquilles, des bois....

6°. Dans le sixième état, les fossiles ont disparu et n'ont laissé que leurs empreintes, lesquelles sont appelées *typolites* : c'est ce qu'on observe particulièrement par rapport aux feuilles et aux plantes herbacées.

L'histoire des fossiles, envisagée sous ce point de vue, est une des parties les plus difficiles de l'histoire naturelle. Il faut connoître tous les animaux, tous les végétaux, et leurs diverses parties, pour pouvoir y comparer les fossiles qu'on rencontre ; il est même nécessaire d'avoir les objets sous les yeux. On rencontre, par exemple, un os fossile, une coquille fossile..; comment s'assurer des rapports qu'ils peuvent avoir avec des objets vivans, si on n'a sous les yeux ceux-ci avec les fossiles ?

Il est même un très-grand nombre de fossiles dont on ne connoît point les analogues vivans. Sans doute il en est plusieurs qui n'existent plus ; mais on en pourra trouver quelques autres. Peron a apporté de la Nouvelle-Hollande l'analogue de la crassatelle fossile, *crassatella* qui se trouve auprès de Beauvais.

L'histoire des fossiles est extrêmement intéressante par rapport à la géologie. Ces débris des êtres organisés nous indiquent des phénomènes qui ont eu lieu dans les dernières époques de la formation de la surface du globe, et dont il est bien difficile d'assigner les causes ; mais l'objet du minéralogiste est de recueillir des faits.

PREMIÈRE DIVISION.

Des Fossiles fournis par le règne végétal.

Les différentes parties des plantes se trouvent dans le sein de la terre sous les six états dont nous avons parlé.

I. Elles peuvent être conservées en entier ; ce qu'on appelle particulièrement *végétaux fossiles*, et que j'ai désigné par le mot *phytorussite* (1). Elles se sous-divisent :

   a Les rhizorussites (2), racines fossiles.

   b Les xilorussites (3), les bois fossiles.

   c Les calamorussites (4), les tiges fossiles.

   d Les phillorussites (5), les feuilles fossiles.

   e Les carporussites (6), les fruits fossiles.

II. Ces différentes parties de végétaux peuvent être terréfiées, et nous aurons,

   a Les phytogées, ou végétaux terréfiés ,

   b Les rhizogées, ou racines terréfiées,

---

(1) Φιτως, *phitos*, végétal ; ωρυσσο, *orusso fodio*.

(2) Ριζα, *rhiza*, racine.

(3) Ξιλων, *xilon*, bois.

(4) Καλαμως, *calamos*, tige.

(5) Φιλλων, *phillon*, feuille.

(6) Καρπως, *carpos*, fruit.

c Les

c Les zilogées ou bois terréfiés,
d Les calamogées ou tiges terréfiées,
e Les phillogées ou feuilles terréfiées,
f Les carpogées ou fruits terréfiés.

III. Ces différentes parties des végétaux peuvent être bituminisées, et nous aurons,

a Les phytoasphaltes,
b Les rhizoasphaltes,
c Les xiloasphaltes,
d Les calamoasphaltes,
e Les philloasphaltes,
f Les carpoasphaltes.

IV. Ces différentes parties des végétaux peuvent être métallisées, et nous aurons,

a Les phyto-métalliques,
b Les rhizo-métalliques,
c Les xilo-métalliques,
d Les calamo-métalliques,
e Les phillo-métalliques,
f Les carpo-métalliques.

V. Ces différentes parties de végétaux peuvent être pétrifiées, et nous aurons,

a Les phytolites,
b Les rhizolites,
c Les xilolites,
d Les calamolites,
e Les phillolites,
f Les carpolites.

VI. Ces différentes parties de végétaux ne peuvent laisser que leurs empreintes, et nous aurons,

2. 36

a Les phytotypolites,
b Les rhizotypolites,
c Les xilotypolites,
d Les calamotypolites,
e Les phyllotypolites,
f Les carpotypolites.

Nous allons parler succinctement de ces diverses parties de végétaux qui ont été enfouies et réduites à ces différens états.

PREMIER ORDRE.

Des Bois fossiles entiers.

On trouve dans le sein de la terre une assez grande quantité de bois fossiles. Ces bois sont à différens états.

1°. Les uns sont entiers et assez bien conservés pour être employés dans les arts. Dans le val d'Arno, on trouve des chênes fossiles dont on se sert pour la charpente.

2°. D'autres sont plus ou moins altérés ; tels sont ceux que l'on trouve dans la Prusse ducale, dans lesquels est le succin.

Du Dusodile.

Dusodile de Cordier (1).
Terre feuilletée bitumineuse.

Cette substance se présente sous forme de feuillets minces, opaques, qui deviennent cependant translucides dans l'eau.

Leur couleur est tantôt d'un gris verdâtre, tantôt d'un gris jaunâtre.

---

(1) *Journal des Mines*, avril 1808.

Les feuillets se délitent avec une grande facilité; ils sont un peu flexibles, et ont une certaine élasticité.

En soufflant dessus, ils exhalent une odeur argileuse.

Cette substance brûle avec une certaine difficulté, elle donne une flamme claire et une odeur bitumineuse insupportable, analogue à celle des pierres calcaires les plus fétides; c'est pourquoi on lui a donné dans le pays où elle se trouve le nom de *stercus diaboli*.

Cordier a substitué à ce nom celui de dusodile, de *dusodos*, qui, en grec, signifie fétide.

Fleuriau-Bellevue m'avoit donné, il y a très-long-temps, des morceaux de cette substance, sous le nom de *feuilles fossiles de Melili près Syracuse, qui sont sous des bancs calcaires pêle-mêle avec des courans de lave et de tufs volcaniques.*

Celle que décrit Cordier lui a été donnée par Dolomieu. Il l'avoit également prise à Melili.

SECOND ORDRE.

Des végétaux terrefiés. (Phitogées.)

Les végétaux fossiles peuvent être altérés et décomposés au point d'avoir perdu toute leur consistance, et d'être réduits à un état terreux, sans néanmoins être minéralisés.

Je les divise en deux espèces bien distinctes :
L'une qui forme les humus,
L'autre qui forme les tourbes.

PREMIÈRE ESPÈCE.

De l'Humus.

Le véritable humus provient de la décomposition des végétaux. Il varie suivant la nature du végétal et le degré de sa décomposition; car il y reste une partie plus ou moins considérable de parties huileuses, extractives, résineuses, salines.

La décomposition des parties animales donne également un humus, qui varie suivant la nature de l'animal et le degré de sa décomposition. On a donc en général deux espèces d'humus :

L'*humus végétal*, qui est l'humus ordinaire,
L'*humus animal*, qui est plus rare.

Mais ces humus ne sont pas ordinairement purs; ils se mélangent avec les terres dans lesquelles ils se trouvent.

L'humus ordinaire, celui qui se trouve à la surface de la terre, et qui provient de la décomposition des végétaux et des animaux, résulte du mélange de celui-ci avec différentes terres. L'humus d'une forêt, par exemple, est le mélange de la terre qui en fait le sol avec les débris des feuilles, des petites branches, des tiges, des racines des plantes et des arbres qui y périssent; il faut y ajouter l'humus des animaux qui y meurent et de leurs excrémens... On sent quelle variété d'humus ces mélanges doivent donner.

Le sol peut être

Argileux,
Marneux,
Crétacé,
Schisteux,

Magnésien ,

Ferrugino-schisteux.

On a donc six variétés principales d'humus. Mais ces terres ne sont jamais pures ; elles sont toujours mélangées les unes avec les autres en différentes proportions, ce qui donne un grand nombre de variétés secondaires.

Enfin la nature des plantes et des animaux qui s'y décomposent, et leur quantité, produiront de nouvelles variétés d'humus que nous ne saurions détailler.

Les dépôts des eaux ou leurs limons donnent également des humus différens.

L'*humus lacustris* de Cronstedt, est le limon des marais, des étangs et des lacs d'eaux douces ; il est le produit des plantes aquatiques, littorales ou autres, et des débris de quelques animaux principalement aquatiques.

Cet humus sera également mélangé avec différentes terres.

L'*humus maritimus*, ou limon des mers et des lacs salés, est le produit de la décomposition des végétaux et des animaux qui périssent dans ces eaux, mélangé avec les différentes terres du fond de ces mers et lacs.

L'*humus bituminosus*, ou limon des lacs bitumineux, tel que celui de la mer Morte.

L'humus paroît être la partie des terres la plus favorable à la végétation ; mais pour connoître la manière dont il y influe, il faut se rappeler que,

1°. La végétation a lieu dans l'eau distillée la plus pure ; néanmoins la végétation y est foible, les racines souffrent.

2°. Les engrais rendent la végétation plus vigoureuse ; ils sont portés dans l'intérieur de la plante et lui fournissent des principes nourrissans : ces principes influent

même sur les sucs de la plante. Les vins fins sont dé-
tériorés par les engrais. Des plantes auxquelles on a fourni
de certains engrais, tels que la *poudrette* (matières fécales
desséchées en trop grande quantité), en sont tellement
détériorées que les animaux refusent de les manger...

L'humus réunit les qualités les plus favorables à la végétation.

a Il contient beaucoup de parties charbonneuses, huileuses, mucilagineuses, acides, alcalines, dans un état
de décomposition avancée qui ne peut altérer les sucs
de la plante.

b Il absorbe l'eau, et ne la conserve pas assez de temps
pour faire souffrir les racines.

Un des humus les plus précieux pour l'agriculture,
surtout pour les jeunes semis, est celui de bruyères. Il
est noir, léger...; mais avant que de l'employer, les bons
agriculteurs l'exposent long-temps à l'air, quelquefois
deux, trois, quatre ans, et le remuent souvent pour que
la putréfaction des parties huileuses, mucilagineuses....
soit entière, et que toutes ses parties s'imprègnent d'air,
vraisemblablement d'oxigène. C'est un des avantages du
labourage.

Un des autres avantages du labourage est que les terres
ainsi exposées à l'air, à la pluie, aux différentes tempéra-
tures..., se divisent en petites parcelles, ce qui permet
aux racines de s'y étendre facilement. On sait que la
marne, employée dans l'agriculture, a d'autant plus de
mérite qu'elle se divise davantage à l'air, et on l'y laisse
toujours exposée plus ou moins de temps.

D'ailleurs nous avons vu que les terres très-blanches
dont on fait la porcelaine, mises dans des tonneaux propres, avec de l'eau propre, y éprouve un *mouvement par-*

ticulier presqu'analogue à un *mouvement de fermentation*, et devient noire.

Les terres employées par l'agriculture éprouveroient-elles un mouvement analogue ? et influeroit-il sur leurs propriétés relativement à l'agriculture ?

Mais l'humus pur, celui qui résulte uniquement de la décomposition avancée des parties végétales et animales, est moins bon que les humus mélangés dont nous venons de parler, parce qu'il est trop léger.

Le meilleur en général est celui qui est mélangé avec une portion considérable de silice et d'alumine. La silice diminue la trop grande ténacité de l'alumine, et rend la terre *meuble*. L'alumine conserve l'humidité, et les débris des parties végétales et animales donnent des parties charbonneuses, huileuses, muqueuses, salines, acides, alkalines....

Les terrains trop siliceux, comme les sables, ne conservent point assez l'humidité.

Les craies, proprement dites, sont dans le même cas ; d'ailleurs elles acquièrent une compacité qui empêche que les racines puissent s'y étendre.

Les terres magnésiennes sont dans le même cas; elles ne sont pas favorables à la végétation.

L'alumine pure constitue les argiles ou glaises des agriculteurs; elles ont trop de compacité, et retiennent l'eau qui pourrit les racines.

Une trop grande quantité d'oxide de fer produit les mêmes effets.

Les meilleures terres pour l'agriculture sont donc des mélanges de ces différentes terres.

Si l'on cultive des plantes *gourmandes*, telles que la

maïs, le froment..., on préférera une terre où l'alumine soit abondante et contienne beaucoup d'humus.

Pour les autres plantes, on choisira une terre plus légère, où il y ait moins d'alumine.... et beaucoup d'humus.

SECONDE ESPÈCE.

De la Tourbe.

Turfa de Wallerius.
Turf des Suédois.
Torf des Allemands.
Turf des Hollandais.
Braun-kohle de Klaproth, de Werner.

La tourbe est en général le produit de végétaux fossiles altérés, mais pas minéralisés.

Je crois qu'on en doit distinguer deux variétés très-différentes, et dont les caractères sont bien prononcés.

La première, que j'appelle *marécageuse*, est formée dans des eaux marécageuses.

La seconde est formée par une décomposition particulière des bois fossiles ou autres végétaux ; telle est celle du Brulh auprès d'Andernach. C'est pourquoi je lui ai donné le nom de *tourbe sèche*.

De la Tourbe marécageuse.

Les caractères principaux de cette tourbe sont les suivans :

1°. Elle est d'une couleur plus ou moins claire, plus ou moins foncée.

2°. Son éclat est terreux.

3°. Elle a peu de dureté.

4°. Sa pesanteur n'est pas considérable.

Cette tourbe paroît composée de racines, de feuilles et de tiges de plantes aquatiques plus ou moins décomposées, et dont une partie est déjà réduite en humus. Il peut encore s'y trouver des terres étrangères mélangées.

On y rencontre quelquefois des coquillages et plusieurs débris des os de grands animaux, des têtes de plusieurs espèces de bœufs, des cornes de plusieurs espèces de cerfs, de daims....

Ces tourbes sont quelquefois assez légères pour que de grandes masses nagent sur les eaux, comme on le voit en Hollande, en Frise...; d'autres fois elles sont plus pesantes que l'eau.

La bonté de la tourbe dépend de l'altération plus ou moins complète de ces plantes, qui ne doivent pas être trop décomposées, ni être minéralisées.

On distingue plusieurs variétés de cette tourbe.

PREMIÈRE VARIÉTÉ. *Turfa foliata* de Cronstedt.

Elle est composée de plantes qui ne sont pas encore décomposées et dont on distingue les feuilles.

IIème VAR. Tourbe limoneuse.

La décomposition des plantes est plus entière dans cette variété ; on y voit peu de plantes, et elle se présente presque comme une terre limoneuse.

IIIème VAR. Tourbe fétide.

Quelques tourbes donnent en brûlant une odeur très-fétide, soit par le développement d'un gaz *ammoniacal*, soit par celui d'un gaz hydrogène sulfuré ; car dans ces tourbes il se forme des pyrites qui, par leur décomposition, laissent échapper du gaz hydrogène sulfuré.

Proust a donné l'analyse d'une de ces tourbes qui venoit de Dax (1).

Cent parties lui ont donné,

1°. De l'eau,

2°. Du vinaigre mêlé d'ammoniaque,

3°. Une huile figée, oo.6,

4°. De la silice,

5°. De la magnésie,

6°. Chaux sulfatée.

En faisant bouillir sur cette tourbe de l'acide nitrique, il en a retiré,

De l'acide oxalique,

Du jaune amer.

Cet acide acéteux et cette huile indiquent que la décomposition des végétaux n'étoit pas très-avancée.

De la Tourbe sèche.

Je donne ce nom à la tourbe qui n'est point formée dans les eaux, comme celle dont nous venons de parler ; elle paroît être le produit de bois fossiles qui se sont décomposés et sont convertis en une espèce d'*humus* qui n'est point minéralisé.

Première variété. Terre de Bonn, de Brulh...

On trouve du côté d'Andernach, à Brulh, à Bonn...; un espace de vingt lieues de longueur entièrement rempli d'un combustible terreux d'un brun noirâtre. La surface de ce terrain est couverte de cailloux roulés.

Au-dessous de ce terrain se trouve cette tourbe, qui

____

(1) *Journal de Physique*, tom. LXIII, pag. 337.

est ordinairement par couches. Les cailloux roulés y sont quelquefois mélangés.

Faujas, qui en a donné une bonne description, y a trouvé des fruits d'un palmier approchant de l'areca, et des troncs du même palmier.

IIème var. Tourbe sèche de Mansfeld (braun-kohle).

Klaproth dit que cette tourbe, qu'il nomme *braun-kohle* (1), est appelée *bitumineuse* dans le comté de Mansfeld où elle se trouve sous forme de *terre ligneuse*; elle y forme des couches considérables à peu de profondeur.

Sa couleur est d'un brun noirâtre.

Son éclat est mat.

Sa cassure est terreuse.

Elle est très-légère et friable.

Les habitans, pour s'en servir, en font une pâte épaisse en l'humectant avec de l'eau, et forment des espèces de briques qu'ils font ensuite dessécher.

« Par son aspect et ses propriétés, ajoute Klaproth, on » voit clairement que cette tourbe a dû former la partie » fibreuse d'une immense masse de bois, entraînée par les » eaux, qui a ensuite été altérée par la pourriture, mais » qui n'est pas encore entièrement décomposée. »

Klaproth a retiré de 200 grains de cette substance,

Gaz hydrogène carboné........ 118 pouces.

Gaz acide carbonique......... 17

Eau acidule (qu'il croit un produit de la distillation, un acide
  pyro-lignique .... 24 grains.

---

(1) cxv, *Analyse*, tom. iii de ses Œuvres, édit allemande; tom. ii, traduc. française, pag. 452.

Huile brune figée   60   grains.
Résidu charbonneux 77.05

Ce résidu charbonneux, examiné avec soin, lui a donné,

Chaux sulfatée   5
Chaux carbonatée   4
Chaux pure, un atome.
Résidu sablonneux   23
Alumine   1
Fer oxidé   2
Charbon   40

De la Tourbe de Hollande faite par l'art.

La Hollande contient des quantités immenses de tourbes, et l'art est parvenu à y en faire journellement.

Les tourbes naturelles sont formées, ici comme ailleurs, par la décomposition des plantes qui croissent dans ces pays marécageux.

Il y a plusieurs de ces tourbes qu'on n'estime pas.

Les meilleures tourbes sont ordinairement extraites des prairies ; et voici un des procédés pour la retirer et en faire produire de la nouvelle.

On ouvre un large fossé ou canal.

A côté ou construit en bois une large caisse montée sur des roues ; on l'appelle *fouloire.*

La première couche de terrain levée, on trouve une masse spongieuse noirâtre, qui a peu de consistance ; on la coupe avec un instrument qui a une forme approchant de celle d'un cerceau, et qui porte un filet à réseau ; on l'enlève, l'eau s'écoule, et on jette la masse sur le bord.

D'autres ouvriers mettent cette masse dans la fouloire.

Elle y est pétrie par de troisièmes ouvriers.

On la laisse quelques jours pour s'égoutter.

Pour lors on la coupe à la manière ordinaire, en masses carrées, et on l'ôte de la fouloire.

On charie la fouloire plus loin, et on recommence la même opération.

Ensuite l'eau est introduite dans-le fossé, ou on y en fait venir.

Il s'y produit des *conferva rivularis*, ensuite des *mirio phyllons* ou volans d'eau...

Toutes ces plantes s'amoncèlent, se décomposent, et au bout de six à dix ans, on a une nouvelle tourbe qui est excellente.

Observations sur les Tourbes.

Les tourbières se trouvent le plus souvent dans des endroits bas et marécageux ; néanmoins il y en a aussi dans les lieux très-élevés. On dit que le *Blogsberg*, la plus haute montagne de la Basse-Saxe, et le *Brohen*, la plus haute sommité du Hartz, sont couvertes de tourbe (1). Cette tourbe paroît ensuite s'être étendue sur toutes les collines voisines par un mécanisme bien simple.

Le terrain des tourbières est toujours très-spongieux ; il retient les eaux des pluies. Lorsque ces eaux sont abondantes, la masse entière de la tourbe est soulevée. Si elle est située dans un lieu incliné, elle coule, comme font les glaces dans les hautes montagnes ; elle s'étend de cette manière sur des terrains considérables. On ne peut

---

(1) Genetté, *Mémoire sur la houille.*

Duluc, *Journal de Physique*, mars 1791, pag. 186.

arrêter ses progrès qu'en pratiquant des fossés d'écoulement pour les eaux ; la tourbe cessant d'être soulevée, ne peut plus couler.

Dans les lieux bas, la tourbe est également soulevée au point de former quelquefois des îles flottantes : c'est ce qu'on voit en plusieurs endroits de la Hollande, comme en Frise, à Brême, à Groningue, à Oldenbourg, au Haut-Pont près Saint-Omer....

Lorsque les tourbières ont acquis une certaine solidité, on en cultive la surface et on y construit des habitations. Mais dans la crainte que la tourbière ne soit soulevée par les eaux dans les grandes pluies, et ne forme une île flottante qui pourroit être portée plus ou moins loin par les vents, on est obligé de la fixer à la partie du continent qui est ferme ; ce qui se fait avec des pieux enfoncés d'un côté dans le continent, et de l'autre dans la tourbière ; on les unit ensuite par des câbles. Les portions de la tourbière qui ne sont pas ainsi fixées, sont poussées çà et là par les vents : on en abandonne quelques-unes au pâturage des bestiaux. Lorsque les eaux diminuent, la tourbière cessant d'être soulevée, repose sur le sol. Quand les tourbières sont à une petite distance de la mer, elles y sont quelquefois entraînées et forment des îles flottantes.

Les plantes aquatiques qui contribuent le plus à la formation de la tourbe, sont la presle (equisetum), le scirpus, la masse d'eau (typha), les conferves... Ces plantes végètent avec beaucoup de force, et augmentent chaque année la tourbe d'une quantité considérable.

Les fosses ouvertes pour enlever la tourbe se comblent assez promptement, parce que les eaux font couler les terrains voisins, qui les remplissent peu à peu.

Il se forme dans les tourbières des pyrites comme au milieu des bois fossiles. Ces pyrites s'échauffent par les causes connues, et même s'enflammeront ; pour lors la partie huileuse s'en dégagera et se minéralisera par l'action de l'acide sulfurique ; elle passera ainsi à l'état de bitume, d'huile fossile...

SOIXANTE-HUITIÈME LEÇON.

TROISIÈME ORDRE.

Des végétaux bituminisés, ou *des Phytoasphaltes.*

Le troisième état où se présentent les végétaux fossiles est le *bitumineux*. Il est un des plus intéressans par le grand nombre des phénomènes qu'il présente.

Par *bitume*, j'entends une substance fossile combustible, formée du débris des êtres organisés, particulièrement des végétaux, et qui a été MINÉRALISÉE par un agent quelconque, l'acide sulfurique vraisemblablement.

Cette définition exclut du rang des bitumes,

1°. Les antracites,

2°. Les substances animales ou végétales fossiles combustibles, mais qui ne sont pas minéralisées, telles que les bois fossiles, les tourbes... ;

3°. Celles de ces substances qui sont pyritifiées, ou pétrifiées, ou terréfiées.

Nous ne laisserons donc dans la classe des bitumes que les substances fossiles combustibles et *minéralisées*.

Leur combustion diffère de celle des bois fossiles et des tourbes, en ce qu'elle donne une chaleur plus ardente, analogue à celle des huiles qui ont demeuré mélangées avec l'acide sulfurique pendant quelque temps.

Les bitumes sont très-abondans, comme on sait ; ils occupent des contrées entières, et souvent à de grandes profondeurs.

Ils se présentent sous différentes formes ; les minéralogistes ont en conséquence été obligés de les diviser en plusieurs genres.

Comment s'est opérée la minéralisation de ces substances ?

J'ai exposé dans ma *Théorie de la Terre* les opinions qui m'ont paru les plus vraisemblables.

PREMIER GENRE.

De l'Ampelite.

Bitumen terra mineralisatum, solidum, friabile.
Terra bituminosa. Turfa montana. AMPELITIS.
PHARMACITIS. Wallerius.
Cendres du Soissonais.

L'ampelite, dit Wallerius, est une terre d'une couleur brune ou noire, imprégnée de bitume ou de pétrole (1).

Agricola, qui a donné ce nom d'*ampelite*, appelle ainsi une terre qui brûle avec une odeur bitumineuse.

Je conserverai donc, avec Agricola et Wallerius, le nom d'*ampelite* à une terre noirâtre, bitumineuse. Il y en a plusieurs variétés.

PREMIÈRE VARIÉTÉ. Ampelite du Soissonais.

____

(1) *Est terra diversâ indole, colore aut nigro, bitumine vel petroleo impregnata, recens in igne meliùs flagrans, odore bituminoso, minùs verò siccata, multum oleosi sub exsiccatione perdens,* (tom. II, pag. 97, *Minéralogie* de Wallerius.

Cette

Cette substance minérale est d'un noir assez foncé.

Sa pesanteur est peu considérable.

Elle brûle bien, mais sans flamme, avec l'odeur bitumineuse.

Elle contient des pyrites, et à l'air elle s'enflamme seule.

A la distillation elle donne,

1°. Une eau qui a l'odeur bitumineuse,
2° De l'huile,
3°. De l'acide sulfurique,
4°. De l'alkali ammoniacal.

Les cendres lessivées donnent,
De l'alun,
Du fer sulfaté,
Quelques portions terreuses et du fer oxidé.

Cet ampelite, connu dans le canton sous le nom de *cendres* ou de tourbe pyriteuse, forme de petites couches qui s'étendent depuis Noyon jusqu'à Reims.

Exposée à l'air, elle s'enflamme,

Et dans les environs, les cendres en sont employées par les cultivateurs comme engrais.

On trouve des substances minérales analogues dans plusieurs autres endroits.

IIème VAR. Ampelite arénacé.

Cette espèce est arénacée ; elle est composée d'un sable imprégné de pétrole ou d'asphalte mélangé avec des pyrites.

SECOND GENRE.

Du Geanthrax.

Terre bitumineuse.

J'appelle *geanthrax* (1) ou terre-charbon, terre bitu-mineuse, une substance terreuse imprégnée plus ou moins de matières bitumineuses. On trouve de ces terres dans toutes les mines de charbon. Les lits de pierre ou de terre qui recouvrent les bonnes couches de charbon, sont tou-jours plus ou moins pénétrés par des substances bitu-mineuses.

Le geanthrax varie par conséquent suivant la nature des terres et des pierres qui sont imprégnées de bitume.

Première variété. Geanthrax schisteux.
Ce sont des schistes argileux pénétrés de bitume.

IIème var. Geanthrax gréseux.
Ce sont des grès imprégnés de bitume.

IIIème var. Geanthrax calcaire.
Ce sont des calcaires imprégnés de bitume.

IVème var. Geanthrax ferrugineux.

Ce sont des schistes ferrugineux qui recouvrent des couches de charbon et qui sont pénétrés de bitume.

Le geanthrax a, comme l'on voit, de grands rapports avec l'ampelite. Il n'en diffère peut-être que parce que ce dernier contient beaucoup de pyrites.

---

(1) *Geos*, terre, *anthrax*, charbon.

TROISIÈME GENRE.

Du Jayet.

Gagas des Grecs (1).
Succinum nigrum.
Gemma samothrocea Plinii.
Gayas des Suédois.
Gayat des Allemands.
Jei des Anglais.

Les caractères du jayet sont les suivans :

COULEUR, beau noir.
ECLAT, 5oo.
PESANTEUR, 1250.
DURETÉ, peu considérable.
ELECTRICITÉ, idioélectrique.
CASSURE, résiniforme.

Le jayet est un bois fossile de couleur d'un beau noir.

Il se brise facilement ; c'est pourquoi il diffère du bois fossile proprement dit.

Il brûle plutôt comme le bois que comme les bitumes, et il donne une belle flamme ; ce caractère le distingue des bitumes.

En brûlant il donne une odeur bitumineuse.

Le jayet est donc un bois fossile qui a éprouvé un commencement de minéralisation.

On distingue plusieurs variétés de jayet.

PREMIÈRE VARIÉTÉ. Jayet compacte.

____

(1) Ce nom vient du fleuve *gayés* en Lycie, auprès duquel on trouvoit beaucoup de jayet.

Il est très-compacte ; on n'y apperçoit point les fibres du bois : il reçoit un beau poli.

Il se trouve en plusieurs endroits.

IIème VAR. Jayet fibreux.

Les fibres du bois se distinguent dans celui-ci.

IIIème VAR. Jayet fragile.

Cette espèce a peu de solidité ; elle se casse en parties presques cubiques.

Proust a fait l'analyse de différens jayets (1).

Cent parties lui ont donné,

De l'huile ,

De l'ammoniaque ,

Du gaz acide carbonique ,

De l'oxide gaxeux à flamme bleue ,

Charbon trois fois plus volumineux que le jayet, 0.40.

« La liqueur qui reste après sa séparation est d'un jaune » foncé très-amer.

» Elle donne de l'acide oxalique cristallisé, et de l'acide » benzoïque. »

QUATRIÈME GENRE.

Du Xilanthrax.

Kennel-kohle des Anglais.

Je donne le nom de *xilantrax*, ou *bois-charbon* au minéral que les Anglais appellent *kennel-kohle*, ou *bois-chandelle*, parce que dans plusieurs cantons ils s'en servent comme de chandelles pour s'éclairer.

Ce bitume brûle comme du bois, ou comme une chandelle.

(1) *Journal de Physique*, tom. LXIII, pag. 335.

Proust a analysé du kennel-kohle d'Irlande (1), cent parties lui ont donné,

De l'huile,
De l'ammoniaque,
Du gaz acide carbonique,
De l'oxide gazeux à flamme bleue,
Du charbon....................... 0.70
Cendre d'un gris clair.............. 0.05

Il ajoute (pag. 336) que le kennel-kohle traité avec les acides, se comporte comme les charbons, et non comme le jayet.

Le xilantrax paroît donc encore moins minéralisé que le jayet.

CINQUIÈME GENRE.

Du Lithantrax (1), ou *Charbon minéral*.
Lithantrax des Grecs.
Stenkahl des Suédois.
Stenkohlen des Allemands.
Stone-coal des Anglais.
Pholgiston argilœ mixtum. Cronstedt.

COULEUR, beau noir, quelquefois irisé.
ECLAT, 300.
PESANTEUR, 13500.
DURETÉ, 250.
ELECTRICITÉ.
COMBUSTION avec flamme.

---

(1) *Journal de Physique*, tom. LXIII, pag. 335.
(2) *Lithos*, pierre, *anthrax*, charbon.
    Lithantrax, pierre-charbon; charbon de pierre. Il est formé de végétaux entièrement minéralisés.

CASSURE, lamelleuse.

MOLÉCULE, indéterminée.

FORME, indéterminée.

Le charbon minéral, ou lithantrax, est un bitume solide entièrement minéralisé, dont il y a une très-grande variété.

Il brûle avec plus ou moins de vivacité, suivant sa nature, et donne une grande chaleur.

On distingue les charbons minéraux en deux grandes classes :

Les *charbons secs* qui mis au feu conservent leurs formes et brûlent bien.

Les *charbons gras* qui contiennent une très-grande quantité de matières huileuses. Mis au feu, ils se ramollissent, coulent, empâtent les substances qui les entourent, ce qui empêche qu'elles acquièrent un grand degré de chaleur. Les Anglais sont parvenus à leur faire éprouver une demi-combustion pour les dépouiller d'une partie de cette huile surabondante, et les reduire en *coak* ou charbon sec. On a appelé ce procédé *désoufrer le charbon*, tandis qu'on ne fait que le déshuiler.

Dundonas a construit des appareils pour recueillir cette huile, qu'on emploie comme le goudron.

On distingue ensuite les charbons à raison de la forme qu'ils affectent.

PREMIÈRE VARIÉTÉ. Lithantrax scissile (schisteux ou lamelleux).

Celui-ci est composé de feuillets, ou lames comme les schistes.

IIème VAR. Lithantrax argileux.

L'argile est mélangée avec cette espèce, exposée à l'air elle se dessèche et se fendille.

IIIème VAR. Lithantrax calcaire.

Dans cette espèce le charbon est mélangé avec des substances calcaires.

IVème VAR. Lithantrax siliceux, ou grézeux.

C'est celui qui est mélangé avec le grès.

Vème VAR. Lithantrax ligneux.

Il conserve encore l'apparence de bois.

VIème VAR. Lithantrax brillant, *nitens*.

C'est une des meilleures espèces.

VIIème VAR. Lithantrax piciforme (pechkohle).

C'est un charbon gras qui rapproche de l'asphalte.

VIIIème VAR. Lithantrax irisé.

Il a les couleurs de l'iris produites par des gaz.

IXème VAR. Lithantrax pyriteux.

Il contient beaucoup de pyrites.

Xème VAR. Lithantrax carbonneux.

Ce sont des antracites secondaires ;

Ou ils sont les produits d'antracite des terrains primitifs qui ont été chariés dans les terrains secondaires;

Ou ils sont les produits des matières végétales et animales presque dépouillés de leurs parties huileuses. Ce seroient des antracites de formation secondaire.

Proust a fait l'analyse de différens charbons de terre, 100 parties lui ont donné (*Journal de Physique*, t. LXIII, pag. 320),

Carbone........................	de 64 à 77
Huile........................	8 à 12
Ammoniaque, fer et terre.......	5 à 13
Gaz hydrogène carboné } Gaz acide carbonique }	8 à 19

Acide sulfureux.............
Eau....................

Les cendres contiennent

Silice, une assez grande quantité,
Alumine,
Chaux sulfatée,
Magnésie;

Mais point de chaux carbonatée, ni muriate, ni phos-phate, ni sels nitreux, ni potasse.

Il est bien digne de remarque qu'on n'y trouve plus de potasse, ni soude, point de sels neutres, point de chaux carbonatée, point d'acide phosphorique ni muriatique, point d'acide oxalique, comme dans le jayet.

SIXIÈME GENRE.

De l'Asphalte.

Ασφαλτως des Grecs.

Asphaltum.

Pissaphaltum.

Bitumen judaicum.

Karabe sodomœ.

Bergbeck des **Suédois.**

Bergbeck. Juden pech des **Allemands.**

Petrolevem induratum. Cronstedt.

Asphalte. Pissaphalte. Bitume de Judée.

Sa couleur est noire.

Sa pesanteur spécifique est 11044.

Il brûle avec vivacité, lorsqu'on le met sur les charbons il fond, bouillonne, et donne une vapeur acide, comme le fait le succin.

Sa consistance est solide, quoiqu'il conserve encore une espèce de souplesse.

PREMIÈRE VARIÉTÉ. Bitume de Judée.

On retire une grande quantité d'asphalte de la Mer Morte, ou lac Génésareth en Judée.

IIème VAR. Asphalte du Dennemora en Uplande.

IIIème VAR. Asphalte de Finnberg en Westmanie.

IVème VAR. Asphalte du val travers proche Neuchâtel en Suisse.

Vème VAR. Asphalte d'Arlona en Albanie.

Il est d'un noir grisâtre, dense et opaque. Sa cassure est imparfaitement conchoïde. Il est gras au toucher.

Sa pesanteur est 12.05.

On prétend que c'étoit un des ingrédiens du feu grégeois.

Klaproth a retiré 100 grains de cet asphalte (1),

Gaz hydrogéné carboné	36 pouces.
Huile bitumineuse.	32 grains.
Eau légérement ammoniacale.	6
Carbone.	30
Silice.	7.50
Alumine	4.50
Chaux	0.75
Fer oxidé.	1.25
Manganèse oxidé.	0.50

____

(1) Œuvres de Klaproth, tom. II, pag. 451, trad. franç.

SEPTIÈME GENRE.

Du Maltha, ou *poix minérale.*

Πιττα, *pitta* des Grecs, *poix.*
Petroleum tenax de Cronstedt.
Bergtiora des Suédois.
Bergtheen des Allemands.
Picth des Anglais.
Poix minérale.

La poix minérale a moins de consistance que l'asphalte, et plus que la pétrole. Elle coule avec difficulté.

Sa couleur est noire.

Son odeur bitumineuse est forte.

Elle brûle avec beaucoup de vivacité et donne une grande chaleur.

Le maltha se rencontre en plusieurs endroits. Il peut être quelquefois le produit du pétrole ou naphte épaissi par le contact de l'air. Mais le plus souvent ils sont de terre sous sa forme naturelle.

PREMIÈRE VARIÉTÉ. Maltha du *Puits-du-Pège* en Auvergne (1), entre Clermont et Montferrand.

Il coule comme une pâte épaisse, et prend une espèce de solidité lorsqu'il a été exposé quelque tems en l'air.

Ce minéral sort de tous les rochers de la plaine jusqu'au pont du château, dans un espace de trois lieues.

IIème VAR. Maltha de Dannemora en Uplande.

IIIème VAR. Maltha de Norberg en Westmanie.

----

(1) *Puits de pège*, puits de poix.

HUITIÈME GENRE.

Des Huiles minérales.

Ces huiles ont toute la fluidité des huiles ordinaires. C'est en quoi elles diffèrent des autres bitumes que nous avons vus jusqu'ici. Mais elles sont minéralisées comme ceux-ci.

On connoît un assez grand nombre de variétés de ces huiles.

Première variété. *Naphte* (1).

La plus subtile de ces huiles est celle qu'on appelle *naphte*. Son odeur bitumineuse est très-vive et pénétrante.

Sa pesanteur spécifique est 0.8475.

Elle surnage sur toutes les liqueurs.

Sa couleur est d'un jaune ambré.

Elle brûle avec beaucoup d'éclat.

Une goutte versée sur un bassin d'eau, s'étend sur toute sa surface.

Exposée à l'air, elle s'évapore en partie ; le résidu acquiert une couleur plus foncée, et elle prend de la consistance.

L'Italie fournit une assez grande quantité de ces huiles. On en trouve au mont Zibio près Modène.

Au mont Ziaro près Plaisance.

A Arminiano proche Pise. Cette dernière source, découverte depuis peu de tems en fournit assez pour éclairer la ville de Gênes.

La France en a plusieurs fontaines à Gabian et aux environs. (Gensane, *Histoire de Languedoc.*)

---

(1) Ναφθα, naphta.

Dans une presqu'île de la mer Caspienne, nommée d'*Apschéron* ou *Okofra*, il y en a une source dont on retiroit du tems de Kempfer jusqu'à 90000 livres par an.

On en trouve aussi dans la presqu'île Bael dans les mêmes cantons. Cette huile se rend dans la mer (1).

IIème VAR. Pétrole.

> *Oleum petræ.*
> *Berg olja* des Suédois.
> *Stein oil* des Allemands.
> *Petrol* des Anglais.
> *Mumia.*

Le pétrole est une huile minérale beaucoup plus épaisse que le naphte.

Sa couleur est plus foncée. Elle est d'un jaune brun approchant du noir.

Sa pesanteur est 0.950.

Elle surnage sur l'esprit-de-vin.

Elle brûle avec une flamme bleue.

Exposée à l'air, elle s'épaissit par l'absorption de l'air pur, et sa couleur devient plus foncée.

Son odeur est bitumineuse et un peu acide.

Cette huile se trouve dans les mêmes lieux que le naphte, dont elle ne paroît différer que par un peu moins de subtilité.

Les sources du naphte des bords de la mer Caspienne donnent aussi beaucoup de pétrole.

Il y en a une source dans le golfe de Naples à un mille de distance du continent. Elle ne paroît pas éloignée du foyer du Vésuve (2).

---

(1) *Journal de Physique*, tom. XX, pag. 161.
(2) Breislak (*Voyage dans la Campanie*, tom. I, pag.

L'origine de ces bitumes mous et liquides paroît due à l'action des feux souterrains, d'autant plus que tous ces lieux dans lesquels on les trouve sont situés ou auprès des volcans en activité, comme auprès du Vésuve, ou auprès d'anciens volcans dont on doit supposer que les foyers ne sont pas éteints. Il s'y opère une espèce de distillation dont les différens produits sont,

a Le naphte,
b Le pétrole,
c La maltha,
d L'asphalte.

Tous ces bitumes sont en partie charbonneux, ils contiennent une grande quantité de charbon et d'hydrogène.

NEUVIÈME GENRE.

Du Suif minéral (1).

Mumia. Bellesoom.

Herman en a trouvé dans les eaux d'une fontaine auprés de Strasbourg, et en a donné une description exacte (*Journal de Physique*, tom. III, pag. 344).

« Lorsqu'on fait bouillir, dit-il, l'eau de cette fontaine, on voit séparer à la surface la terre mêlée avec de la graisse. La terre la plus grossière tombe bientôt en se précipitant au fond, et la plus fine reste mêlée avec la graisse. Cette graisse se fige aisément quand elle a été purifiée de tous corps étrangers. Elle a une ressemblance presque parfaite avec du suif animal. L'esprit-de-vin très-rectifié la dissout peu, et ne l'attaque que lorsqu'elle a été divisée par la chaleur et par l'ébullition ; mais sitôt que le mé-

____

(1) *Sciagraphie*, tom. II, pag. 18.

lange a été refroidi, la graisse s'est rassemblée, et l'esprit-de-vin n'en a conservé presqu'aucun vestige. La lessive des savonniers ne se combine pas plus aisément avec cette graisse. Elle s'y divise également par l'ébullition. Mais la combinaison ne se fait qu'avec peine quand la lessive n'est pas parfaitement concentrée. A mesure qu'elle se refroidit, la graisse se rassemble pour la plus grande partie à la surface de la liqueur.

» Le suif animal présente exactement les mêmes phénomènes. »

Il paroît que c'est encore la même substance qu'on trouve en Perse, et qui y est connue sous les noms de *kodreti*, de *tsienpon*, etc. Elle se rencontre dans des rochers, mêlées avec du pétrole.

D'une *huile minérale* mélangée de borax.

Winterl parle (*Journal de Physique*, tom. III, pag. 452) d'une huile épaisse de pétrole noire qui se trouve en Hongrie entre Peklenicka et Moscowina, qui contient du borax.

Cette huile est blanche en sortant de terre, de dessous un rocher. Mais elle s'épaissit étant exposée à l'air, et prend une couleur noirâtre.

En distillant cette substance, on obtient une huile épaisse comme du beurre.

On trouve en différens endroits de ces huiles minérales plus ou moins épaisses.

DIXIÈME GENRE.

D'une Résine fossile de Louhans.

Cette résine se trouve dans la ci-devant Bresse auprès de Louhans. Leschevin nous en a donné une notice (*Journal de Physique*, tom. LXX, pag. 344 et 476).

Elle se trouve dans une argile.

Sa couleur approche de celle de la canelle.

Elle brûle avec flamme, et répand une odeur particulière qui paroît rapprocher de celle de l'oliban.

ONZIÈME GENRE.

Du Cahoutchou fossile.

Cahoutchou fossile du Derbyshire de Delaméthérie (1).

Bitume élastique fossile du Derbyshire.

COULEUR, brune.

ÉCLAT, résineux.

PESANTEUR, 9300.

DURETÉ, 10.

CASSURE, résiniforme.

MOLÉCULE, indéterminée.

FORME, indéterminée.

C'est un bitume brun qui se trouve dans le Derbyshire en Angleterre. Il est ordinairement mélangé avec de la galène ou du spath calcaire.

Ce bitume est de deux sortes,

1°. L'un est brun, luisant, dur comme de la résine, et cassant de même d'une manière conchoïde et vitreuse.

La seconde espèce est d'un brun plus foncé, molle, élastique, précisément comme le cahoutchou ou gomme élastique. A l'intérieur elle est d'un jaune verdâtre.

Ces deux espèces m'ont donné à l'analyse les mêmes produits que le véritable cahoutchou ; ce qui m'a fait con-

____

(1) *Journal de Physique*, tom. XXXI, pag. 311.

jecturer que ce bitume étoit une véritable gomme élastique fossile. Mon opinion a été adoptée par tous les naturalistes.

De l'Ambre gris.

Quoique l'ambre gris se trouve le plus souvent sur les
bords de la mer, il ne paroît plus douteux, d'après les
observations de Swediane (*Journal de Physique*, 1784),
qu'il ne soit le résidu de la digestion de l'espèce de ba-
leine nommée *physeter macrocephalus*, qui se nourrit de la
seiche à huit bras, laquelle a une odeur d'ambre ; car on
trouve dans l'ambre des parties de cette sèche.

L'ambre se rencontre en plusieurs endroits sur les
bords de la mer. Il s'en trouve beaucoup dans les mers de
l'Inde. Donadeï en a rencontré sur les côtes de France
depuis Bordeaux jusqu'à Bayonne.

DOUZIÈME GENRE.

Du Succin.

Ηλεκτρων, *electron* des Grecs.
Succinum des Latins.
Karabe des Arabes.
Bernsten des Suédois.
Bernstein des Allemands.
'*Amber* des Anglais.

Couleur, jaune, rougeâtre, verdâtre.
Transparence, 1000.
Réfraction, double.
Éclat, 1500.
Pesanteur, 10855.
Dureté, 200.
Electricité, idioélectrique.

Cassure,

Cassure, résiniforme.

Molécule, indéterminée.

Forme, indéterminée.

Cristallisation confuse.

Le succin est un suc végétal enfoui, et qui a été altéré jusqu'à un certain point dans les entrailles de la terre. On le trouve principalement sur les bords de la mer dans la Prusse ducale, au milieu d'arbres fossiles.

On ne doutoit guère qu'il ne fût detaché du fond de la mer par la force des vagues; mais de nouvelles observations ne permettent plus d'en douter. On vient de faire des fouilles sur ces côtes à environ cent pieds de profondeur. On y a rencontré des lits de bois fossiles, et à travers ces lits des morceaux de succin souvent attachés à ces bois. Quelques-uns de ces morceaux pèsent jusqu'à cinq livres.

La couleur du succin varie beaucoup.

a Elle est jaune ordinairement.

b Quelquefois rougeâtre.

c D'autres fois verdâtre.

d Il en est de noir.

On rencontre souvent des insectes exotiques qui ont été enveloppés au milieu du succin, lorsqu'il étoit liquide.

« Le succin, dit Crell (1), se trouve dans des couches de charbon ligneux. »

Quoique le succin soit ordinairement transparent, il est quelquefois opaque.

Sa couleur est d'un jaune plus ou moins approchant du blanc, plus ou moins approchant du brun.

____

(1) *Journal de Physique*, tom. xxxix, pag. 365.

2.

Le succin se trouve dans plusieurs autres endroits qu'en Prusse.

Le succin a donné par l'analyse,

>Huile,
>Acide succinique,
>Eau,
>Matière charbonneuse.

Huit onces de succin incinéré ont donné à Bouillon-Lagrange et Vogel (*Dictionnaire de Chimie*, tome IV, page 154., note.)

>Poudre rougeâtre.................. 36 grains.

Cette poudre étoit composée de

>Potasse carbonatée et sulfatée,
>Silice,
>Fer,
>Manganèse.

Le *Honigstein* ou *mellite* pourroit être classé ici, puisqu'il contient un acide végétal, combustible, combiné avec l'alumine ; mais nous en avons parlé ci-devant (t. II, pag. 298) sous le nom d'*alumine mélatée*.

Il faudra donc réunir aux substances combustibles fossiles, provenant des végétaux et animaux,

1. Le suif minéral de Strasbourg.
2. Le suif minéral boraté de Hongrie.
3. La résine fossile de Louhans.
4. Le cahoutchou.
5. Le succin.

QUATRIÈME ORDRE.

Des Végétaux pyritisés ou métallisés.

Une assez grande quantité de végétaux fossiles est pénétrée par des matières métalliques, et principalement par des pyrites, ainsi que nous l'avons vu.

a Ou ces substances métalliques sont apportées par les eaux;

b Ou elles sont formées dans le végétal même.

Nous verrons que la même chose a lieu à l'égard des animaux fossiles.

On conçoit facilement comment des eaux tenant en solution des parties métalliques, et passant sur des matières animales ou végétales fossiles les y auront déposées.

Il n'est pas moins douteux, d'un autre côté, que souvent les matières métalliques y auront pu être produites, comme elles le sont dans l'acte de la végétation et de l'animalisation....

Mais comment ces parties métalliques auront-elles remplacé les parties constituantes de ces végétaux et animaux? Nous avons parlé de ces phénomènes dans la *Théorie de la Terre.*

CINQUIÈME ORDRE.

Des Végétaux pétrifiés.

Plusieurs parties de végétaux fossiles sont pétrifiées. Elles ont perdu toute leur portion combustible, et n'offrent plus qu'une masse pierreuse, dans laquelle en distingue encore néanmoins tout le tissu du végétal, les fibres ligneuses, les utricules, les trachées....

Nous verrons que la même chose a lieu pour les animaux fossiles. Ces pétrifications offrent trois états différens.

1°. Toutes les parties des végétaux pétrifiés sont ordinairement pénétrées d'un suc quartzeux qui rapproche plus ou moins du silex ou de l'agathe. Ce suc s'est tellement modelé à la fibre végétale, qu'il en a toutes les apparences. C'est également un suc quartzeux qui pénètre le plus souvent les parties animales. Il est d'autant plus surprenant que ce suc soit quartzeux, que ces pétrifications se trouvent ordinairement dans les terrains schisteux ou calcaires.

Souvent ce suc quartzeux vient cristalliser régulièrement comme le cristal de roche, dans des géodes ou vides qui se rencontrent dans ces bois. On rencontre partout de ces bois pétrifiés où le quartz est ainsi cristallisé.

2°. Chez des végétaux opalisans ou xilopales ce suc a passé à l'état opalite, comme dans les beaux xilopales de Hongrie.

3°. Enfin on trouve des végétaux pétrifiés dont le tissu est réduit en filets, comme l'amianthe. Il y en a du côté de Laon.

SIXIÈME ORDRE.

Des Végétaux empreints, ou *Typolithes*.

Des parties de végétaux n'ont laissé que leurs empreintes dans les couches terreuses qui les enveloppoient; ce sont surtout les plantes herbacées, et les feuilles qui présentent ces empreintes, parce que leur tissu léger se décompose facilement, et la très-petite portion de terre qu'elles contiennent se mélange avec la substance qui a enveloppé la plante, et disparoît presqu'entièrement.

Il ne faut pas oublier que les animaux, tels que les poissons, et les plantes qu'on rencontre dans les schistes sont tous aplatis, tandis que ces mêmes poissons et plantes qui sont dans les matières calcaires, dans les gypses.... sont presqu'entiers. La cause de cette différence provient de ce que dans ces derniers cas, ces plantes et ces animaux ont été enveloppés dans des matières qui ont acquis aussitôt de la solidité, et ont résisté à la pression des masses supérieures ; au lieu que les schistes n'ayant point de consistance, ont laissé agir tout le poids des couches supérieures ; ce qui a aplati ces matières végétales et animales.

Du Grès des houillières.

La plus grande partie des couches de houille sont recouvertes par des grès particuliers auxquels on a donné le nom de *grès des houillières.* Ils sont ordinairement empreints de parties bitumineuses.

Ces grès contiennent non-seulement des portions quartzeuses, mais souvent des feldspaths, des micas...; ce qui indique qu'ils sont souvent les produits de granits décomposés.

SOIXANTE-NEUVIÈME LEÇON.

SECONDE - DIVISION.

Des Fossiles fournis par le règne minéral.

On trouve dans le sein de la terre des fossiles provenant des débris du règne animal, analogues à ceux que nous venons de voir fournis par le règne végétal, et qui y ont subi à peu près les mêmes modifications ou altérations.

Différentes parties fossiles des divers animaux se présentent sous les six états dont nous avons parlé. On aura par conséquent autant de sous-divisions qu'il y a de grandes familles d'animaux. Je les ai divisées en dix-huit. (*Considérations sur les Etres organisés*).

1. Les mammaux.
2. Les cétacés.
3. Les oiseaux.
4. Les reptiles, ou quadrupèdes ovipares.
5. Les poissons.
6. Les mollusques.
7. Les crustacés.
8. Les arachnides.
9. Les insectes.
10. Les vers.
11. Les échinodermes.
12. Les astéries.
13. Les méduses.
14. Les rhizostomes.
15. Les hydres, ou polypes d'eau douce.
16. Les tectonurgiens, ou polypes des madrépores.
17. Les vermicules, ou vers infusoires de Muller.
18. Les rotifères, vorticelles.

Chaque partie de ces diverses familles d'animaux peut se trouver fossile sous lés six différens états dont nous avons parlé.

1. Elles peuvent être conservées intactes, ou entières, comme les insectes du succin.

2. Elles peuvent être réduites en terre, ou *terréfiées*, comme on trouve plusieurs poissons.

3. Elles peuvent être *bituminisées* ou réduites en bi-

tumes dont elles font souvent portion, comme les poissons qu'on trouve dans les toits des houillières.

4. Elles peuvent être pénétrées par des substances métalliques, comme le sont certains poissons qu'on trouve dans l'ancien Palatinat, pénétrés par le cinabre.

5. Elles peuvent être converties en pierres, ou pétrifiées, comme certains vers qu'on trouve agatisés dans des bois fossiles.

6. Elles peuvent n'avoir laissé que leur empreinte, ou être typolisées; ce qu'on appelle *typolites*.

Mais les dernières classes d'animaux, les polypes, les vermicules, les rotifères sont trop petites et trop délicates pour qu'on en trouve quelques parties à l'état fossile.

PREMIÈRE SOUS-DIVISION.

Des Mammaux fossiles.

On trouve une très-grande quantité de parties diverses des mammaux à l'état fossile. Ils se présentent en six états différens, comme tous les autres fossiles.

1. Plus ou moins entiers. Pallas rapporte que sur les bords du Wilhoui à 66° de latitude nord, on a trouvé à peu de profondeur, des rhinocéros fossiles avec leurs chairs.

2. Terréfiées : leurs parties molles sont réduites en humus, comme les paleotherium, les anoploterium de Montmartre.

3. Bituminisées : d'autres fois elles sont bituminisées.

4. Métallisées, ou elles sont métallisées.

5. Pétrifiées, ou converties en pierres. Leurs parties osseuses sont également quelquefois pétrifiées.

6. Empreintes : leurs parties molles n'ont laissé quelquefois que leurs empreintes.

Des Corps humains fossiles, ou Andropolites.

Quelques auteurs ont parlé d'*andropolites*, ou dépouilles de corps humains fossiles. Fortis avoit dit qu'on en trouvoit à Cérigo, ou Cythère; mais lorsqu'on a eu examiné avec attention ces prétendus andropolites, on a reconnu que les uns n'étoient point des os humains, et les autres qui avoient appartenu réellement à des corps humains, n'étoient point de vrais fossiles.

On ne peut appeler *os fossiles,* que ceux qui sont enveloppés dans les couches anciennes du globe.

Des Reptiles ovipares fossiles.

On trouve parmi les fossiles un assez grand nombre de portions de reptiles ovipares qui peuvent être dans les six états dont nous avons parlé.

1. Fossiles, ou *reptilorussites.*
2. Terréfiées, ou *reptilogées.*
3. Bituminisées, ou *reptilo-asphaltes.*
4. Métallisées, ou *reptilo-métalliques.*
5. Pétrifiées, ou *reptilo-lithe.*
6. Empreintes, ou *reptilo-typolithe.*

Les reptiles fossiles les plus connus sont :

a Des tortues. On en trouve à Aix, à Maestricht dans la montagne de Saint-Pierre, dans les plâtres des environs de Paris.

b Des crocodiles. On connoît plusieurs crocodiles fossiles d'une grandeur considérable.

c Des lézards. Scheuzer parle de lézards trouvés dans des schistes de la forêt d'Hyrcinie.

d Des grenouilles ou crapauds. Spencer et Gesner parlent de grenouilles et de crapauds trouvés dans des schistes.

e Gesner parle de serpens pétrifiés.

f On trouve différentes parties de reptiles fossiles qui n'ont laissé que leurs empreintes.

Des Oiseaux fossiles.

J'avois dit (*Théorie de la Terre*, tom. ii , pag. 5o5), avoir vu des débris fossiles d'oiseaux dans les plâtres de Montmartre. Fortis eut assez peu de délicatesse pour nier (*Journal de Physique*) ce que je lui disois avoir vu ; mais son manque de procédés et son erreur furent bientôt reconnus.

On trouve, quoiqu'assez rarement, des oiseaux entiers, ou des portions d'oiseaux fossiles. Je possède deux ornitholites de Montmartre, dans l'un desquels se trouvent l'humerus, le radius et le cubitus d'un oiseau ; et dans l'autre la patte et une portion de la cuisse d'un autre oiseau. On voit aujourd'hui dans tous les cabinets de ces ornitholites.

Les oiseaux fossiles peuvent se trouver, comme les autres animaux fossiles, en six états différens,

1. Oiseaux fossiles, ou *ornithorussites.*
2. Terréfiés, ou *ornithogées.*
3. Bituminisés, ou *ornitho-asphaltes.*
4. Métallisés, ou *ornitho-métalliques.*
5. Pétrifiés, ou *ornitholites.*
6. Empreints, ou *ornitho-typolites.*

On dit qu'on a trouvé des nids d'oiseau pétrifiés.

J'ai deux œufs d'oiseaux pétrifiés, ils ont été trouvés proche Terruel en Espagne, en creusant les fondations d'un pont.

Des Poissons fossiles.

Il y a un très-grand nombre de bois fossiles au mont Bolca, à OEningen, et ailleurs, qui se présentent sous tous les états où peuvent se trouver les animaux fossiles.

1. Poissons fossiles entiers, ou *ichtyo-russites*.

2. Poissons terréfiés, ou *ichtyogées*, se rencontrent souvent dans les schistes argileux.

3. Poissons bituminisés, ou *ichtyo-asphaltes*, se rencontrent assez souvent dans les schistes qui servent de toit aux bitumes.

4. Poissons métallisés, ou *ichtyo-métalliques*, se trouvent assez souvent dans les ardoises, dans les mines de mercure de l'ancien Palatinat.

5. Poissons pétrifiés, *ichtyolithes*, se trouvent le plus souvent dans des schistes argileux ou calcaires, comme au mont Bolca près de Vérone.

6. Poissons empreints, ou *ichtyopolithes*, se trouvent dans les argiles ou les marnes.

Plusieurs portions de poissons fossiles ont reçu des noms particuliers.

Glossopètres, ce sont des dents de requin.

Crapaudines, ou *buffonites*, ce sont des pierres sphériques, ou hémisphériques brunes, qu'on croit avoir appartenu à quelques poissons.

Les vertèbres des différens poissons. Il s'en trouve à Moutmartre.

Des Mollusques fossiles.

Les mollusques sont des animaux si mous qu'ils ne se sauroient se conserver à l'état fossile que lorsqu'ils sont pétrifiés.

Ordinairement ils sont réduits en un espèce d'humus.

Des Coquilles fossiles.

Les coquilles fossiles sont extrêmement nombreuses. On les trouve en général sous deux états :

1. Ou elles font partie des pierres des terrains secondaires, comme des pierres calcaires, des marbres lumachelles, de quelques schistes...

2. Ou elles sont amoncelées dans des espèces de tufs, comme dans les falhunières de la Touraine, à Grignon, à Courtagnon...

L'histoire des coquilles fossiles seroit seule l'objet d'un grand travail. Mais il faudroit avoir auparavant l'histoire des coquillages vivans, qui est à peine commencée. On doit beaucoup à cet égard à Lamark.

Des Echinodermes fossiles.

On en trouve un assez grand nombre à l'état fossile.

a Stellites. Ce sont des portions d'étoiles.

b Crinites. Têtes de Méduse.

c Entrochites. Ce sont des portions de rayons d'étoiles, ou de tête de Méduse.

d Trochites. Ce sont des portions d'entrochites qui se présentent comme des espèces de disques de colonnes.

e Astéries. Ce sont encore des espèces de disques de colonnes à quatre, cinq .... angles.

f Encrinites., lys de pierres. Ils sont composés d'une tige qui porte plusieurs rameaux d'entroques. On en trouve du côté de Brunswick.

g Echinites, oursins. Il y a un grand nombre d'oursins. Les craies de Meudon contiennent des echinites à l'état siliceux.

h Judaïlites, pierres judaïques qui paroissent des pointes d'oursins.

i Assulites. Ce sont des petites pierres à cinq ou six angles, quelquefois orbiculaires, qui paroissent être les prominules, ou *assules* qui sont sur les oursins.

k Orthocéracites. Orthocerus, ou tuyaux cloisonnés.

Des Crustacés fossiles.

Les crustacés fossiles sont assez abondans.

On trouve dans les carrières de Maestricht l'empreinte parfaite des pattes d'une espèce de crabes. On en trouve également ailleurs.

Des Insectes fossiles.

On trouve un grand nombre d'insectes fossiles. Mais il n'y a guere que ceux qui sont enveloppés d'un suc résineux, comme ceux qui sont enfermés dans le succin, qu'on puisse reconnoître. Je les appellerai *entomo-russites*.

a Entomo-russites.

b Entomogés, lorsqu'ils sont changés en terre.

c Entomo-asphalites, lorsqu'ils sont pénétrés par des sucs bitumineux.

d Entomo-métalliques, lorsqu'ils sont pénétrés par des sucs métalliques.

e Entomolithes, lorsqu'ils sont pétrifiés.

Les vers ou nymphes qu'on trouve dans les bois fossiles, sont ordinairement pétrifiés et convertis en silice.

f Entomo-typolithes, lorsqu'ils ont laissé leurs empreintes.

Monocles. On trouve dans la Scanie des espèces de monocles fossiles.

Libellulites. Scheuzer dit avoir vu des demoiselles fossiles dans une marne.

Des Madréporites.

Les madrépores, les coraux... sont souvent à l'état fossile. Mais les polypes qui les construisent étoient si petits, qu'on ne peut les distinguer.

Tous ces fossiles animaux se présentent, comme nous l'avons vu, sous différens états, ainsi que les fossiles végétaux.

Ils sont plus ou moins *entiers*, comme les insectes du succin, comme les débris du rhinocéros du Vilhoui....

Leur conservation dépend de ce qu'ils ont été enveloppés par une substance quelconque, qui les a défendus des impressions de l'air.

2. Quelques-uns de ces fossiles sont *terréfiés.*

Les parties molles ont été décomposées et converties en humus.

Les os sont mieux conservés.

3. Quelques-uns de ces fossiles ont été *bituminisés.*

C'est par les mêmes causes que les végétaux : les poissons bituminisés, par exemple, se trouvent dans les couches des houilles, le bitume les pénètre.

4. D'autres fossiles animaux ont été métallisés, comme les poissons de l'ancien Palatinat, qui sont pénétrés par le cinabre. On trouve plusieurs coquilles métallisées. Elles l'ont été de la même manière que les végétaux.

Cette métallisation des végétaux et des animaux présente les mêmes difficultés que leur pétrification. Il faut que leurs principes composans soient emportés et remplacés par les parties métalliques.

5. Quelques fossiles animaux n'ont laissé que leurs *empreintes*, tels que plusieurs poissons.

Enfin des animaux fossiles ont été *pétrifiés* comme des fossiles végétaux.

La *sphérulite* (espèce de radiolite), que j'ai décrite (*Journal de Physique*, tom. LXI, pag. 396) présente même un phénomène particulier. Elle est convertie en calcédoine composée de petits cercles concentriques, dont les plus grands n'ont pas deux lignes de diamètre.

Nous allons examiner la manière dont ces pétrifications et ces métallisations ont pu s'opérer, soit chez les végétaux, soit chez les animaux.

Des Métallisations et des Pétrifications des végétaux et des animaux.

Nous venons d'exposer que l'on trouve métallisés et pétrifiés un grand nombre de végétaux et d'animaux fossiles.

Mais comment ces phénomènes se sont-ils opérés ?

La théorie de ces métallisations et pétrifications est encore très-obscure. Nous allons rapprocher les différens faits qui peuvent indiquer ce qui se passe dans cette opération.

Les bois en se pétrifiant sont ordinairement convertis en substances quartzeuses. J'en ai même des morceaux dans lesquels on apperçoit des cristaux de quartz.

Ils sont quelquefois convertis en halbopale ; c'est ce qu'on voit dans les *xilopales* de Hongrie.

Les parties animales présentent les mêmes phénomènes. On trouve souvent les vers des bois fossiles et des coquilles convertis en silex ou calcédoines.

Ces conversions sont si parfaites, que les plus petites pointes des coquilles ont conservé entièrement la figure de la coquille.

Les mêmes phénomènes ont lieu dans la métallisation de ces substances.

Il est très-difficile d'expliquer la manière dont s'opèrent ces pétrifications et métallisations. On peut rapporter les opinions des savans à cet égard, à deux principales.

Les uns supposent que la terre calcaire des coquilles, ainsi que celles qui composent les bois, sont dissoutes et emportées dans le même instant que les parties métalliques ou siliceuses y sont déposées.

Les autres pensent, au contraire, qu'il s'opère une véritable transformation des terres. Ils croient que la terre calcaire des coquilles est changée en terre siliceuse ; la même chose a lieu à l'égard des terres qui composent les végétaux.

Cette dernière opinion est absolument contraire aux idées adoptées actuellement en chimie. On ne croit point que les terres, ni aucunes substances dites *élémentaires*, puissent changer de nature, ni être transformées en substances d'une autre nature.

D'ailleurs il n'y a presque point de terre dans les bois. La plus grande partie de leur substance est du charbon, du mucilage, des huiles, des acides, des alkalis...

Il en est de même des vers ou nymphes agathisés...

Il faut donc absolument supposer que dans la métallisation et la pétrification des substances animales ou végétales, les terres et autres principes qui composent ces substances, sont emportées et remplacées par de nouvelles terres, principalement par la terre siliceuse, ou par des parties métalliques.

La même opération a lieu dans plusieurs autres circòns-
tances. La calcédoine prend souvent la forme de différens
cristaux calcaires, le dodécaèdre, le cynodonte.... Elle
prend aussi la forme des fluors octaèdres, celle des cristaux de gypse lenticulaire... (*Voyez ci-devant* tom. II;
pag. 52.)

A Baudissero, à Mussinet..., la terre siliceuse forme
des halbopales, au milieu des terres magnésiennes, produites par la décomposition des serpentines.

Enfin nous voyons le silex se former au milieu des
couches de craie.

Les molarites, ou pierres meulières se forment au milieu
des couches d'argile ou de marne.

Les agathes se forment dans les substances volcaniques,
dans les wakes ou téphrines.

Les enhydres se forment au milieu des substances volcaniques terreuses.

Les opales se forment dans des espèces de porphyres
décomposés ...

L'explication de tous ces faits présente beaucoup de
difficultés. Mais arrêtons-nous d'abord sur ce qui se passe
dans la *silification* des coquilles, des vers et celle des
bois.

On ne peut concevoir que ces vers, ces coquilles et
ces bois soient changés en silice, sans supposer que cette
silice ait été tenue à l'état de solution dans un véhicule
quelconque, avant que d'arriver à ces coquilles et à ces
bois. Supposons que ce dissolvant ait plus d'affinité avec
la terre calcaire de ces coquilles, et avec les principes de
ces bois qu'avec la silice ; ces terres seront dissoutes et
emportées par l'eau, tandis que la silice en prendra la place.

C'est comme lorsqu'on met du fer décapé dans une solution

lution de cuivre sulfaté. L'acide sulfurique ayant plus d'affinité avec le fer, l'attaque, la dissout. Ce sulfate de fer est dissous par l'eau, et le cuivre se précipite sur le fer sous sa forme métallique, et en prend la figure.

Supposons de même une coquille, par exemple, au milieu du bassin des eaux du Geyer, qui tiennent en solution de la silice. Supposons que cette eau puisse dissoudre la terre calcaire de la coquille, et que cette terre ainsi dissoute, forme un sel soluble dans l'eau. Supposons qu'en même tems la silice prenne la place de cette terre calcaire, la coquille se trouvera convertie en silice, c'est-à-dire, *calcédoniée*, ou *agathisée*.

C'est sans doute la seule manière de concevoir comment cette coquille a été convertie en calcédoine. Mais nous avons été obligés de supposer plusieurs choses qui nous sont inconnues.

1. Nous ignorons quel est le dissolvant de la silice.

2. Nous ne pouvons par conséquent pas savoir s'il a plus d'affinité avec la chaux, le charbon...., qu'avec la silice.

3. Nous ignorons par conséquent encore si en dissolvant la chaux il déposeroit la silice.

Mais il est certain qu'il y a un dissolvant de la silice, quel qu'il soit, puisque nous la voyons dissoute dans un grand nombre de circonstances, et cristalliser régulièrement.

Il est certain que les parties métalliques ont également été dans un état de dissolution. La difficulté est bien plus grande pour les vers, les bois, composés de charbon, de mucilage, d'acides, d'alkalis, et qui ne contiennent presque point de terres....

2. 39

La métallisation et la pétrification des végétaux et des animaux laisse donc encore beaucoup de choses à desirer, comme l'on voit. Elle doit donc être l'objet de nouvelles recherches.

De la Turquoise osseuse.

On a donné le nom de *Turquoise* à des substances minérales, en petites masses arrondies, d'une couleur verte tirant sur le bleu.

On en distingue de deux espèces :

La première espèce est une pierre alumineuse, dont nous avons parlé ci-devant, pag. 3o3 de ce volume.

La seconde espèce, celle dont nous parlons, est une partie osseuse fossile, colorée en bleu verdâtre, qu'on trouve ordinairement à Simore en Languedoc et ailleurs. On ne sait pas à quel animal ces os ont appartenu.

J'ai une dent convertie en turquoise, qui paroît avoir appartenu à un mamouth, ou mastodonte.

La manière dont ces parties osseuses ont été converties en turquoise, n'est pas aussi difficile à concevoir que les pétrifications siliceuses dont nous venons de parler ; car on retrouve dans les turquoises à peu près les mêmes principes que dans les os.

Bouillon - Lagrange a analysé une de ces turquoises (*Annales de Chimie*, tom. LIX, pag. 18o), il en a retiré,

Chaux phosphatée	8o
Chaux carbonatée	8
Magnésie phosphatée	2
Fer phosphaté	2
Manganèse, une trace	
Alumine	1.5
Eau et perte	6.5

Les os contiennent,

Chaux phosphatée,
Chaux carbonatée,
Magnésie phosphatée,
Fer phosphaté,
Manganèse phosphaté,
. . . .

On voit qu'ici les chaux phosphatées, carbonatées...
et autres principes des os ont seulement été pénétrés par
un principe colorant.

Observations sur les fossiles.

L'histoire des fossiles devient du plus grand intérêt
pour la géologie. Mais elle présente des difficultés considérables ; cependant il y a déjà quelques faits constatés.

1. On avoit d'abord nié qu'il y eût des fossiles *analogues* aux végétaux et aux animaux existans ; le contraire
est reconnu aujourd'hui.

2. Il est reconnu qu'une grande partie des fossiles a
appartenu à des végétaux ou animaux de pays éloignés.
Ainsi on trouve dans toute l'Europe, et en Asie jusqu'au
80ᵉ degré de latitude nord, des débris d'éléphant, de rhinocéros..., des débris de palmier, et autres végétaux
des pays chauds...

Les opinions sont partagées sur les causes de ces grands
phénomènes. Il faut sans doute de nouveaux faits pour
résoudre ces difficultés, dont j'ai parlé dans ma *Théorie
de la Terre.*

FIN.

TABLE DES MATIÈRES,

CONTENUES DANS LE PREMIER VOLUME.

CINQUIÈME LEÇON

SIXIÈME LEÇON.

SEPTIÈME LEÇON.

DOUZIÈME LEÇON.

TREIZIÈME LEÇON.

QUATORZIÈME LEÇON.

QUINZIÈME LEÇON.

SEIZIÈME LEÇON.

DIX - SEPTIÈME LEÇON.

DIX - HUITIÈME LEÇON.

DIX - NEUVIÈME LEÇON.

VINGTIÈME LEÇON.

VINGT - UNIÈME LEÇON.

VINGT - DEUXIÈME LEÇON.

VINGT - TROISIÈME LEÇON.

VINGT-QUATRIÈME LEÇON.

VINGT-CINQUIÈME LEÇON.

FIN DE LA TABLE DU PREMIER VOLUME.

TABLE DU SECOND VOLUME.

VINGT-SIXIÈME LEÇON.

VINGT-SEPTIÈME LEÇON.

VINGT-HUITIÈME LEÇON.

VINGT-NEUVIÈME LEÇON.

TRENTIÈME LEÇON.

TRENTE-UNIÈME LEÇON.

TRENTE-DEUXIÈME LEÇON.

TRENTE - TROISIÈME LEÇON.

TRENTE - QUATRIÈME LEÇON.

TRENTE - CINQUIÈME LEÇON.

TRENTE - SIXIÈME LEÇON.

TRENTE - SEPTIÈME LEÇON.

TRENTE - HUITIÈME LEÇON.

TRENTE - NEUVIÈME LEÇON.

QUARANTIÈME LEÇON.

QUARANTE - UNIÈME LEÇON.

QUARANTE - DEUXIÈME LEÇON.

QUARANTE-TROISIÈME LEÇON.

QUARANTE-QUATRIÈME LEÇON.

QUARANTE-CINQUIÈME LEÇON.

QUARANTE-SIXIÈME LEÇON.

QUARANTE-

QUARANTE - SEPTIÈME LEÇON.

QUARANTE - HUITIÈME LEÇON.

QUARANTE - NEUVIÈME LEÇON.

CINQUANTIÈME LEÇON.

CINQUANTE - UNIÈME LEÇON.

CINQUANTE - DEUXIÈME LEÇON.

CINQUANTE - TROISIÈME LEÇON.

CINQUANTE - QUATRIÈME LEÇON.

CINQUANTE - CINQUIÈME LEÇON.

CINQUANTE - SIXIÈME LEÇON.

CINQUANTE - SEPTIÈME LEÇON.

CINQUANTE - HUITIÈME LEÇON.

FIN DE LA TABLE DU SECOND VOLUME.